HISTORIA DE LOS CAMBIOS CLIMÁTICOS

JOSÉ LUIS COMELLAS

HISTORIA DE LOS CAMBIOS CLIMÁTICOS

Segunda edición

EDICIONES RIALP
MADRID

Preimpresión: MT Color & Diseño, S. L.

ISBN: 978-84-321-6027-1
Depósito legal: M-27832-2021

Impreso en España *Printed in Spain*

Impreso en Service Point, S. A. - Madrid

ÍNDICE

Introducción

Muchas veces me preguntan personas muy diversas, conocidas o desconocidas, cultas o menos cultas, si es que de verdad está cambiando el clima. Mi respuesta, que procuro hacer amable, por educación y hasta por el interés del tema, ha de ser invariablemente la misma: —Sí, está cambiando. Como siempre—. Es una respuesta pobre, que requiere una explicación, y casi siempre se me depara la ocasión de darla, más o menos extensa. La respuesta tiene dos partes muy claras. Primera, el clima está cambiando. Segunda, siempre lo ha hecho. El problema surge al tener que precisar si el cambio que ahora se está produciendo es de la misma naturaleza, se opera al mismo ritmo y se debe a las mismas causas que los cambios anteriores. En este punto se impone la prudencia y he de confesar, si la confesión viene a cuento, mi ignorancia en algunas cuestiones que pueden ser dramáticas y decisivas para nosotros. Pienso, aunque no lo digo, porque la ignorancia puede ser tan atrevida como la audacia de la seguridad absoluta, que otros deberían confesar, aunque no lo hacen, que todavía no tenemos una respuesta definitiva. Naturalmente, sabemos muchas cosas, si queremos muchísimas, tan abundantes y a veces tan contradictorias que parecen a punto de marearnos, y hasta —quién sabe— de inducirnos a un cierto escepticismo; pero ese conocimiento, por admirable que sea, aún no es capaz de permitirnos una conclusión sin posible recurso en contra.

Este libro puede resultar por eso mismo un poco decepcionante a aquel lector que espere una respuesta definitiva y categórica. Se encontrará con la prudencia que exige el conocimiento científico, que progresa a ojos vistas en aquellos campos que son objeto de investigaciones de categoría, pero en los que resulta difícil llegar hasta una conclusión que pueda parecer del todo indiscutible y tal vez por lo mismo definitiva. Y conviene añadir: el científico que no duda nunca sobre lo que dice tiene grandes probabilidades de ser un mal científico. Mi deseo, al comenzar, es que no por razones de prudencia y de respeto a la verdad deje de ser la lectura de este libro instructiva a su modo, y al alcance de todo lector interesado. Es más, el enfrentamiento con realidades difíciles y discutidas puede ser apasionante —no puede en cambio ser de ninguna manera apasionado— y muchas de las realidades que en estas páginas se van a exponer o a comentar pueden servirnos para conocer lo indudable, para aventurar lo posible y para avanzar el nivel del conocimiento general, sin necesidad de introducirnos por ello en el complicado entresijo de los medios altamente especializados; pero sin renunciar, en la medida de lo posible, al planteamiento de cuestiones a las que nadie, a estas alturas de la historia, puede sentirse falto de interés, porque todos somos conscientes de que, en la cuestión del cambio climático de que ahora una y otra vez se habla, nos estamos jugando mucho.

Por de pronto, en mi respuesta a la tan repetida pregunta hay una afirmación que ha de ocupar por necesidad muchas páginas de este libro: el clima siempre ha cambiado, y a veces de forma más espectacular y tal vez mucho más temible que como lo está haciendo ahora mismo: hemos tenido momentos en que la Tierra entera estaba cubierta de un manto de hielo, y otros lapsos de gran duración en que los seres vivos se movían en un ambiente caliginoso de altas temperaturas y cielos anaranjados, en el cual los dinosaurios se sentían absolutamente a su gusto, pero sin duda nosotros lo hubiéramos pasado muy mal. Que a lo largo de los tiempos el clima ha variado de la forma más espectacular, y ha pasado en oscilaciones drásticas del calor al frío, de la humedad supersaturada a la más descarnada sequía, es una verdad muy conocida, pero cuya historia, sin embargo, no ha llegado a todo el mundo, ni incluso a muchas personas relativamente cultas; y saberlo puede resultar, a la hora de plantear las cosas, de incalculable utilidad. Al fin y al cabo la sustitución del título más o menos tópico de tantos libros sobre el cambio climático, así, en singular, como si el que estamos viviendo fuera en único en toda la historia del mundo, por la expresión en plural, «cambios climáticos», es la principal razón de ser del libro que ahora aparece. Ha habido muchos, muchísimos cambios climáticos, más incluso de los que podía suponer cuando empecé a preparar este trabajo. Y constatarlo no es ningún disparate, ni tampoco un deseo de afán polémico o sensacionalista.

Nuestra sorpresa procede, cuando menos en parte, de una idea equivocada que se nos había inculcado tal vez en el colegio: el concepto de «clima» como una realidad invariante. El clima parecía el resultado de una media aritmética, una realidad estadística que estaba ahí y no podía cambiar: el clima sería de la misma naturaleza que los océanos o las rocas, o si se quiere que la ley del desarrollo del binomio o de la cinética de los gases. Es cierto que, llegado el momento, se nos hablaba de las glaciaciones y de su tremendo impacto en la vida; incluso de su impacto en las etapas jóvenes de la humanidad, de aquellos tiempos en que los hombres se cubrían de pieles y se dedicaban a la caza del elefante lanudo. Pero aquel episodio había pasado para siempre. Habíamos llegado a una edad en que el clima que disfrutábamos, o sufríamos, según los casos, estaba garantizado por muchos miles de años. Cierto que podía sobrevenir, se nos advertía, una «quinta glaciación». Pero no era cuestión de preocuparse. El frío podía volver, pero en un tiempo medido en escala geológica, y además en un proceso de evolución muy lento, que duraría muchos siglos y al cual los avances de nuestra civilización o de futuras civilizaciones permitirían adaptarse adecuadamente en un lejano futuro. Ni nuestro porvenir, ni el de nuestros hijos, ni el de los hijos de nuestros hijos estaría comprometido. Hemos de temer a los ciclones, a las tormentas tropicales, a los huracanes de fuerza avasalladora, a las inundaciones que puede provocar una depresión de grandes magnitudes o un frente de lluvias de alto gradiente térmico. Hemos de temer al tiempo, no al clima. Cuando ahora resulta que el clima cambia tan caótica e inesperadamente como el tiempo, solo que a un ritmo más lento: pero a veces no demasiado lento. Y hemos de estar atentos a sus cambios, porque en ellos nos va la vida, o por lo menos nuestra forma habitual de vida.

Sobre el contenido de este libro solo me resta advertir dos puntos. En primer lugar, no pretendo una obra científica, abarrotada de términos técnicos y de referencias concretas capaces de satisfacer —o no, porque los investigadores no siempre están de acuerdo con las conclusiones de otros— a los entendidos en la cuestión, sino destinada a satisfacer la curiosidad de cualquier lector mínimamente interesado en un tema de que tanto se nos habla hoy día. Hay libros magníficos, correctamente planteados y guiados por un criterio francamente plausible; pero en que el afán erudito por citar autores y teorías o el deseo de emplear términos científicos que están en boca de los especialistas, pero resultan un tanto extraños a una persona culta, pero no especializada, hacen dificultosa la lectura. En ocasiones es preferible sacrificar la erudición a la comprensibilidad, y este libro busca efectuar este sacrificio para alcanzar un grado de conversación amable con el lector que lo haga grato y amigo. No pretendo ser un experto en todas las cuestiones que en las páginas que siguen van a discutirse: entre otros motivos porque la historia del clima se basa en conocimientos muy diversos, desde la dendrología hasta el conocimiento de la dinámica de las corrientes termohalinas, los atolones de coral, los depósitos de turba o los fondos someros de los lagos; los ciclos de Milankovic, los filamentos magnéticos de la fotosfera o los agujeros coronales; los pólenes fósiles o la tasa de carbono 14 en restos orgánicos bien o mal conservados; el movimiento de las placas tectónicas o el freno de las radiaciones de alta energía que puede operarse en la ionosfera o en la magnetosfera, en las capas de Heaviside o de Appleton, la evolución de la época de la vendimia en Francia durante la «pequeña edad del hielo», tal como la ha estudiado Le Roy Ladurie, o el análisis de los «corazones» de hielo en el centro de Groenlandia, tal como lo ha realizado durante treinta años Richard B. Alley; y con estas referencias, todo lo breves y sencillas que he podido —¡y que procuraré no repetir!—, no he hecho más que recordar una mínima parte del tipo de conocimientos que son necesarios para reconstruir la historia del clima: estudios que requieren a veces una paciencia infinita, pero que resultan al mismo tiempo apasionantes y llenos de sorpresas tan espectaculares como inesperadas. Posiblemente la historia de los climas es la disciplina que exige el cultivo de campos de conocimiento más increíblemente variados. Ni el autor de este libro puede presumir de dominarlos todos —¡solo faltaba!—, sino que ni siquiera los más grandes expertos en el tema conocen el panorama general más que por los trabajos de otros científicos, que se dedican a disciplinas muy diversas, en que ellos no pueden intervenir. En este caso, no pretendo mostrar ni una especialización grande en un campo de conocimiento muy concreto, ni el deseo de aparecer como un aficionado a reunir en síntesis rigurosa la inmensa variedad de todos esos campos. Ya decía, y eso bien me consta, que otros autores han tratado de resultar asequibles mostrando todo lo que saben, y han terminado por hacerse un poco aburridos a pesar de sus buenísimos deseos. No se trata de descender a los detalles, sino de mostrar en lenguaje amable cosas y realidades que a todos nos interesan y nos preocupan: en la esperanza de que este libro pueda resultar útil y entretenido a muchas personas que deseen estar mejor enteradas. Si lo consigo, y si logro con ese intento ganar la amistad y la buena voluntad del lector, me daría por inmensamente satisfecho.

Y en segundo lugar, he tratado de huir de la polémica. El campo de las ciencias de la naturaleza está hoy tan lleno de discusiones, hasta de discusiones apasionadas, como en otro tiempo pudo estarlo el de los filósofos. Y no es que los científicos se olviden del rigor y del cuidado con que manejan sus datos; pero ocurre que emplean métodos distintos, y no conviene olvidar que «método» significa camino. No siempre llegamos a la misma meta cuando empleamos caminos distintos. Hoy se ha impuesto una especie de supermétodo que consiste en la «homologación de conclusiones». A veces las discrepancias que nos parecen escandalosas son solo diferencias de matiz. Conviene discutir razonada y sosegadamente para tratar de llegar a conclusiones compatibles entre sí. Cuando dos personas civilizadas comienzan a discutir, lo hacen en forma amistosa, y una tercera persona, ajena al motivo de la discusión, encuentra que los argumentos de los discutidores son razonables, es decir, que cada uno tiene una parte de razón. La discordia sobreviene cuando unos y otros se aferran a su parte de razón como si la suya fuera toda la razón, y se niegan a ceder ante la parte de razón del otro. Cuántas veces ese espectador a quien la cuestión no le va ni le viene observa que la pasión acaba por cegar a los contendientes. Y cuántas veces también ese no ceder es causa de discordias innecesarias o de rupturas que en principio hubieran podido evitarse con un poco de generosidad o de humildad por ambas partes.

No pretendo con ello que los debates científicos acaben siempre en discusiones bizantinas. Pero en ocasiones el amor propio juega malas pasadas, incluso a los mejor intencionados. Díganlo si no los asistentes al Congreso de la Unión Astronómica Internacional celebrado en Praga en el verano de 2006, que por votación decidieron que Plutón debe ser borrado de la lista de planetas principales (no por eso ha dejado de ser planeta, precisémoslo). Todo porque Plutón fue el único planeta descubierto en América, y a los americanos aquel descenso a segunda división les parecía indignante. Todavía hoy siguen los revanchistas con sus proyectos de restitución. Algo parecido puede pasar, y quisiera tratar el tema aquí y al final de este libro con la máxima prudencia y respeto, con las discusiones que desde fines del siglo XX dividen cordialmente a los estudiosos del cambio climático que en estos tiempos estamos experimentando. Y lo que ha envenenado la discusión son los inmensos intereses que —sin culpa, al menos en principio, de los científicos— están puestos en juego, y, quizá más grave todavía la adscripción de las ideologías a una cuestión que debería quedar reservada a los especialistas. No me tengo por un especialista, ni tampoco por un ideólogo. No paso de ser un historiador que desde niño ha sido aficionado a la astronomía, a la geología y a la meteorología y ha publicado muchos trabajos sobre esas áreas de conocimiento. Quizá la vocación de historiador me haya conducido a hablar, para época que el hombre ha vivido en el pasado, de ese hombre, de su vida, sus costumbres, su mentalidad y su forma de ver las cosas, clima incluido. Espero que esas posibles divagaciones no sean del todo inútiles, y nos ayuden a comprender mejor las cosas. Sin olvidar en ningún momento que esos protagonistas de la historia hubieron de convivir con el clima que les rodeó, sin que pudieran hacer nada por modificarlo: pero sobreviviendo en cada caso con esfuerzo, sin rendirse a las dificultades, porque sin esa actitud de valor, coraje y sentido de la adaptación en orden a la supervivencia, no estaríamos aquí para contarlo.

Tiempo y clima

Ya lo hemos adelantado: son dos términos que se refieren a conceptos distintos, y todos lo sabíamos desde hace ya mucho tiempo. Lo que ocurre es que ahora mismo, tal vez por la importancia enorme que se concede a las cuestiones relativas al clima, los medios de comunicación nos confunden con frecuencia, cuando emplean expresiones tales como: «el partido se jugó bajo unas condiciones climáticas infernales»; «Si el clima lo permite, mañana tendrá lugar la fiesta de globos infantiles en la Plaza Mayor»; «El resultado de la regata de esta tarde depende en gran parte del comportamiento del clima»... y así sucesivamente. Estos medios siempre dicen «clima» en vez de «tiempo», o «climático» en lugar de «meteorológico». Nunca se equivocan en sentido contrario.

El tiempo es el conjunto de fenómenos atmosféricos que se dan en un lugar y en un momento determinados: el viento, la nubosidad, la temperatura, la lluvia o ausencia de lluvia. ¿Cual sería para nosotros una jornada ideal? Por lo que se refiere al movimiento del aire, preferimos la calma a la tempestad. Por lo que respecta a la nubosidad, preferimos un día despejado a otro cubierto. Respecto de la precipitación, nos resulta más grato salir a la calle sin paraguas que hacerlo con él, ni resulta grato exponernos a mojarnos la ropa o regresar con los pies encharcados. ¿Y qué temperatura preferimos? Por lo general aquella que no nos haga sentir calor ni frío. En lo más crudo del invierno estamos deseando la primavera como en ningún otro momento del año. Y después de unos días de calor tórrido agradecemos con toda el alma un refrescón. Así es como hemos llegado a los calificativos, un poco convencionales y hasta subjetivos si se quiere, de «bueno» o «mal» tiempo. El tiempo en sí no es bueno o malo, y todo, en el fondo, depende de las circunstancias, de los intereses de cada uno, o de las necesidades generales. Después de una larga temporada de sequía, estamos deseando que llueva, y recibimos con agradecimiento el agua que va a salvar nuestras cosechas o a llenar nuestros embalses. Durante muchos siglos, cuando el sector primario era el predominante en la vida humana, las gentes estaban pendientes de las lluvias, porque sin ellas no podrían vivir, pero tampoco era buena para el campo una etapa muy prolongada de lluvias o de precipitaciones de intensidad torrencial que podían provocar inundaciones o el arrastre de tierras. Hoy, aunque disponemos de embalses y reservas, se nos enseña que el agua es un bien necesario y cada vez más escaso en el mundo, y por eso hemos de ahorrarlo; aunque no siempre todo el mundo hace caso de la advertencia... y por lo general no es fácil el trasvase del agua que nos sobra a otras regiones que se mueren de sed. La calma es más grata que el viento; pero en tiempos de la navegación a vela los navegantes deseaban el viento como el pan para comer; como que sin vientos se empantanaban en las calmas chichas, no llegaban a su destino, y hasta acababan muriendo de hambre y de sed. Sin viento, en Holanda o en la Mancha sufrían graves problemas a la hora de la molienda. Muchos de los que albergan el propósito de pasar una temporada en la playa desean, con razón o sin ella, un verano caluroso. Ya es sabido, porque siempre se ha dicho, que nunca llueve a gusto de todos.

En las zonas templadas del globo, donde vive la mayoría de la población, la meteorología es cambiante, y diríase que en esos continuos cambios reside gran parte de su encanto. Se suceden días cálidos y fríos, lluviosos y secos, encalmados y ventosos, despejados y nubosos, el viento puede soplar del Norte o del Sur, del Este o del Oeste. Hay nubes altas que semejan plumillas en el cielo, y que son absolutamente compatibles con el buen tiempo; también lo son los *cúmulus uncinus*, esas nubes redondeadas y blancas que surcan la bóveda azul como peregrinos navíos celestes. Hay nubes opulentas y caprichosas que parecen perros, mariposas, camellos, yunques, pirámides, cordilleras de montañas. Impresionan los abigarrados «cumulus congestus» y los amenazadores cumulunimbus que anuncian la proximidad de una tormenta. Especialmente las regiones tropicales ofrecen nubes de una impresionante espectacularidad. Las nubes más hermosas que he visto en mi vida volaban sobre Trinidad-Tobago, o sobre la Cordillera Central de los Andes colombianos. Recientemente un aficionado a las nubes, Gavin Preter Pinney, ha fundado la Asociación de Observadores de Nubes (Cloud Appreciation Society), que en pocos años se ha hecho con miles de miembros en el mundo, que se cambian a través de internet las más peregrinas imágenes. Se organizan concursos sobre parecidos de nubes. Hay nubes que nos recuerdan a Einstein, a Beethoven, a Lincoln, a Osama bin Laden. También hay nubes aburridas y monótonas, como los estratos de desarrollo horizontal. Lo único que puede afirmarse es que no existe una nube exactamente igual a otra.

La misma asombrosa variedad presenta el régimen de vientos. Pueden soplar de las más diversas direcciones, los hay tendidos y turbulentos (las banderas ondean con unos o flamean con otros), y su fuerza va de la calma deliciosa a la furiosa tempestad. En la mar los vientos forman olas de todas las magnitudes: mar llana, mar rizada, marejadilla, marejada, mar gruesa, mar arbolada, mar montañosa. Pocas aventuras sobrecogen tanto como una gran tempestad en alta mar, por sólido y seguro que sea nuestro barco. Pero hasta en regiones en las que estaríamos dispuestos a asegurar que no existe variedad alguna de tiempo atmosférico, como los desiertos, soplan a veces tempestades de una fuerza terrorífica. Tal es el *simoun* en el Sahara, que oscurece el sol, obliga a los naturales o a los trajinantes a tenderse de espaldas al viento con los ojos cerrados, y hasta los camellos, de rodillas, soportan el temporal como pueden. El tiempo cambia continuamente en todas partes, y es casi tan imprevisible como los hombres. Por eso suele hablarse de tiempo caprichoso o de tiempo loco. Y es que las situaciones meteorológicas dependen de muchos miles de factores, todos ellos a su vez variables, que hacen enormemente complicado el pronóstico. Hoy los técnicos tratan de combinar todos esos factores para crear modelos numéricos obtenidos por ordenador: y pueden acertar con relativa precisión —¡nunca con total exactitud!— el tiempo que hará mañana, o pasado mañana. Pero una previsión sobre lo que ocurrirá dentro de una semana es arriesgada, y mucho más sobre lo que pasará dentro de un mes. Naturalmente, se pueden hacer previsiones lógicas de tipo general, como las de aquel pastor de Hornachuelos, un hombre encantador, que vendía un «calendario meteorológico» elaborado por él mismo, y pronosticaba: «AGOSTO: calores», «NOVIEMBRE: lluvias frecuentes», «ENERO, heladas». Pero a veces ni siquiera nos funciona el sentido común. Un montañero avezado sabe que puede organizar una expedición al Himalaya en mayo o junio, antes de la llegada del monzón, pero nunca puede predecir si el relativo buen tiempo, con todas las sorpresas de la atmósfera en la alta montaña, le permitirá llegar a la cumbre.

El tiempo cambia una y otra vez. Su comportamiento nos parece absolutamente caprichoso, por más que obedece rigurosamente a las leyes (a muchísimas leyes) de la naturaleza. Por el contrario, el clima está sujeto a variaciones de ritmo más lento. Es más, en la época de la física positivista se aseguró que el clima era invariable. Dado un clima propio de determinada región, sus constantes parecen ser una propiedad fija a lo largo de los tiempos. El clima, al fin y al cabo, es una verdad estadística, y la tendencia a un promedio se mantiene por muchos nuevos valores que introduzcamos en una serie. Glasgow disfruta o sufre de la fama de ser una de las ciudades más nubosas de Europa, con 750 horas de sol al año, mientras que Almería pasa de las 3.200. Datos como estos se nos proporcionan una y otra vez, y estamos convencidos de que esos datos se mantendrán siempre. No es fácil imaginar manadas de vacas paciendo tranquilamente en las praderas de Groenlandia o hipopótamos de agua dulce chapoteando gozosamente en los lagos del Sahara; y sin embargo sabemos que son hechos históricos. El clima ha variado y sigue variando a lo largo de los tiempos, y esta constatación nos puede sorprender, pero es preciso que abandonemos de una vez la convicción tópica de que «el tiempo es variable y el clima es fijo». Por supuesto, el ritmo de los cambios es distinto en uno y otro caso, y si las evoluciones del tiempo pueden medirse por días, a veces por horas, las del clima se producen a lo largo de los siglos o de los milenios. Las glaciaciones, por citar un caso bien conocido, duraron docenas de miles de años. Pero también es cierto que se operaron cambios climáticos francamente notables en el espacio de una generación, y no solo en tiempos recientes. Este libro está destinado en gran parte a dejar bien claro que el clima ha cambiado siempre, y es lógico suponer que seguirá cambiando.

Antes de seguir adelante, quizá quepa recordar que, aunque el clima varía para un determinado punto con relativa lentitud (o con mucha lentitud), es posible viajar de un clima a otro en pocas horas. Es decir, los cambios de clima se producen lentamente en el tiempo, pero varían de la forma más espectacular en el espacio. Con ir de Bilbao a Salobreña, o de Bagdad a Bombay, nos damos cuenta de que el clima ha cambiado radicalmente. Apenas es preciso aquí recordar que hay un clima polar (siempre frío), un clima marítimo, suave y húmedo, un clima continental, (más bien seco y de grandes contrastes entre verano e invierno), un clima monzónico (en que alternan en un ciclo anual épocas secas y de grandes lluvias). Ni siquiera cabe hablar de un clima tropical específico, porque países situados cerca de los trópicos tienen climas brutalmente distintos según que se encuentren en la costa este o en la oeste de los continentes. ¿Basta recordar que el Sahara y el Caribe se encuentran en la misma latitud, o que el terrible desierto de Kalahari está a la misma altura que las cataratas de Iguazú? En la zona tropical soplan los vientos alisios, en todo caso de componente este. Pero el clima depende de que el alisio sople de mar a tierra o de tierra a mar. Hay muchos climas en el mundo, y el hombre siempre ha tenido y sigue teniendo —aunque ahora quizá menos que antes— una enorme capacidad para soportarlos todos. Por sorprendente que parezca, en el corazón del desierto habitan tuaregs, que tienen que padecer a veces temperaturas de cincuenta grados en el corazón de sus tiendas (y para resistir mejor se abrigan con sus largas y recias túnicas, porque, aunque desde nuestros países templados resulte difícil de comprender, la ropa aísla lo mismo del frío que del calor). Y no menos extraña nos resulta la vida de los esquimales que construyen sus *igloos* de hielo, o los yakutos del nordeste de Siberia, que han de soportar todos los inviernos temperaturas de sesenta grados bajo cero. Y, es curioso observarlo: ni los tuaregs ni los inuit cazadores de focas se sienten movidos a emigrar a zonas del mundo más acogedoras.

Del mismo modo que hay seres humanos que tienen que soportar climas muy duros, en otros tiempos los humanos que habitaron una región determinada tuvieron que soportar cambios climáticos no menos duros, a los cuales fueron sin embargo capaces de adaptarse. Parece que nuestros antepasados surgieron durante una glaciación y se las ingeniaron para refugiarse en cuevas, encender fuego y cazar renos en las llanuras heladas. ¿Quiere eso decir que pudieron desarrollarse lo mismo en las penurias que en las delicias climáticas? Evidentemente, no. Un antropólogo y geólogo americano, Ellsworth Huntington, escribía por 1924, en un libro (*The Character of Races as influenced by Physical Environment)* que el condicionamiento del clima es decisivo, y por eso los climas más favorables albergan civilizaciones más desarrolladas. «Comprendemos ahora —concluía Huntington— que en los países del Extremo Norte o en los desiertos no habitan poblaciones densas y progresivas, por las sencilla razón de la dificultad para conseguir un medio de vida favorable». Las teorías de Huntington tuvieron gran éxito durante bastante tiempo. Hoy no están de moda. Parecen pretender que los naturales de las zonas templadas estamos más capacitados que los demás, y eso, además de suponer una suerte de privilegio, esconde una miaja de racismo. Enmanuel Le Roy-Laduríe, que escribió un libro famoso (*Histoire du climat dépuis l'an mil*) en 1967, un libro muy erudito, pero ya un poco anticuado, duda de que exista una relación causal entre el clima y el desarrollo de las civilizaciones, aunque admite, como no puede menos, que «el clima no mata, pero provoca hambre y epidemias»... Han existido refinadas civilizaciones —tal la árabe— en climas muy secos y rudos; en tanto hay climas amables en donde tardó mucho tiempo en existir un grado de avanzado desarrollo. En las selvas de la hoy rica y civilizadísima Alemania vivían tribus vestidas de pieles y dedicadas a la caza de osos cuando en lo que ahora es Irak se calculaban eclipses y se levantaban los maravillosos jardines colgantes de Babilonia. Por causas que a su tiempo habrá que explicar las grandes civilizaciones no se erigieron en países templados y fértiles, sino en desiertos calurosos a orillas de grandes ríos. Pero también nos equivocaríamos si suponemos que el hombre puede desenvolverse con igual soltura en todas las condiciones posibles. Una cosa es que haya sobrevivido a los más drásticos cambios climáticos y otra que haya podido progresar al mismo ritmo —o por lo menos sentirse a gusto— bajo todos ellos. Más recientemente (1999), un libro de José Olcina y Martín Vide, sobre *La influencia del clima en la historia*, concluye con bastante lógica que «la historia de la humanidad no hubiera sido la misma con un ambiente atmosférico siempre igual».

No podemos asegurar sin más ni más que las grandes migraciones de los pueblos, las formas de caza, la preferencia por determinados cultivos, la frecuencia de las pestes, la prosperidad o la pobreza, hayan estado determinadas por los cambios climáticos: existen, qué duda cabe, otros muchos factores, entre ellos el uso de la propia libertad humana o las mismas ambiciones humanas; pero sería a su vez ingenuo pensar que el hombre ha podido seguir viviendo con absoluta indiferencia a todos los cambios. Un cambio climático es siempre, de una manera u otra, un reto. Y el hombre ha tenido que responder a ese reto; y tal vez en medio de dificultades ha sabido hacerlo, si era preciso, mediante un largo proceso de adaptación. Arnold Toynbee ha analizado en un ensayo famoso hasta qué punto la historia es un conjunto de «retos» y «respuestas». En nuestro análisis hemos de ser extremadamente prudentes a la hora de relacionar un cambio climático con un cambio de vida, pero sería estúpido y tal vez infecundo negar toda relación entre ambos tipos de cambio.

Los cambios climáticos —sobre todo aquellos de gran magnitud— se operaron a un ritmo muy lento, que habría que medir por siglos o por centenares de siglos; pero hubo otros que llegaron con rapidez, a veces en el curso de una generación o de pocas generaciones. Richard B. Alley, uno de los autores recientes (2007) que más insisten en la posibilidad de cambios climáticos casi repentinos, insiste en que «el clima fluctuó ferozmente mientras nuestros ancestros alanceaban mamuts lanudos y pintaban las paredes de las cuevas. Intervalos de unos pocos siglos de clima tranquilo, cálido y húmedo alternaban con otros... de tiempo seco, frío y ventoso. Y los cambios de un clima frío a otro cálido no se producían durante siglos, sino incluso de un año para otro». Entendamos: los cambios se producían en el plazo de un año —Alley sin duda exagera, salvo casos muy concretos—, pero venían para quedarse; no se trataba de un cambio de tiempo, sino de un cambio de clima.

Dos últimas observaciones antes de seguir adelante. Primera: es cierto que el hombre ha sabido soportar todos los climas posibles y ha conseguido, a lo largo de la prehistoria y de la historia, adaptarse con cierto éxito a todos ellos; parece que el ser humano, o por lo menos algunos de ellos, los que han logrado sobrevivir, no es una especie tan frágil como habitualmente se supone. Pero ¿lo es realmente ahora mismo? Parece probable que los inuit o esquimales o los tuaregs del desierto mostrarían pasado mañana una capacidad de resistencia similar a la de hace veinte mil años. ¿Ocurriría lo mismo con los que disfrutamos de una vida desarrollada? ¿Con los que necesitamos del teléfono, el ascensor, la radio, la televisión, los automóviles, los trenes o los autobuses para desplazarnos, el aire acondicionado, los supermercados, los aviones supersónicos, los ordenadores, la alta electrónica, la producción en masa, los alimentos que nos son habituales y sin los cuales nos sentiríamos como huérfanos desasistidos? Brian Fagan, navegante y climatólogo, compara en un libro reciente (2007) la resistencia de un barco pequeño, un yate o incluso un modesto pesquero que cabalga sobre las olas durante una gran tempestad, con la vulnerabilidad de un enorme petrolero que, sometido a tremendas presiones entre dos olas distintas, o levantado por una gran ola central que lo deja con los extremos medio colgando, puede resultar más vulnerable que los barquitos. Así también, razona Fagan, una civilización cuanto más organizada esté y más necesidades se haya creado a sí misma, menos preparada está para un cambio climático repentino capaz de modificar drásticamente sus condiciones de vida.

Sobre la segunda observación hemos de insistir sin remedio más tarde. Baste aquí siquiera enunciarla. Parece claro que los cambios de clima deben influir de una manera u otra en la vida del hombre. Lo que ya resulta relativamente nuevo es pensar que el hombre influye a la vez en los cambios del clima. Y esto desde mucho antes del desarrollo de la revolución industrial. Entre otros muchos, William F. Ruddiman (2008) ha insistido en que desde la prehistoria (sobre todo desde el neolítico, pero incluso antes), las cacerías, la deforestación, la agricultura, la ganadería, la procura de unos alimentos sobre otros, han modificado sustancialmente el clima de la Tierra, y han hecho, por ejemplo, que la tasa de metano en los últimos 8.000 años, en vez de disminuir, como teóricamente era de suponer, se haya incrementado. Y el metano liberado en la atmósfera produce un efecto invernadero muy superior a otros gases. Nada digamos ya de la tasa de dióxido de carbono o CO_2, y del calentamiento sufrido desde los años 80 del siglo XX hasta la actualidad. La idea de que el hombre está influyendo *ahora* en el clima está muy desarrollada en la opinión mundial y a nadie extraña ya, aunque puede constituir un signo de alarma y de preocupación. La idea de que el hombre ha influido en el clima por lo menos desde hace diez mil años, es mucho más sorprendente, pero tampoco podemos dejar de tenerla en cuenta.

Los testigos de los cambios climáticos

La historia se hace a base de testigos. Lo que otros hombres escribieron un día acerca de lo que vieron o de lo que les contaron sirve a los historiadores para reconstruir el pasado. También nos sirven cuadros de otros tiempos, edificios antiguos, tradiciones bien conservadas, incluso elementos del folklore o de las costumbres y tradiciones de los pueblos. En todo caso, los testimonios escritos son fundamentales. Por eso suele distinguirse entre prehistoria e historia según conservemos relatos escritos o no. Por más que la división es un tanto artificiosa. Hay escritos que nos revelan bien poco de la realidad de ciertas épocas del pasado, en tanto que pinturas o hasta construcciones o restos de las mismas nos revelan si un pueblo fue o no pescador, qué tipo de creencias practicó, o qué organización social mantuvo. Por otra parte, hasta que hemos conseguido descifrar la escritura cuneiforme o los jeroglíficos egipcios hemos tenido que conformarnos con restos o vestigios. Tampoco hace falta conservar testimonios escritos de un pueblo si otros que sabían escribir nos cuentan cosas importantes sobre él. Los griegos nos dicen más cosas de los fenicios que los fenicios mismos. El historiador ha de correr constantes aventuras, casi con métodos policíacos, para llegar a conclusiones válidas; muchos más riesgos ha de correr el prehistoriador, que ha de poseer una técnica impecable, unida a su insaciable curiosidad, para estar seguro de haber llegado a conclusiones válidas.

Cuánto más difícil es reconstruir una historia del clima. Porque climas y cambios climáticos hubo desde mucho antes de la historia del hombre, y tal vez no lleguemos a comprender su mecanismo si no nos remontamos a muchos millones de años. En el caso de que nos limitáramos a buscar testimonios escritos para tener certidumbre sobre un régimen climático determinado nos quedaríamos en poco más que una supina ignorancia. Un episodio concreto, como una tempestad o la inundación de la cuenca de un río pueden mover a los hombres a dejar constancia de lo ocurrido (sobre todo si supone una gran catástrofe); pero casi nunca podremos saber si lo que se nos relata es un caso concreto u obedece a una realidad climática más o menos continuada. Por desgracia, nadie nos cuenta si alguna vez crecieron palmeras en Finlandia o nevó en la cuenca del Congo: tenemos que averiguarlo nosotros. Y asegurarnos de que no se trata de un relato mitológico. En el siglo VI a-JC Hesiodo escribió *Los trabajos y los días*, un precioso compendio en verso sobre las cuatro estaciones del año, y las labores agrícolas o ganaderas que conviene emprender en cada una de ellas: pero, aunque nos ilustra sobre muchas cosas —y sobre mitos también— solo nos permite algunos ligeros barruntos acerca de lo que en este punto nos hubiera interesado: si hace dos mil quinientos años el clima era diferente o no del actual. Hay autores que se han dedicado a estudiar, para épocas más cercanas en países cristianos europeos, rogativas «ad petendam pluviam» o «ad petendam serenitatem», que nos ilustran sobre una prolongada sequía o una excesiva, tal vez catastrófica sobreabundancia de lluvias; pero casi nunca nos sirven más que para reproducir fenómenos meteorológicos anormales, no fenómenos climáticos de larga duración. Quizá en su momento convenga recordar alguno de estos eventos; pero lo que aquí nos interesa es conocer sumariamente, sin introducirnos en problemas técnicos, cómo nos las hemos ingeniado para conocer el clima de épocas pasadas. Los paleoclimatólogos suelen hablar de «testigos», y de aquí tal vez ese inciso sobre historia y prehistoria a que hemos dedicado una página. Excusado es decir que para reconstruir el clima del pasado —excepto el del pasado relativamente reciente— hemos de valernos de fuentes de naturaleza «prehistórica» a veces más peregrinas o aventuradas que las que tienen que utilizar los prehistoriadores... Hoy podemos saber muchísimas cosas, algunas en verdad sorprendentes, sobre el clima del otros tiempos; pero, aunque el avance de los métodos y de las técnicas ha sido admirable en los últimos años, estamos muy lejos de poder descender a detalles o de hacer afirmaciones absolutamente seguras. Por eso hace falta una exquisita prudencia. Con todo, hay en la historia del clima realidades tan impresionantes que no pueden menos de admirarnos.

«Matusalén» y otros árboles

De entre los muchos testigos del clima en otros tiempos, casi todo el mundo sabe que pueden utilizarse los anillos de los troncos de los árboles. Basta cortar un árbol —a este efecto casi mejor serrarlo— para ver que se dibujan en la madera del tronco una serie de anillos concéntricos. Cada año, la nueva savia que sube por los diminutos vasos del tronco, deja un anillo nuevo, que lo va engordando verano tras verano. El hecho se conoce desde tiempos antiguos (ya lo menciona el filósofo griego Teofrasto, y Leonardo da Vinci, en la época del Renacimiento, le dedicó su atención); pero no es hasta el siglo XX cuando la dendrocronología nace como una ciencia. Su principal introductor fue el profesor A. E. Douglas, de la Universidad de Arizona. Quizá no por casualidad: Arizona es uno de los estados del oeste de Norteamérica donde viven los árboles más antiguos del mundo. Los anillos de los troncos de un árbol nos descubren una historia fascinante. Cuanto más grueso es o separado está un anillo respecto de los otros, más cálido y húmedo ha sido el año en que se ha formado; por el contrario, cuanto más apretados están los anillos, el árbol ha tenido que soportar un clima más frío y seco. Pregunta: ¿y si un año ha sido frío y húmedo, o cálido y seco? Naturalmente, los especialistas en dendrología saben por lo general dar la respuesta adecuada, en función del lugar o del tipo de clima dominante; pueden también averiguar muchas más cosas, de acuerdo con la naturaleza del árbol, de la tierra en que crece, o de la forma de los anillos. Un árbol puede desarrollarse de manera distinta que otro, porque también hay árboles que gozan de buena salud o hay otros más débiles que se desarrollan en precarias condiciones; pero donde crece un árbol suelen crecer otros: por ejemplo, hay muchísimos y muy parecidos entre sí en un bosque: aunque no encontraremos dos árboles iguales, como jamás encontraremos dos personas absolutamente idénticas. Pero si todos o casi todos los árboles muestran una serie de anillos dispuestos en condiciones muy parecidas, es bastante razonable suponer que sus testimonios son correctos. ¿Cómo sabemos si un año «malo» lo fue por seco o por frío? Los dendrólogos pueden hacer deducciones, aunque, naturalmente, no siempre pueden acertar al cien por cien. También pueden deducir otras condiciones favorables o desfavorables en que su vida tuvo que desarrollarse. Hoy el Laboratorio de Anillos de Árbol en Palisades, Nueva York, es sin duda el centro más desarrollado del mundo en este tipo de investigaciones, pero por doquier hay dendrólogos provistos de excelente técnica que van descifrando más y más el lenguaje en que los árboles nos descubren los secretos del clima del pasado.

Ahora bien, en la mayoría de los casos un árbol nos puede decir con un lenguaje propio, pero que nosotros podemos entender, si un año determinado fue favorable o desfavorable para su desarrollo; pero la información que nos proporciona se refiere por lo general a un periodo relativamente corto, el correspondiente a la edad del árbol. Un climatólogo necesita conocer una serie muy prolongada de años, a lo largo de siglos o de milenios. Es casi seguro que un árbol de nuestro huerto o los que crecen en el parque cercano no nos sirven demasiado puesto que no nos enriquecen respecto de lo que ya podemos reconstruir a través de los registros meteorológicos. Pero hay algunos árboles muy viejos, que nacieron incluso cuando sus coetáneos humanos aún no habían aprendido a escribir. Se dice que el olivo es el árbol más longevo del mundo, aunque la afirmación no es del todo exacta. Un olivo puede durar cientos de años, quizá incluso miles. Se dice de un olivo que crece cerca de Agrigento, en Sicilia, tiene más de mil años, y es posible que eso sea cierto. Lo que ocurre es que un olivo produce al cabo de no más de cien años la impresión de «muy viejo» por su tronco retorcido y sus ramas de rugosa corteza. No es del todo fácil «leer» los anillos que se forman en la madera de los olivos. Más longevas son las secoyas gigantes de California, que tardan cosa de mil años en alcanzar su edad adulta y pueden vivir unos tres mil, aparte de crecer hasta una altura desmesurada: muchas llegan a medir más de cien metros, y en este sentido alcanzan marcas mundiales que ningún otro árbol puede igualar. Sin embargo, la marca de duración la alcanza el «pinus longaevus», que crece también en las montañas del Oeste de Norteamérica y puede durar varios miles de años. Habitualmente se piensa que el decano de los árboles del mundo es un ejemplar de 4700 años de edad al que se llama «Matusalén». Es tal vez el ser vivo más viejo del mundo. Curiosamente, se descubrió que otro muy similar que se había cortado en Utah había nacido un poco antes... pero eso se supo cuando se contaron los anillos, y ya no era posible replantar el enorme pino. Matusalén sigue siendo el más viejo. Una pregunta puede hacernos el lector inmediatamente: ¿es que puede conocerse la edad de un árbol sin cortarlo? ¿es que no lo matamos cuando lo aserramos para contar sus anillos liberianos? ¿Cómo es entonces que podemos datar la edad de «Matusalén», y este sigue vivo, viejecito y con escasa facilidad para la asimilación, pero creando todavía nuevos anillos? Los dendrólogos se reirían de nuestras preguntas. No hace falta matar al árbol en absoluto. Se perfora el tronco del árbol y se extrae un cilindro de madera no más grueso que un lápiz. Este cilindro nos proporciona muestras de todos los anillos, sin necesidad de dañar sensiblemente el tronco.

En 2008 un dendrólogo sueco, Leif Kullmann, encontró un abeto rojo cuyo tocón puede ser datado en 9.000 años. No discutamos si le gana a Matusalén o no. Ocurre que estos abetos no viven más allá de 600 años, pero una vez muerto uno, nace un nuevo árbol de la misma raíz, y así sucesivamente. Cuando menos el tocón subterráneo del árbol con sus raíces es viejo, aunque el tronco no lo sea. La datación es en este caso un poco menos segura, pero Kullmann cree haber encontrado criterios suficientes para modificar la fecha de la última glaciación en Escandinavia. Se conocen tocones más viejos todavía (aunque ya no alimentan a árboles vivos), y existen otros tocones ya medio fosilizados, cuyos anillos se conservan más o menos reconocibles, al punto de permitirnos aventurar las evoluciones del clima desde hace treinta mil años, o quizá más. Es una pena que no existan árboles de cien mil, doscientos mil años —¡cuánto más nos gustaría que de millones de años!— porque su curioso lenguaje nos permite conocer lo mismo su antigüedad que las condiciones climatológicas que tuvieron que soportar. Pero son seres vivos, y un ser vivo no perdura como un mineral. Es más: un árbol no hubiera podido soportar muchos de los cambios climáticos que se operaron en los últimos millones de años. Sabemos que hubo árboles exóticos o helechos arborescentes en épocas extraordinariamente cálidas, como el jurásico o el cretácico y algunos restos fosilizados y transformados nos dan fe de su existencia: pero conocemos su antigüedad por dataciones geológicas y no por los anillos de sus troncos, que no se conservan ni por asomo.

Tenemos también los pólenes, que igualmente se conservan, fosilizados, o atrapados en capas de hielo o en el lecho de viejos lagos desecados; y estos pólenes nos pueden proporcionar una información enormemente valiosa de las especies vegetales que existieron en otras edades; pero solo de manera muy rudimentaria podemos reconstruir, y más por suposiciones fundadas que por experiencia, su auténtica estructura real. Sabemos cuando menos a qué tipos de vegetación pertenecen estos pólenes, de forma que su análisis detallado nos permite asombrarnos al saber que crecieron palmeras en Alaska en épocas que tuvieron que ser mucho más cálidas que hoy, o que hace no demasiados miles de años el Sahara era una verde pradera en la que pastaban gacelas. Los vegetales y restos de vegetales nos permiten viajes apasionantes a través de los tiempos.

Testigos helados

A fines del siglo XX se impuso la paleoglaciología como una ciencia que nos permite escarbar con éxito en el hielo las huellas del clima pretérito. Si no el primero, el más conocido investigador es Richard B. Alley, geólogo y glaciólogo, que participó en el proyecto GISP 2 en las profundas capas de hielo del centro de Groenlandia obteniendo muestras que yacían a más de 3.000 metros de profundidad, capaces de revelarnos cómo se formaba el hielo hace 100.000 años o más. En un libro en que narra sus esfuerzos y sus aventuras (*El cambio climático, pasado y futuro*, 2007)[1], Alley explica que «los testigos de hielo revelan las temperaturas del pasado, y nos dicen la nieve que cayó, el viento que sopló, la frecuencia con que se produjeron incendios forestales en las zonas de las que procedía el viento...: el grado de actividad que tenía el sol, e incluso la cantidad de dióxido de carbono que había en la atmósfera, y

---

[1] Conviene advertir que quizá el libro es mucho más útil para conocer la glaciología que para el estudio de los cambios climáticos en sí.

la extensión que ocupaban los humedales del planeta...» Quizá Alley es un poco optimista a la hora de exponernos los sorprendentes resultados que se obtienen de los antiguos restos de hielo, pero no le falta razón cuando describe los métodos que nos permiten averiguar y los interesantes resultados que obtienen. Cuando perforamos el hielo, lo mismo que cuando perforamos la tierra, lo normal es que encontremos los bloques más antiguos a mayor profundidad. La tarea no es del todo fácil, porque las capas de hielo se superponen, a veces cabalgan unas sobre otras, y todas se van moviendo lentamente, como en el caso de un glaciar. Pero la técnica ha permitido superar muchos problemas, y encontrar respuestas sorprendentes a nuestra curiosidad. También es preciso reconocer que Alley y sus colegas lo pasaron muy mal y hubieron de soportar temperaturas espantosas durante sus prospecciones. Actualmente se desarrolla el programa europeo EPICA, que pretende perforar el hielo y obtener trazas de hasta un millón de años de antigüedad. Más tarde, el equipo del GISP 2 se ha trasladado a la Antártida, y allí está recogiendo muestras todavía más profundas y por tanto más antiguas.

En el hielo quedaron atrapadas burbujas de aire, cuya composición puede analizarse para saber si el aire de épocas remotas era similar al que hoy respiramos, o la proporción de dióxido de carbono, metano y otros compuestos que pueden alterar la temperatura puede denunciarnos la existencia de épocas más calurosas o más frías que las presentes. También encierran granitos de polvo que pueden analizarse y descubrirnos en qué terreno se formaron los bloques de hielo, o qué polvo transportó el viento hasta los campos glaciales. E incluso en el hielo aparecen pólenes de plantas capaces de revelarnos la vegetación de cada época, y por ende el clima que en ella reinaba. De tal forma varía la composición de las partículas envueltas en el hielo, que la glaciología es hoy la especialidad científica que nos permite adivinar más cambios climáticos: ¡hubo más de los que suponíamos! Por ejemplo, las glaciaciones del pleistoceno, que durante mucho tiempo se consideraban cuatro (y así nos lo contaban los libros del colegio), fueron en realidad varias docenas: el clima estuvo oscilando entre el frío y el calor muchas más veces de lo que hace un par de generaciones podíamos suponer. Hasta pueden proporcionarnos noticias sorprendentes bloques de hielo que ya no existen. Por ejemplo, se han encontrado en el fondo del Atlántico, frente a las costas de

Portugal, grandes bloques de pedruscos que no debieran estar allí. Corresponden a tipos de rocas propias de Escandinavia o de otras regiones del norte de Europa, que fueron transportadas por icebergs que en otro tiempo pudieron llegar helados hasta la latitud de Lisboa, y allí se derritieron, dejando caer al fondo las piedras que habían atrapado. Gracias estas curiosas muestras ha sido posible reconstruir la historia de épocas posglaciales como los «Dryas», a que en su momento nos referiremos, porque pueden tener mucha importancia en la propia historia del hombre.

La Antártida es un enorme continente cubierto por una inmensa capa de hielo capaz de encerrar el 80 por 100 del agua dulce del planeta. Si no existiera esta capa, la Antártida, sin dejar de ser un continente, aparecería dividida en varias islas y cordilleras aisladas de montañas. Todo queda desfigurado por ese enorme caparazón blanco que la cubre, con espesores de hasta 5000 metros. Una notable paradoja: la Antártida, cubierta más por agua en estado sólido que por rocas, es el continente más seco de la Tierra. Las precipitaciones —de nieve en todo caso— son casi nulas, menos abundantes que en el Sahara. Lo que ocurre es que las nevadas ocurridas durante miles y millones de años, y la ausencia casi absoluta de evaporación han convertido al continente austral en una suerte de «desierto blanco», sin igual en el planeta, espantoso y fascinante a un tiempo. Sobre la Antártida reina siempre un poderoso anticiclón, que desencadena tremendas tempestades de viento, con velocidades de más de 200 kilómetros por hora: tempestades sin nubes y sin precipitaciones, bajo un cielo en que brillan el sol, siempre bajo, en verano, y las estrellas en invierno. Los científicos que viven penosamente en las bases antárticas, sufren, cada vez que salen al exterior, heridas en la cara provocadas por partículas de hielo que vuelan a la velocidad del viento; pero no son copos procedentes de las nubes, sino trocitos arrancados del propio suelo helado. Esta particularidad climática, o si se quiere meteorológica —allí ambas nociones casi se confunden— encierra su secreto: el anticiclón genera una circulación de vientos alrededor de la Antártida que la aísla del resto de centros de acción atmosféricos, y la mantiene como en una cámara acorazada, siquiera sea una cámara aérea. De ahí que sea muy difícil que esos hielos se disipen. Groenlandia, la tierra en que se han realizado más exploraciones glaciológicas, puede derretirse parcialmente (en realidad, ahora mismo tiende a derretirse), mientras que la Antártida está mucho más protegida. Allí se están realizando prospecciones que un día llegarán a superar en profundidad las realizadas en Groenlandia. Por de pronto, lo que se sabe no coincide ni mucho menos con lo averiguado en el Norte, como si los dos hemisferios hubieran tenido intervalos climáticos distintos; en ocasiones, Sur y Norte han sufrido cambios paralelos, pero con cierto intervalo de tiempo: un hemisferio se ha adelantado a otro. En otras ocasiones, los cambios siguen un régimen que parece distinto. No hay que extrañarse por eso, todo tiene su explicación. Un día los bloques de hielo extraídos de las profundidades inmensas de la Antártida contribuirán a proporcionarnos un conocimiento mayor de los cambios climáticos operados en nuestro planeta.

En fin, tenemos otras masas de hielo; por ejemplo, los glaciares. No solo existen masas compactas de hielo en los casquetes polares. En zonas de alta montaña existen grandes lenguas heladas que solemos llamar glaciares. Abundan en las grandes cordilleras como el Himalaya, los Andes, el Cáucaso, los Alpes o hasta en el centro de África. El glaciar del Kilimanjaro, muy cercano a la línea ecuatorial, aunque no se encuentra en su mejor momento, ofrece unas barreras de hielo de estructura impresionante. Los glaciares suelen ofrecer el aspecto de largas lenguas cubiertas de placas y bloques de hielo que bajan de las montañas por vaguadas que las acercan a los valles. Así como los hielos de las grandes masas heladas de la Antártida o Groenlandia se mueven muy lentamente, el movimiento del hielo de los glaciares suele ser visible en pocos días. Podría hablarse de ríos de agua sólida, con forma de torrente y velocidad propia de un remanso. Los glaciares labran valles en forma de U y arrastran piedras (morrenas) desde las alturas hasta el valle. A veces dejan una gran aglomeración de pedruscos al final (morrena terminal o de fondo). Un famoso geólogo del siglo XIX, Louis Agassiz, que como buen suizo conocía muy bien los glaciares, encontró numerosos valles en forma de U y depósitos de morrenas o morrenas terminales en zonas templadas de Europa, donde parecía imposible que pudiera haber glaciares. Elaboró así la teoría de que en épocas remotas hubo largas etapas en que el clima era mucho más frío, y los glaciares se extendían por donde hoy no podemos imaginarlos. Intuyó así las glaciaciones, periodos en que los hielos cubrían gran parte del territorio europeo, modificando de forma drástica el clima que hoy conocemos. Ahora sabemos muchas cosas de las glaciaciones, de las condiciones que imperaban y de las causas que pudieron haberlos provocado.

Lo que desde entonces sabemos, y cada vez mejor, es que los glaciares crecen y decrecen de acuerdo con los cambios climáticos, y estas variaciones son un índice muy expresivo de las temperaturas que dominaron en tiempos remotos o recientes. Hoy los glaciares, tanto en Europa como en América —salvo excepciones— están en retroceso y dejan cada vez más terrenos libres de hielos (lo cual parece indicarnos que estamos en una época de calentamiento); pero no siempre fue así. Todavía en el siglo XIX los glaciares eran mucho más extensos que hoy, y poseemos testimonios de vecinos o aficionados a la naturaleza que nos describen muy bien sus dimensiones, o los puntos por los cuales se podía cruzar la montaña sin encontrar barreras de hielo. Es así como podemos reconstruir la evolución del clima a partir de la evolución de los glaciares, tal como podemos conocerla lo mismo por vestigios geológicos que por relatos antiguos. Pero ¡cuidado! El testimonio de los glaciares, como todos los demás, hay que saber interpretarlo. Se da el caso, y en su momento recaeremos sobre algunos puntos llamativos, en que las épocas frías fueron por lo general secas y las calurosas con frecuencia húmedas. En un momento histórico en que las temperaturas son más altas que lo normal, sigue siendo frecuente que nieve en invierno por encima de los 2000 metros de altura. La nieve acumulada acaba helándose y alimenta los glaciares; por el contrario, un clima frío, pero seco, escasea en nevadas, y la nieve tarda mucho tiempo en acumularse. ¿Es posible que muchos glaciares se alimenten y crezcan en altas montañas durante épocas relativamente templadas pero muy lluviosas? He aquí uno de los muchos problemas que nos plantea la abundancia de hielo (¡incluso ahora en la Antártida!). Pero la investigación va obviando poco a poco estos problemas, y es cada vez más útil el testimonio que nos proporcionan esas bellísimas formas de la naturaleza que son los glaciares.

Las fascinantes revelaciones de los corales

Es curioso: muchos de los testigos del clima pasado figuran entre los objetos más bellos de la Tierra. Tal ocurre con los corales, esos seres que alguna vez hemos visto, pero de los que la mayoría de los mortales no sabemos gran cosa, porque resultan increíblemente más desconcertantes de cuanto acertamos a suponer. Ante todo, ¿a qué reino de la naturaleza pertenecen los corales? ¿Son minerales, vegetales o animales? Muchas personas relativamente cultas, incluso las que los han visto, durante una navegación o buceando, dudan a la hora de contestar a una pregunta que referida a otros seres hubiera resultado sencillísima. Para un marino acostumbrado a navegar por mares tropicales, los corales son arrecifes de piedra caliza, de color castaño claro, que aparecen cerca de las islas y a veces forman un cinturón o «atolón» en su torno. Protegen las playas y los puertos de los embates del mar, y nadie que haya penetrado en las aguas interiores, entre el atolón y la costa, puede dejar de maravillarse ante la pureza de las aguas, de un transparente tono turquesa que sugiere la presencia de un paraíso. Pero un marino tiene también razones para maldecir esos arrecifes que dificultan el paso y han provocado tantos naufragios de buques que ya se creían a punto de abordar a tierra. Peñas calizas claras, llenas de concreciones e irregularidades, tan propias del relieve kárstico. Los corales se nos presentan como minerales sin duda alguna. Y si analizamos aquellas costras duras, encontraremos casi exclusivamente carbonato cálcico, es decir, caliza.

Pero los buceadores acostumbrados a explorar los fondos marinos cercanos a las playas tropicales ven en los corales algo sorprendentemente distinto: ramas, flores, hojas de mil formas diferentes, y de colores de una delicadeza que diríase única en el mundo: hay corales rosados, verdosos, violetas, amarillos o de un rojo profundo. A veces, mientras buceamos, nos sentimos sumergidos en una maravillosa selva submarina, muy difícil de describir, pero que recordaremos para toda la vida, porque jamás habremos contemplado formas tan frondosas y colores tan transparentes y delicados. No cabe duda, se trata de una especie vegetal.

Los naturalistas pueden reírse de nuestra ignorancia, aunque para comprobar la verdad tendríamos que observar el comportamiento de los corales durante la noche y con aparatos de buen aumento. Aquellas flores policromas parecen inmóviles, o fluctúan suavemente con las ondulaciones del agua; pero cuando algún pequeño ser vivo pasa por sus inmediaciones, los pétalos se cierran ágilmente, atrapan al intruso y lo devoran. Otras formas de comportamiento, hasta en la capacidad de asociación o en las formas de reproducción, demuestran que son animales. Naturalmente, con esto no queda dicho todo. En el fondo, todos tienen algo de razón. Los corales son unos seres muy difíciles de describir, y en esta página no tenemos la menor intención de hacerlo, porque ello no hace al caso en el objeto de este libro. La base vital de un coral es el «pólipo», un pequeño ser de pocos milímetros de tamaño (por lo general de 5 mm. a un centímetro, aunque sus variedades son casi infinitas). Tanto los pólipos como las conchas que generan son blancos: los colores maravillosos que presentan no son suyos, sino de las algas a las que se asocian. El coral y las algas forman una suerte de simbiosis sin la cual difícilmente pueden existir. Las algas se alimentan de nutrientes segregados por los corales, en tanto éstos se valen de las proteínas e hidratos de carbono generados por las algas. Comoquiera que las algas no pueden subsistir sin la fotosíntesis y necesitan perentoriamente la luz, los corales solo existen en aguas poco profundas, desde la superficie barrida por las olas hasta unos veinte metros de profundidad. Los podemos encontrar a veces en aguas más profundas, siempre que sean absolutamente cristalinas: de aquí esa relación que casi inconscientemente establecemos entre las maravillosas formas del coral y las aguas transparentes e incontaminadas.

Una última observación antes de abandonar el encanto de los corales propiamente dichos. Son animales gregarios, que necesitan vivir en apretadas colonias: cada una de ellas está formada por cientos de miles o millones de individuos. No sabemos cómo se relacionan entre sí, pero se necesitan mutuamente, y como si se pusieran de acuerdo, resulta que casi todos ponen sus huevos en una sola noche. Los pólipos crecen y generan una concha o caparazón que extraen de los carbonatos disueltos en el mar. De aquí que acaben formando arrecifes, de los cuales solo vemos desde arriba esas masas calcáreas duras. Los pólipos mueren, pero sobre sus caparazones se fijan otros pólipos más jóvenes que van aumentando poco a poco la masa del arrecife, que puede cubrir espacios enormes. A lo largo de miles o cientos de miles de años se han formado las grandes masas de coral, como la Gran Barrera del nordeste de Australia, los atolones de la Polinesia o los que rodean a las islas del Caribe, que tanto maravillaron a Colón. También crecen corales en el mar Rojo, en el Índico y algunos en el Mediterráneo, por ejemplo en el mar de Alborán o en la isla de Capri. Los corales necesitan aguas cálidas, entre 22 y 30°. No los busquemos en mares fríos, pero tampoco soportan temperaturas demasiado calientes, superiores a los 30°. Un calentamiento excesivo los puede hacer morir. Tampoco soportan el agua dulce, y eso explica que no encontraremos formaciones de coral cerca de la desembocadura de grandes ríos.

Bien. ¿Qué es lo que los corales pueden contarnos sobre los cambios climáticos? Ante todo, son los mejores testigos sobre el ascenso o descenso del nivel del mar. Necesitan vivir en aguas poco profundas, desde el nivel de las olas hasta veinte o treinta metros debajo de ellas: en todo caso, precisan para vivir que llegue hasta ellos la luz. Un atolón o barrera que sobresalga varios metros por encima de la marea llena —y cuyos pólipos están naturalmente muertos, aunque queden sus duras costras calcáreas— indica que el nivel del mar ha bajado. Un arrecife que yace a muchos metros de profundidad y no se desarrolla puede indicarnos que el mar ha subido más rápidamente de lo que el propio coral es capaz de crecer. Y la subida o el descenso del mar está en relación con la cantidad de bancos de hielo en torno a los polos. Hubo épocas de gran frío en que los casquetes polares se extendieron por parte de Europa y de Canadá, o del Norte de Asia. En otras épocas de fuerte calor en el mundo, los bancos de hielo se fundieron en gran parte —a veces casi totalmente, hasta el punto de que no había hielos en los polos—. El hielo fundido engrosa el agua líquida, y entonces sube el nivel del mar. El nivel de los mares es un buen indicio de la temperatura media del globo. Y los corales son un testigo valioso de aquellas lentas, pero espectaculares variaciones de nivel. Un caso extremo es el denunciado por el profesor Paul Branchon y colaboradores, que, analizando el nivel de los corales en los arrecifes de Yucatán, encontraron indicios de que el nivel del mar se había elevado muy rápidamente en un orden de 4 a 6 metros en solo un siglo, hace la friolera de 121.000 años, una época que corresponde a una interglaciación. Y concretamente, en un momento determinado, la elevación de las aguas habría alcanzado tres metros en solo cincuenta años. ¡El paisaje de aquellas tierras sensiblemente llanas habría cambiado de modo espectacular en el curso de la vida de un ser humano! El hallazgo causó sensación y fuertes polémicas, no solo porque es difícil de suponer un crecimiento tan rápido del nivel del mar, sino porque aquel fenómeno del pleistoceno dejaría en mantillas al calentamiento actual, que hace crecer el nivel de los mares a una tasa de varios centímetros por siglo, cuando muchos entusiastas pretenden que jamás hubo un calentamiento como este. La polémica está servida, y habrá que seguir investigando.

Otro testimonio inestimable de los corales es que, durante su crecimiento, los caparazones de carbonato de calcio se desarrollan en capas superpuestas, de forma bastante parecida a los anillos de los árboles. Gracias a este crecimiento de las capas, una colonia de coral puede expandirse a razón de un centímetro por año, aproximadamente. Las capas nos cuentan la historia del coral, por lo menos en los últimos 5000 años. Y revelan las variaciones de la temperatura, la composición del agua, su salinidad. En aguas más saladas, los corales se reproducen más rápidamente que en aguas más dulces; y en aguas limpias mucho más que en aguas turbias. He aquí un testimonio de las variaciones climáticas a lo largo de los siglos. Podemos bucear en el pasado por lo menos cientos de miles de años. En estos momentos, un equipo de la universidad de Stanford, en Estados Unidos, se ocupa de averiguar, en este sentido, el misterioso mensaje de los corales. Recientemente, en 2007, un geólogo sueco, Johann Nyberg, estudiando los corales del Caribe, ha creído deducir una curiosa relación: cuanta más dureza, más frecuencia de los huracanes tropicales, cuanta menos dureza, menos huracanes. Si tiene razón, el siglo más huracanado fue el XVIII.

Otros testigos

Podemos conocer noticias del clima de otros tiempos por mil medios distintos. Encontramos esqueletos de animales que hoy no podrían habitar en aquel lugar, o fósiles de vegetales que diríamos propios de otras latitudes, y que, naturalmente, corresponden a épocas geológicas más cálidas o más frías que la actual. Nos hemos referido anteriormente a restos de palmeras en Alaska, o a gacelas que vivían en el Sahara. También es cierto que hubo elefantes en Siberia... pero sabemos que eran elefantes lanudos. Bien sabido es que un isótopo del carbono, el carbono 14 es ligeramente radiactivo y se va desintegrando en un periodo que hoy conocemos con precisión. La tasa de C_{14} contenida en los restos de un ser vivo, animal o vegetal, puede permitirnos calcular bastante bien su edad; y si corresponde a una especie que necesita un clima distinto al del lugar en que lo encontramos, cabe deducir en qué momento se registraba ese clima.

Son importantes los restos o lechos de lagos donde hoy ya no existen, o están mucho más bajos. Cabe deducir por tanto que existieron o que ocuparon una extensión mayor en una era más abundante en lluvias. El geólogo Grove Gilbert encontró playas (y cronológicamente no muy antiguas) trescientos metros por encima del Gran Lago Salado, en Utah. Por el contrario, los fondos del Mediterráneo están cruzados por lechos de ríos que debieron ser tan caudalosos como el Ródano, el Po o el Ebro, señal evidente de que en otro tiempo era un lago salado más pequeño de lo que es hoy. En el Sahel, al sur del Sahara, existen lechos de lagos que en otro tiempo estuvieron llenos de agua y hasta agua dulce, según se deduce de los restos de animales o peces que pululaban por ellos. Hoy solo queda el lago Chad, que por cierto se está desecando a ojos vistas —tiene la mitad de extensión que hace un siglo— y su tremenda salinidad hace casi imposible la vida de los seres que habitan en sus aguas. Si un bañista, incitado por el fuerte calor de aquella región, decide sumergirse en las aguas del lago Chad, se retirará inmediatamente con la piel llena de quemaduras. No nos extrañemos de que los lagos que se desecan sean muy salados. El agua puede evaporarse, la sal, no. En muchos lugares de América o de Australia existen enormes regiones salinas, desiertos blancuzcos o saladares, restos de lagos que ya no existen. En cambio hay mares como el Báltico o el Negro que poseen una salinidad más escasa que los océanos: bien porque son de formación relativamente reciente a causa del deshielo, o porque reciben más agua de los ríos que aquella que se evapora. El Caspio —que recibe el apelativo de mar, pero que es un lago casi tan extenso como la península Ibérica— es de aguas casi dulces.

Los fondos marinos pueden aportarnos muchas más noticias sobre el clima del pasado. En ellos se encuentran residuos volcánicos, restos de erupciones muy antiguas que hoy no podríamos imaginar. Los fondos arcillosos conservan restos de agua que previamente había disuelto materiales propios de un clima distinto al actual. Y los huesos o conchas acumulados de forma masiva en una zona o nivel determinado pueden acusar una extinción repentina de especies que no pudieron resistir el cambio. Más tarde no tendremos más remedio, que referirnos a alguna de estas extinciones. Más aún: hoy se están descubriendo cosas sorprendentes. Bajo los fondos marinos existen enterradas enormes bolsas de metano, cuya cuantía se evalúa en varios miles de millones de toneladas. Si este metano se liberase todo a la vez, y las burbujas subiesen hasta alcanzar la atmósfera, la temperatura se elevaría de un modo bestial, y desaparecería todo vestigio de vida sobre la Tierra. Semejante catástrofe es previsible desde el momento en que el metano produce un efecto invernadero 25 veces más fuerte que el CO_2. Ya hay quien piensa que el metano puede acabar siendo el principal motivo del calentamiento de Tierra. Ahora bien: las pequeñas dosis de metano que procedentes de capas profundas llegan al fondo de los mares, son devoradas por diminutas microbacterias que en cantidad de miles de millones pueblan los fondos marinos, y las necesitan para su propia vida. El profesor de la universidad de California W. Reebing descubrió este curioso proceso ya por los años 70 del siglo XX. Estudios más recientes no parecen sino confirmarlo. Es curioso, pero la naturaleza está llena de estas pequeñas maravillas: si estas bacterias no existieran, el mundo estaría convertido en un horno. Afortunadamente existen. También existen, en aguas polares, pequeñas moléculas de «clatratos» que obstruyen la salida de depósitos submarinos de metano. Otro detalle que tenemos que agradecer. Con todo, hay quien piensa que periodos de fuerte calor que se registraron en pasadas eras geológicas se debieron a una sobreabundancia de metano en la atmósfera. Científicos del barco de exploración ruso «Jacob Smirtisky», y entre ellos el profesor Igor Semitelov, creen haber descubierto «chimeneas de metano» en algunas zonas del Ártico, que podrían ser —apuntan— responsables del fenómeno de calentamiento que hoy estamos sufriendo. Si de algo no carecemos es de teorías explicativas sobre la evolución de los climas: hay, diríamos, demasiadas. Y a veces, por desgracia, contrapuestas. Pero la investigación puede llevarnos —y eso tenemos motivos para esperarlo— cada vez más lejos.

Los factores de los cambios climáticos

Cuando llueve, sabemos que está atravesando un frente de lluvias, o se está produciendo una situación de inestabilidad. Cuando sopla un viento fuerte estamos seguros de que existe un gradiente barométrico intenso entre zonas de altas y bajas presiones. Si cae una tormenta, pensamos que la diferencia de temperatura entre las capas bajas y altas de la troposfera es superior a la normal. Si hace un frío que nos deja ateridos, no cabe duda de que nos invade una ola de aire polar. La meteorología, a nivel general —¡nunca en los detalles!— es relativamente fácil de interpretar, y casi siempre conocemos las causas por las cuales el tiempo se comporta de esta o aquella manera. Los cambios del clima, más lentos, pero a veces por su magnitud espectaculares, son mucho más difíciles de interpretar, y no siempre conocemos con seguridad los factores que los producen. ¡Si a estas alturas aún no estamos seguros de la causa de las glaciaciones! Y no porque no tengamos una idea clara de cuáles pueden ser esos factores, sino porque dudamos entre un factor y otro. Lo mismo que por lo que se refiere a los «testigos» del clima pasado, lo que nos ocurre no es que no conozcamos las causas de los cambios climáticos, sino que existen demasiadas. Entre estas causas pueden estar la radiación solar, el régimen de las corrientes marinas, la reflectancia de las nubes o de los casquetes polares, la presencia de gases de efecto invernadero..., o hasta las vacas, que emiten una cantidad desproporcionada de metano. Estudiar todo esto exigiría un largo tratado, y no nos hemos propuesto centrar este libro en el análisis de las causas de los cambios climáticos, sino en los cambios mismos y sus trascendentales consecuencias. No dejaremos de aludir a las causas o posibles causas en cada momento determinado. Valga ahora en este apartado un análisis lo más breve posible y lo más sugestivo posible, huyendo, como se ha prometido, de una carga que podría ser asfixiante de erudición y de teorizaciones complejas a las que tan acostumbrados nos tienen los especialistas. Con todo el rigor necesario, eso sí, pero dentro del espíritu de sencillez y comprensibilidad que se ha propuesto este libro.

Factores cósmicos

Vivimos en un planeta, eso lo sabe todo el mundo; un planeta maravilloso, mucho más adaptado a la vida —y vida inteligente— que cualquiera de los que hasta ahora hemos llegado a conocer. En otro libro me he dedicado a destacar el papel que diríase está reservado gozosamente a la Tierra[2], y no pretendo ahora volver sobre la cuestión. Lo que sí necesitamos reconocer es que la Tierra, por excepcionales condiciones físicas y ambientales que pudiera reunir, no es un mundo solitario en la inmensidad del espacio, sino que forma parte de un conjunto de astros que giran en torno a una estrella amarilla brillante, de tipo G, a la que llamamos Sol. No solo necesitamos el sol, sino que estamos de él justo a la distancia que nos conviene. En Venus nos abrasaríamos de calor y en Marte nos moriríamos de frío. Una distancia al sol del orden de los 120 a los 180 millones de kilómetros queda en el margen de lo que los astrofísicos llaman «zona habitable», y nosotros nos encontramos a 150 millones de kilómetros del sol. Cada estrella, de acuerdo con la energía que libera, está rodeada de una «zona habitable», esté esa zona de hecho habitada o no, que eso todavía no lo sabemos. Que en la zona habitable que rodea a nuestro sol hay un planeta que está habitado es un extremo sobre el que no cabe mucha discusión, puesto que estamos aquí.

---

[2] *La Tierra, un planeta diferente*, Rialp, 2008.

A la Tierra llega solo algo así como una cienmilmillonésima parte de la energía que libera esa fabulosa central termonuclear que es el sol: pero esa tasa de energía es justamente la que nos conviene. Por término medio supone 1366 watios por metro cuadrado. Si quisiéramos saber cuánto supone esta energía repartida por el mundo entero, tendríamos que escribir un dos seguido de diecisiete ceros. El sol proporciona luz y calor a los continentes, a los desiertos, a los bosques y a los mares; su energía, por término medio, es la que nos conviene recibir. El sol evapora las aguas y forma las nubes, de las cuales se desprenden las lluvias; permite que crezcan las plantas y los árboles, genera los vientos y las corrientes marinas. La naturaleza se beneficia de esa energía, pero los hombres solo hemos logrado aprovechar para nuestro uso particular una parte pequeñísima. Si un día consiguiéramos utilizarla no digamos en toda su integridad, pero sí tan solo en una proporción muy pequeña, habría desaparecido para siempre el problema de la energía. ¿Será eso posible, cuando menos en gran parte? Al final de este libro trataremos de ello.

Los valores que hemos citado antes constituyen lo que ha dado en llamarse la «constante solar». Durante mucho tiempo se ha creído que la energía producida por una maquinaria tan enorme y majestuosa como la del sol tenía que ser, efectivamente, constante. Hoy se sabe que la constante solar no es tal, aunque las variaciones que experimenta por lo general son mínimas. Ante todo, las reacciones termonucleares que se operan en el corazón del sol tienden a acelerarse conforme se gasta el hidrógeno; un día entrará en reacción el helio, y entonces la energía solar será miles de veces más intensa que hoy: no será posible la vida en la Tierra. Pero no nos alarmemos, porque tal cosa no sucederá hasta pasados miles de millones de años. Desde ese punto de vista, podemos estar tranquilos. Ahora bien, el ritmo de producción de energía puede experimentar fluctuaciones, y un pequeño incremento o decremento tendría consecuencias importantes. Se estima que una variación de la constante solar del orden de un 2 por 100 podría provocar un drástico cambio climático. Hoy sabemos muy bien que existen ciclos en la actividad solar. El más claro es el de once años; parece existir otro de aproximadamente 30, y posiblemente otro de alrededor de un siglo. Incluso pueden existir periodos más largos. Las oscilaciones periódicas pueden influir muy ligeramente en la temperatura terrestre (a su tiempo nos referiremos al famoso «mínimo de Maunder»); pero salvo lapsos en que perduran máximos o mínimos prolongados, no puede hablarse de una alteración climática provocada por estos ciclos periódicos. Que existan ciclos mucho más extensos que todavía no conocemos bien es otra cosa, y esos ciclos podrían tener una importancia muy grande en el clima terrestre a largo o muy largo plazo.

Ahora bien: el clima no solo depende de la energía que la Tierra recibe del sol sino de la forma que la Tierra tiene de recibirla. Por de pronto, de noche no recibe nada; en los polos recibe mucha menos energía que en el ecuador, y cuando está más cerca del sol recibe más energía que cuando está lejos. Un científico serbio, Milutin Milankovich, ha establecido tres ciclos que pueden hacer cambiar el clima:

1°. Las variaciones de la excentricidad de la órbita terrestre. Ya es sabido que la Tierra gira alrededor del sol describiendo no una circunferencia exacta, sino una elipse poco excéntrica. En enero nuestra distancia al sol es de 147,1 millones de kilómetros y en julio de 151,8 millones. Es decir, en enero estamos casi cinco millones de kilómetros más cerca del sol que en junio. La sorpresa de algunas personas que se enteran de este hecho en nuestro hemisferio Norte suele ser mayúscula. ¡Cómo! ¿Es que en invierno estamos más cerca del sol, que en verano? Así es, solo que lo que determina las estaciones es, más que la distancia al sol, la altura del sol sobre el horizonte —sus rayos nos llegan más directamente— y la mayor duración de los días sobre las noches. Claro está que en hemisferio Sur ocurre todo lo contrario: es verano cuando la Tierra está más cerca del sol e invierno cuando está más lejos. Las estaciones en Argentina o en Australia deberían ser más extremadas. No lo son —ahora y durante muchos siglos— por una circunstancia curiosa: el hemisferio sur es eminentemente marítimo y el Norte mucho más continental: y ya es sabido que un clima continental es extremado y un clima marítimo es suave: ¡Las diferencias se compensan! Lo que ocurre es que la excentricidad de la órbita de la Tierra no es siempre la misma: unas veces es más alargada, otras es casi circular: Puede oscilar entre un 0,5 por 100 y un 6 por 100. No temamos un cambio brusco: el periodo de estas variaciones de la excentricidad de nuestra órbita (que tampoco son disparatadas) es de unos 100.000 años. Durante muchos siglos seguiremos más o menos como hasta ahora. Cierto que llegará un momento, dentro de 40.000 años, en que las estaciones serán más extremadas en un hemisferio, y se compensarán mejor en el otro. Vaya una cosa por la otra, podemos pensar. Y así es en gran parte. Sin embargo, se cree que la extremosidad puede provocar glaciaciones en el hemisferio perjudicado.

2°. La inclinación del eje terrestre. Hoy todos hemos aprendido en el colegio que el eje de la Tierra está inclinado 23° 27' sobre la Eclíptica: precisamente por eso hay veranos e inviernos, los días son más largos o más cortos, hace más calor o más frío. Si el eje de la Tierra no estuviera inclinado ¿sería posible la vida tal como hoy la conocemos? Los árboles no sabrían cuándo cambiar las hojas, las plantas no tendrían una estación determinada para florecer y dar sus frutos, los animales o los peces no encontrarían una estación determinada en que emigrar o reproducirse. No alternarían las épocas de lluvias con las épocas secas. La Tierra está organizada porque hay estaciones. Las hay y las habrá siempre. Lo que ocurre es que el eje terrestre varía poco a poco su inclinación. Tampoco en este caso se trata de nada exagerado, pero puede pasar de 21°4' a 24° 5' en un periodo de 41.000 años. Cuando el eje está más inclinado, la energía solar llega más directamente a los polos y derrite los casquetes de hielo; por el contrario, cuando la inclinación es escasa hay menos contraste, el verano es más suave y los hielos polares no se derriten. Hay quien piensa que es entonces cuando se operan las glaciaciones: no porque haga más frío en invierno, sino porque la debilidad del verano permite la pervivencia de los hielos.

3°. La precesión. Es un movimiento mediante el cual el eje de la Tierra apunta a diferentes posiciones. Ahora mismo, apunta hacia la estrella polar, y por eso esa estrella señala el Norte. Pero hace tres mil años apuntaba hacia el Alfa del Dragón, y de esa estrella se servían los navegantes fenicios como polar de aquellos tiempos, para orientarse de noche. Y hace algo más de mil años hacía el papel de polar la estrella Kochab, que significa «polar» en árabe. Lo que significa la precesión es que ahora es verano en junio, (en el hemisferio Norte), cuando dentro de doce mil años en junio será invierno, y verano en diciembre. Los términos se habrán invertido, y los veranos en el hemisferio Norte serán más duros. Si llega un momento en que la órbita de la Tierra se ha hecho más elíptica, y coincide el verano con la mayor cercanía al sol, los rigores se harán casi insoportables. Los ciclos de Milankovich dependen por tanto de tres variables distintas, que tienen cada cual un periodo diferente. Unas veces coinciden, otras se compensan unas a otras, con lo cual las variaciones del clima serán no caóticas, pero sí muy complicadas. Durante un tiempo, las teorías de Milankovich tuvieron muy poca aceptación. Ahora están de moda, y los expertos las mencionan una y otra vez; eso sí, casi nunca se ponen de acuerdo sobre cuáles han sido o serán sus consecuencias. Lo único cierto es que la posición de la Tierra con respecto al sol puede ser tan determinante en el clima como el comportamiento del sol mismo.

Los caprichos de la atmósfera

El tiempo es caprichoso, diríamos, y solemos decirlo, porque sus variaciones son muchas veces imprevisibles, aunque todas sus formas de comportamiento se ajustan a leyes físicas, por muy variadas que sean. Pero todos sabemos muy bien que un viento «polar» —aunque no venga, ni puede venir, del polo— suele ser frío, y si viene de latitudes más bajas, suele ser más cálido. Si procede del continente suele ser más extremado que si procede del mar. Todo el mundo tiene experiencia de estas cosas, y de otras muchas. El viento Norte tiende a ser lluvioso en el Cantábrico y seco en la Costa del Sol. Para dos ciudades tan cercanas como Sevilla y Málaga, el Levante tiene dos consecuencias absolutamente contrapuestas. Los europeos solemos quejarnos en invierno de las crudas «olas siberianas», por más que el aire no venga de Siberia, sino del centro del continente. Los argentinos suelen maldecir las «surestadas», que traen temporal de viento frío y lluvias al mismo tiempo, y los neoyorquinos suelen pensar lo mismo de los vientos cálidos y húmedos que llegan del golfo de México.

En realidad, la circulación atmosférica se organiza sobre tres zonas o «células»: la intertropical, con vientos predominantes del Este, la templada, con vientos predominantes del Oeste, y la polar, con vientos que proceden de la derecha si miramos al polo, y que circulan en torno a él. Son secos y fríos. Contra lo que algunos puedan suponer, en los polos precipita muy poco, el aire es seco y está dominado por un poderoso anticiclón. Es en la zona templada donde el tiempo es más variado y «caprichoso». En desiertos como el Sahara, Kalahari, Atacama, no llueve casi nunca. En zonas de régimen monzónico, como la India o África Central, también en el Caribe, hay una estación de las lluvias y otra seca, alternadas. En zonas como Venezuela o Colombia suelen llamar «invierno» a la época lluviosa (de mayo a octubre, más o menos), aunque la temperatura sea un poco más calurosa que la del «verano» o estación seca: ¡no nos confundamos cuando hablemos con un caribeño!

Con respecto a las variaciones estacionales que se registran en la India, el sudeste asiático, el sur y hasta el centro de China, hablamos siempre de monzones. El monzón (del árabe Mawzin, estación) es un viento que sopla del mar en verano y de tierra en invierno. Es lógico imaginarlo, al menos idealmente. La tierra se enfría y calienta con mucha más rapidez que el agua. Por eso en invierno el continente es más frío que el océano, y en el primero se forma un potente anticiclón que envía vientos frescos y secos hacia la costa. En verano ocurre todo lo contrario: sobre el continente recalentado se forma un área de baja presión, que atrae el aire oceánico. El mecanismo es bastante más complicado que como lo estamos exponiendo, pero este principio se opera todos los inviernos y todos los veranos. En la India, el país monzónico por excelencia, llueve un poco en invierno, y cuando se atisba la primavera, por febrero o marzo, empiezan a crecer las flores, por lo general muy bellas. No duran mucho. La primavera es seca. Las flores empiezan a agostarse en abril, y por mayo ya son un triste despojo. No llueve, aprieta el calor. Los hindúes invocan al monzón desde mucho antes de su llegada. Junio es ya insoportable. Las cosechas pueden malograrse si las lluvias no llegan a tiempo. Y la impresión de la gente es siempre la de que este año se retrasarán. Empieza a soplar el viento sur, pero de momento no se ven más que unos celajes sobre el océano Índico. El ambiente se hace cada vez más bochornoso, pero no llueve. Luego se divisan densos nubarrones oscuros sobre el mar, que parecen disolverse al anochecer. La espera se hace interminable. Hasta que cae la primera tormenta, poderosa, pero efímera. Días después las lluvias se generalizan: a veces se hacen torrenciales. Y la gente, sin miedo a mojarse, porque el ambiente es caluroso, sale a la calle, baila, grita de alegría. Ha llegado el monzón, y sin monzón no hay vida. Brotan de nuevo las flores, se llenan los aljibes, la tierra se esponja. Todo se ha salvado. Se explica que Rabindranath Tagore haya convertido el monzón en poesía.

El monzón húmedo llega a las costas de la punta sur indostánica en junio, alcanza la cuenca del Ganges entre fines de junio y principios de julio, y la del Indo a fines de julio o hasta principios de agosto. Llueve durante todo el verano, con un breve descanso o «monsoonbreak», que los naturales aprovechan para realizar sus labores. A veces las lluvias son excesivas, y provocan inundaciones. Hay regiones, como en la ladera sur del Himalaya, donde las precipitaciones alcanzan los 8.000 litros por metro cuadrado. En septiembre el ambiente se hace más seco, y por octubre se consagra el monzón de invierno, con vientos del norte o nordeste, casi siempre secos, excepto en la puntita sur de la península del Dekan, justo donde menos ha llovido en verano, y donde la lluvia es ahora bien agradecida. Así año tras año. Si los excesos del monzón son a veces desastrosos, mucho más lo es la ausencia del monzón. La verdad es que siempre llueve un poco en verano, pero cuando el agua es insuficiente, las cosechas sufren las consecuencias. Por lo que sabemos desde el siglo XVIII —y hay datos de épocas anteriores que se confirman en lo mismo— cada siglo se producen de diez a doce «años sin monzón», o digamos de monzón muy débil con la consecuencia de desastrosas cosechas y hambres generalizadas. Y la catástrofe se hace apocalíptica cuando sobrevienen dos años seguidos «sin monzón». Últimamente esta incidencia es muy rara, pero se recuerda en épocas históricas. La falta de monzón se traduce en una enorme mortandad, emigración de gentes a no se sabe dónde, pestes y otras calamidades. Hoy día existen remedios y posibilidades de cooperación, pero los relatos que conservamos de siglos pasados son aterradores. Por fortuna, el monzón suele ser puntual y llega justo a la cita en el tiempo previsto.

Nos suena la palabra monzón en India, pero el fenómeno es parecido en Asia del sudeste y en la mayor parte de China, aquí asociado a veces a ese tipo de ciclón oriental que son los tifones. También hay lluvias estacionales en Indonesia, Filipinas y el nordeste de Australia. En África las lluvias, en virtud de un mecanismo parecido, son frecuentes de junio a septiembre, y los meses cercanos a las navidades suelen ser secos. Lo mismo ocurre, como queda dicho pocas páginas atrás, en América central y zona del Caribe, donde invierten las palabras verano e invierno. También aquí la estación de las lluvias suele coincidir con ciclones o tormentas tropicales. Bien sabido es que Colón llegó a las Bahamas en octubre. Doce días antes del Descubrimiento fue sorprendido por una fuerte mar de fondo en un día sin viento: no supo explicarse el fenómeno. Si hubiera adelantado, como quería, diez días su salida de Canarias, probablemente no hubiera llegado a América, porque la tormenta se hubiera tragado las carabelas.

En las zonas templadas, y eso lo sabe muy bien todo el mundo, el tiempo se organiza sobre el juego, mucho más variado, de los anticiclones y las borrascas. El buen tiempo es más propio del verano, y las lluvias más frecuentes en invierno, o en las estaciones intermedias. Anticiclones y borrascas, altas y bajas presiones, se suceden caprichosamente, en un juego que casi nunca resulta aburrido. El barómetro no marca «el tiempo» como dice equivocadamente alguna gente, sino la presión. Los fabricantes tienen la mala costumbre de indicar sobre la aguja barométrica palabras como *buen tiempo fijo, buen tiempo, variable, lluvias, tempestad* y estas indicaciones tienden a reforzar la idea de que «el barómetro se equivoca», o miente. No lo hace nunca. Lo que ocurre es que el anticiclón entrante provoca lloviznas en el Cantábrico; o en Andalucía el barómetro puede marcar «lluvia» en los momentos más agobiantes del verano, por culpa de la depresión sahariana, que no es en absoluto una borrasca. En este sentido, cabe recordar que en la mayor parte de España el barómetro suele ser menos útil para la previsión del tiempo que en la amplia vertiente de la Europa atlántica: es siempre útil, si no para la previsión, para la interpretación de lo que ocurre. El juego de borrascas y anticiclones hay que saber interpretarlo en cada región, y la costumbre con ayuda de los mapas del tiempo, puede ayudarnos a hacerlo.

El juego de las borrascas y los anticiclones es siempre el mismo, pero estos grandes centros de masas de aire de alta y baja presión no siempre se encuentran en el mismo lugar. Los anticiclones son más perezosos en sus desplazamientos, y así solemos designarlos como el Anticiclón de las Azores, el Anticiclón de Angola, el Anticiclón de California, cuando no siempre se encuentran allí. Un hecho que puede cambiar radicalmente los regímenes de tiempo —y si perdura puede cambiar el clima— es el que conocemos con el nombre de «oscilaciones». Por ejemplo, en el Atlántico Norte, el anticiclón suele estar cerca del trópico de Cáncer (no necesariamente en las islas Azores), mientras que el centro de las borrascas suele pasar por las islas Británicas y el mar del Norte, con sus frentes barriendo la mayor parte de Europa. Pero a veces el anticiclón se instala al Norte, y las borrascas, si encuentran alimento suficiente en el aire frío, se deslizan hacia el Sur; encuentran allí un pasillo libre y alcanzan las Canarias o el Estrecho de Gibraltar, para penetrar por el Mediterráneo. Es lo que se llama la «Oscilación del Atlántico Norte». En el invierno de 2010 se produjo una oscilación de este tipo: anticiclón al Norte, frontogénesis con formación de borrascas, al Sur. El norte de Europa sufrió un duro invierno, y por un tiempo se heló el mar Báltico. Los servicios de ferrys en Estocolmo, Helsinki y Riga quedaron interrumpidos, y varios barcos no pudieron atravesar la dura barrera blanca hasta que llegaron lentamente los rompehielos a rescatarlos. Las borrascas atravesaron las Canarias, las Madeira y la zona del Estrecho, causando grandes inundaciones, especialmente en Andalucía. Llegó a nevar en el bajo Guadalquivir por primera vez desde 1954. Si se hubiera mantenido la oscilación Norte, hubiera cambiado el clima en Europa, pero en marzo volvieron las cosas a su sitio, y el verano de 2010 ha sido en casi todo el continente más cálido —en Rusia sorprendentemente más cálido— que lo normal. Pero la oscilación Norte se mantuvo por muchos años y aun siglos en otras épocas históricas, y de ello derivaron épocas frías y secas (o el Mediterráneo disfrutó de un clima atlántico). También sabemos que en otros tiempos los monzones húmedos llegaron a regiones que hoy son desiertos. De estas situaciones nos ocuparemos en su momento.

El Niño, la Niña, y sus congéneres

El mar, enorme, sobre todo cuando se ha perdido la vista de tierra, semeja una llanura inmensa, lo mismo si lo vemos a bordo de un barco que si lo hacemos desde un avión. Jamás tierra alguna, ni en Siberia ni en la Pampa, alcanza tan perfecta horizontalidad. Sin embargo, nada más distante a un accidente estático y firme en la superficie de la Tierra. Hasta en los días de calma chicha, las aguas se mueven en ondulaciones generadas por cualquier desequilibrio de su estabilidad, o por empujes venidos de lejanas aguas más agitadas. Cuando sopla viento, sobre todo si desata una tempestad, las olas pueden alcanzar grandes dimensiones, y alturas de diez metros o más. El más grande de los navíos construidos por el hombre cabecea por efecto de las olas, que lo agitan a veces con inaudita violencia. Otra forma, menos visible, pero que mueve masas de agua incomparablemente mayores, es la de las corrientes marinas. Casi nunca las vemos, ni desde la orilla ni cuando navegamos sobre las aguas, pero no podemos ignorarlas, porque influyen en la navegación —en otros tiempos podían hacerla muy difícil, o desviar los navíos de su ruta prevista—, y sobre todo influyen de forma decisiva en el clima. Son como ríos permanentes que arrastran millones de toneladas de agua, y nada puede detenerlas. Se desplazan en forma horizontal (a diferencia de los ríos no necesitan un desnivel para correr), pero las masas de agua que circulan en forma de corrientes pueden también subir o bajar, deslizarse por la superficie y sumergirse luego a cierta profundidad; o, al contrario, proceder de zonas profundas y emerger al nivel de las olas. Las corrientes marinas pueden estar provocadas —como los vientos— por la rotación de la Tierra, por la diferente densidad de las aguas, por los propios vientos dominantes, como que corrientes y vientos nunca se llevan la contraria, por la temperatura del agua o por su salinidad, que al fin y al cabo las aguas más saladas son más densas que las dulces. Es más fácil nadar en el Mediterráneo que en el mar Báltico, y en el Rojo que en el Mediterráneo. Bien sabido es —aunque el hecho no nos interesa aquí— que en el mar Muerto los bañistas pueden leer un periódico en el agua, casi en posición de sentados, porque la salinidad de este lago es diez veces mayor que la de los océanos. Un punto en el cual, en este libro, por razones de sencillez, apenas cabe más que aludir: las tasas de temperatura y de salinidad se contradicen, porque las aguas frías son más densas que las cálidas, pero las cálidas tienden a ser más salinas que las frías... y por tanto más densas. ¿Qué factor predomina entonces? Todo depende de los casos, y de este asunto se ocupan los especialistas en «circulación termohalina». No necesitamos profundizar más en el tema.

Hay corrientes cálidas, que se generan en la zona intertropical, y avanzan hacia latitudes más altas, templando las temperaturas, como la corriente del Golfo, que es un auténtico regalo que recibe Europa. Se genera en la corriente ecuatorial del Norte, que choca con las costas del Caribe y proporciona a la región centroamericana un clima más húmedo del que se hubiera podido suponer; luego sale rebotada hacia el Atlántico Norte, y es alimentada sobre todo por esa caldera de agua caliente que es el golfo de México. Frente a las costas de Florida la corriente alcanza una velocidad de ocho o diez kilómetros por hora, similar a la de un río, pero cincuenta veces más caudaloso que el Amazonas. Se distribuye en abanico hacia las costa europeas, que reciben como una bendición su aliento templado y húmedo. En comentario del climatólogo Richard B. Alley, «los europeos pueden cultivar rosas más al Norte que donde los canadienses se topan con osos polares». Glasgow es una ciudad lluviosa, pero relativamente tibia, donde la nieve en invierno es un fenómeno raro. Está en la misma latitud que la inhóspita y casi inhabitable costa norte de la península de Labrador, al otro lado del Atlántico. Bergen, con sus primaveras floridas que inspiraron tantas bellísimas melodías a Edvard Grieg, se encuentra a la altura de la todavía más inhabitable Edehon, en el Territorio del Norte, Canadá. Un nuevo Heródoto hubiera podido escribir que «Europa es un don del Gulf Stream». La misma suerte tiene Japón, que se baña con gusto en la corriente cálida del Kuro Shivo, y goza de un clima templado y húmedo, en contraste con el mucho más duro de las costas nororientales de Asia.

Por el contrario, las corrientes frías suelen discurrir frente a los desiertos. La corriente de Canarias, que nace en la costa al sur de Marruecos, sigue toda la costa del Sahara. La corriente de Benguela viene de África del Sur y cruza frente a Angola y el desierto de Kalahari. La corriente de Humboldt, que procede del cinturón de aguas que bloquean la Antártida por la parte del Pacifico, alcanza la máxima diferencia de temperatura frente al desierto de Atacama. También California recibe una corriente fría, aunque sus costas no son desérticas. Sí lo es su interior —el Valle de la Muerte es uno de los parajes más secos del globo—, como también lo es Arizona, la «árida zona» de los conquistadores españoles. Las corrientes frías suelen bañar costas desérticas, pero en cambio sus aguas están llenas de peces. No pensemos que los peces viven más a gusto en las aguas frías, sino que es en ellas donde encuentran su mejor alimento. La corrientes frías se originan en aguas profundas y arrancan del fondo, cerca de las costas, abundantes nutrientes, de que se alimentan los peces. Los grandes bancos de pesca están cerca de las costas bañadas por corrientes frías: el banco sahariano, el de Angola, el de California, el de Terranova. Desde tiempos antiguos lo sabían muy bien los pescadores. ¿Por qué las corrientes frías suelen desfilar al lado de desiertos? Casi parece una contradicción. Una explicación sencilla y sumaria: porque el agua fría se evapora menos que la caliente, y emite menos vapor a la atmósfera.

Fueron también los pescadores los que descubrieron un fenómeno que hoy preocupa a los climatólogos. Ocurre que una de las corrientes más largas del mundo, la descubierta por Humboldt a fines del siglo XVIII, llega casi desde las aguas australes hasta el mismo ecuador, a lo largo de la costa americana del Pacífico. Es una corriente fría que llama la atención. Hay turistas que alquilan una pequeña embarcación en Valparaíso, El Callao, Guayaquil, solo por el gusto de sumergir el brazo bajo un sol que pica fuerte, y encontrarse con un agua que parece helada. A la altura de las islas Galápagos, ya muy cerca de la línea ecuatorial, la corriente se desvía hacia el oeste, empujada por los vientos alisios, atraviesa toda la inmensidad del Pacífico, y acaba convirtiéndose en una corriente cálida ya desde mucho antes de alcanzar Indonesia. Así, las costas del norte de Chile y de Perú son secas y ricas en peces; por el contrario, las costas de Indonesia o de parte del norte de Australia son cálidas y húmedas. Los oceanógrafos hablan de la «Piscina Indopacífica», un gran rectángulo trazado en el océano al Sur de la India, en torno a las islas más sureñas de Indonesia (incluida Java), las aguas que bañan las costas del Sur de Nueva Guinea y parte del Norte de Australia, que constituyen el retazo de mar más caliente del mundo, por la confluencia de corrientes de agua muy cálida. La costa de Perú fría, la de Indonesia caliente: este régimen climático-oceánico es normal, y las gentes están acostumbradas a él. Pero ocurre que de vez en cuando, en años aislados, y justo en el momento del verano austral, es decir, alrededor de las Navidades, los términos se invierten: deja de soplar el alisio, y el viento en Perú y Ecuador viene desacostumbradamente del oeste, la corriente de Humboldt se interrumpe, el agua se hace más cálida que de ordinario, y desaparece la pesca. No es que los peces perezcan con la catástrofe, sino que, como no tienen una escama de tontos, buscan otras aguas que ofrezcan más alimento. Los pescadores, que son los primeros en lamentar el hecho, llaman a este fenómeno «El Niño», por su coincidencia con las Navidades. En tanto, las aguas cálidas y los vientos insólitos del oeste provocan fuertes lluvias en el norte de Chile, Perú y Ecuador. Cuando llueve, y por lo general torrencialmente, en una región por naturaleza seca y acostumbrada a la sequía, el agua, que es en otras partes una bendición, suele ser más perjudicial que benéfica. Por el otro lado, al invertirse el sentido de la corriente, y la transferencia de calor, en Indonesia y en parte de Australia, se registra una anormal sequía. Lo que sabían muy bien los pescadores, tardaron en conocerlo los climatólogos. En 1891, Luis Carranza, presidente de la Sociedad Geográfica de Lima, realizó un breve estudio sobre lo que él llamó «una contracorriente» que se forma de vez en cuando frente a las costas peruanas. En 1892, el capitán Camilo Carrillo escribió otro artículo, en el cual revela el nombre que los pescadores dan a aquella contracorriente: *El Niño*. Y por 1895, el geógrafo Víctor Eguiguren relacionó por primera vez las lluvias torrenciales que caen esporádicamente en la de ordinario seca costa peruana con el fenómeno de El Niño.

Estas lluvias adquieren a veces un carácter catastrófico. En 1925 enormes aguaceros descargaron sobre todo en torno a la ciudad de Trujillo, al Norte de Lima. Nunca se recordaba —dicen— nada igual. Las líneas férreas quedaron cortadas, los puentes fueron rotos por la furia de las aguas, miles de hectáreas de terreno quedaron anegadas y los daños fueron tan tremendos, que tardaron años en poder ser reparados. Se registraron miles de muertos, aunque no se conoce exactamente el número de víctimas. En tanto, eso sí queda constatado, las aguas del Pacífico se calentaron seis o siete grados por encima de lo normal. Durante mucho tiempo, realmente hasta fines del siglo XX, el fenómeno de El Niño fue bien conocido en Perú y el Norte de Chile, pero no atrajo la atención mundial. No se conocían sus amplios alcances. Habría que esperar a fines del siglo XX para que empezara a estudiarse como un hecho capaz de tener repercusiones planetarias.

Efectivamente, en el verano austral 1997-98, el fenómeno de El Niño se operó con singular espectacularidad, y fue entonces cuando los climatólogos comenzaron a fijar en él su atención. Por entonces se registraron fenómenos absolutamente desacostumbrados. Por ejemplo, el desierto de Atacama, que goza merecida fama de ser el más seco del mundo, se llenó de flores, y aquellas imágenes se difundieron por todos los países. Y se empezó a relacionar «El Niño» con el clima de California, con las sequías de Indonesia, con la incidencia de los monzones en China, India y Pakistán, con las oscilaciones del clima atlántico, y hasta con el nivel de los lagos africanos. El Niño se reprodujo, aunque con menos intensidad, en 2004. No parece que exista una periodicidad absoluta, pero El Niño puede sobrevenir por lapsos de cuatro a ocho años. No suele durar más que unos meses, en ocasiones un año, pero sus efectos son manifiestos. El fenómeno contrario, es decir, el más normal, de corriente fría y tiempo seco en las costas pacíficas de Sudamérica, suele llamarse ahora, por razón de contraste, «La Niña». ¿Ocurrió siempre así? Esa es la gran pregunta, y sobre ella se está trabajando ahora. Más que sobre si El Niño existió siempre, que probablemente existió, sobre la duración y repetición de las oscilaciones, que pudo tener un influjo trascendental en los cambios climáticos. Lo único claro es que se trata de una «oscilación» que puede recordarnos, aunque el mecanismo no es idéntico, a la Oscilación del Atlántico Norte, de la cual ya hemos hablado hace unas páginas. Y lo mismo que en ese caso cabe preguntarse si una de las dos alternativas puede mantenerse durante largo tiempo, o si una de ellas es más «normal» que la otra, o solo lo es por una temporada más o menos larga. La oscilación El Niño-La Niña (técnicamente se la conoce como ENSO, empieza a decirse ENOS en los países de habla española) es más importante por su cuantía y dimensiones que la del Atlántico Norte, y es seguro que afecta no solo a Sudamérica y Oceanía, sino a otras partes del mundo, e influye decisivamente en el régimen monzónico, con las tremendas consecuencias que ya conocemos. Un cambio en el régimen de alternancias podría provocar una alteración sensible del clima global.

El efecto invernadero

En estos tiempos en que todo el mundo, o por lo menos todo el mundo desarrollado, habla hasta el paroxismo del cambio climático que estamos sufriendo o nos amenaza, el factor responsable del clima que con con más fuerza suena una y otra vez es el referente a los gases de efecto invernadero. Y hemos llegado a la certeza, consciente o inconsciente, de que ese factor es nefasto, hasta el punto de que pone en peligro nuestra propia existencia en el planeta. Conviene separar la consideración del efecto en sí de los peligros que en este momento puede significar.

Si tenemos en cuenta la energía que nos llega del sol y la que la Tierra, si la atmósfera estuviese limpia, refleja al espacio, resultaría que la temperatura media en la superficie de nuestro planeta sería del orden de veinte a veinticinco grados bajo cero. Los mares estarían helados y la vida no hubiera podido desarrollarse en estas condiciones. Conclusión lógica: nos conviene que la atmósfera no esté limpia, sino que se encuentre contaminada por gases de efecto invernadero. Hasta un cierto límite, por supuesto, que pasarse en la dirección opuesta hubiera sido igualmente desastroso:

y puede serlo, en efecto. Pero de momento hemos de estar agradecidos a los gases de efecto invernadero, que nos proporcionan una temperatura media del globo entre los 14 y los 15 grados. Es más: comoquiera que la temperatura ideal para el cuerpo humano está evaluada en 19°, una tasa un poco mayor de efecto invernadero sería deseable, cuando menos para la mayoría de los habitantes de la zona templada de nuestro mundo, por mucho escándalo que semejante reflexión, puramente teórica y un tanto ingenua, pueda suscitar en estos momentos.

Precisemos un poco más. El aire, esa mezcla de oxígeno y nitrógeno, está preparado para la respiración de los seres vivos, y en especial de los seres vivos desarrollados. Puede extrañar a alguien, cuando lo recordamos, que la proporción de oxígeno es de 21 partes, por 78 de nitrógeno, un gas inocuo, pero que no sirve para la respiración. Nos gusta tanto la idea de un «oxígeno puro», que casi nos produce desazón que el gas vital esté en clara inferioridad. No nos damos cuenta de que si la atmósfera estuviera formada exclusivamente por oxígeno, nuestras células se quemarían. Y se quemaría todo lo demás, incluso en el sentido más literal del término. Como que se calcula que si la tasa de oxígeno, en vez de 21 fuera siquiera de 30, los bosques arderían con tal facilidad ante la menor chispa, que no bastarían todos nuestros esfuerzos por apagar el incendio. Ahora bien, en la atmósfera hay otros gases, de los que, aunque se encuentren en pequeña proporción, no podemos olvidarnos. El que ocupa el tercer lugar, con un 0,9 por 100, es el argón, un gas noble absolutamente inofensivo. Luego, hay trazas de otros elementos, aunque en una tasa proporcional insignificante, como el neon, el helio, el kripton, y una variedad molecular del oxigeno, el ozono. Y existen usualmente cuerpos compuestos, derivados del carbono, como el dióxido de carbono, CO_2, o el metano, CH_4. No suele citarse como componente de la atmósfera, aunque todos sabemos que está presente en ella, el vapor de agua, en cantidades muy variables, dependientes del lugar o del momento. Estos tres últimos gases (vapor, metano, dióxido de carbono) tienen un papel fundamental en el efecto invernadero.

Aclarémoslo en pocas palabras. La Tierra recibe la radiación del sol. Una parte de esta radiación es absorbida, otra devuelta al espacio. La atmósfera deja pasar esos rayos, excepto los más peligrosos, como los ultravioleta, que son retenidos en gran parte por la capa de ozono existente en la estratosfera. Gracias a la capa de ozono existimos nosotros, y hasta podemos llegar a viejos, porque las radiaciones de alta energía, sufridas durante mucho tiempo, pueden dañar a los seres vivos o provocar enfermedades incurables. Ahora bien: en la atmósfera existen, aunque en pequeñas cantidades, otros gases que pueden alterar la temperatura del planeta. ¿Por qué? Sencillamente, porque, aunque dejan pasar los rayos luminosos, retienen los infrarrojos. Y la Tierra irradia al exterior preferentemente rayos infrarrojos, incluso de noche. Los rayos infrarrojos son propios de los cuerpos calientes. No se ven, no actúan en el campo visible, como la luz, pero transmiten calor. Y ese calor retenido por los gases de efecto invernadero se queda en la Tierra, no se va —o apenas se va— al espacio. Se queda aquí ese calor retenido, y por tanto la temperatura es más alta que si esos gases no estuviesen en la atmósfera. En virtud de esa circunstancia, la Tierra disfruta de una temperatura media de +15°, y no de –20. Nuestra primera reacción ha de ser la de dar las gracias a los gases de efecto invernadero porque evitan que nuestro mundo sea un carámbano. Lo que ocurre es que la presencia de estos gases parece haber variado con el tiempo, de forma que de ellos pueden depender los cambios climáticos que ha sufrido nuestro mundo. Hasta ahora no se ha averiguado si los factores principales de esos cambios han sido la actividad solar, los movimientos de la Tierra (especialmente la inclinación de los polos) o los gases invernadero. Probablemente todos ellos desempeñan su papel.

Puede sorprendernos, pero es así: de todos esos gases, el más importante es el vapor de agua. Hay algo que sabemos sin necesidad de que nos lo enseñen: cuando hay una alta tasa de humedad, sentimos mucho más el frío o el calor. Si en La Habana o en Manila tuviesen veranos como los de Sevilla o El Cairo, la temperatura sería casi insoportable. Y los yakutos de Oimiakon no podrían salir a cazar renos si la humedad de Siberia oriental, con las mismas temperaturas que ahora tiene, fuese tan alta como la de Hamburgo. El aire caliente es capaz de contener una elevada tasa de vapor, y el aire frío, no: por eso los polos son paradójicamente tan secos. Más o menos, por cada diez grados de temperatura, se duplica la cantidad de agua que el aire puede contener. Y cuando el aire húmedo se enfría —porque se ve obligado a ascender o porque recibe la irrupción de una masa fría— precipita una parte de su humedad. Es decir... llueve. Los frentes de lluvia que con tanta frecuencia vemos en los mapas del tiempo, no son otra cosa que zonas donde confluyen dos masas de aire a distinta temperatura, y la masa caliente, al enfriarse, necesita desprender una parte del agua que contiene.

El aire húmedo puede formar nubes. No sé si por influencia de los poetas, que tanto mencionan esa palabra, confundimos a las nubes con masas de vapor. No. El vapor de agua es transparente, invisible. Hay vapor de agua en un día soleado, hay vapor de agua en la habitación en que nos encontramos, y no lo vemos. En cambio las nubes están formadas por diminutas gotitas de agua líquida, que se encuentran en suspensión en la atmósfera. Por lo general, las nubes se forman en masas de aire ascendente. Esa corriente hacia arriba hace que las gotitas no caigan Solo cuando la humedad alcanza un alto grado de saturación, esas gotas se unen unas a otras, hasta formar otras más grandes, cuyo peso es más fuerte que la corriente ascensional..., y entonces caen, llueve. Pero con lluvia o sin ella, las nubes están ahí, e influyen también en el clima. Y aquí se nos plantea un problema, que solo los técnicos pueden resolver, y no siempre del todo. Las nubes reflejan una parte de la radiación solar: tienen un poder reflectante casi tan fuerte como el hielo. Esa radiación, por tanto, no nos llega, las nubes nos proporcionan más fresco. Se nubla el sol, el paisaje entero queda a la sombra, y los termómetros acusan el descenso. Pero al mismo tiempo las nubes detienen la radiación infrarroja que, si ellas no existieran, se hubiera liberado al espacio. Por tanto, ejercen un efecto invernadero. Sabemos muy bien que las noches nubladas son, sobre todo en invierno, más tibias que las despejadas.

Y ahí radica la gran paradoja. ¿En qué quedamos, las nubes nos refrescan o mantienen el calor? Las dos cosas. ¿Y qué efecto es más importante? Los entendidos contestan: «depende de las circunstancias». Y cuando pretenden explicar esas circunstancias nos abruman con una sarta de datos técnicos que resultan poco digeribles. Algo podemos entender, por supuesto. Si nuestra atmósfera estuviera siempre cubierta de nubes, no nos llegaría jamás la luz del sol. y la tierra no hubiera podido calentarse. Sin embargo, ahí tenemos el caso de Venus, nuestro planeta vecino y por su tamaño casi gemelo al nuestro, que tiene una atmósfera de CO_2 con un efecto invernadero tan fuerte, que los desgraciados venusianos tienen que soportar temperaturas de 460 grados. Aclaremos, no las tienen que soportar porque no existen. En general, se estima que las nubes altas dejan pasar la mayor parte de la radiación solar, pero como son frías, no dejan escapar los rayos infrarrojos procedentes de la tierra, y producen más efecto invernadero que las nubes bajas; pero este mecanismo es más complejo de lo que podemos suponer.

Un factor muy importante del efecto invernadero es el metano. Retiene más la radiación infrarroja que el CO_2. Lo que pasa es que —¡ahora mismo al menos!— la proporción de CO_2 en la atmósfera es mucho más abundante que la del metano, que no llega a dos partes por millón. El metano, el principal de los hidrocarburos, se genera por la descomposición de materiales orgánicos, sobre todo las plantas. Son generadores de metano los cenagales (así se habla del «gas de los pantanos»), las turberas, las plantaciones de arroz. En otros tiempos bosques enteros quedaron enterrados y formaron enormes bolsas de gas, que hoy se utiliza, debidamente extraído, para la combustión. También emiten metano las vacas, y en menor tasa, las ovejas. Así resulta que en Nueva Zelanda el 40 por 100 de los gases invernadero liberados a la atmósfera están provocados por la ganadería. Hoy, el metano no figura entre los peligros de calentamiento global, o por lo menos no es costumbre citarlo; pero autores como Ruddiman se preguntan si dentro de cien años, cuando hayamos conseguido obtener formas de energía limpia, pero tal vez nos interese consumir más carne, el metano constituirá el principal peligro de calentamiento de la atmósfera.

La bestia negra que tiene que soportar casi en exclusiva, con entera justicia o no tanto, la culpabilidad de ese calentamiento, es el dióxido de carbono, o CO_2. El CO_2 es generado ahora principalmente por la combustión: quemamos madera, carbón, petróleo, gas. Nosotros mismos respiramos oxígeno y expulsamos CO_2. Pero antes de que existiera el hombre, hubo inmensos incendios de bosques, provocados por rayos u otros fenómenos. En tiempos mucho más antiguos, los volcanes tuvieron una tremenda intensidad y expulsaron cantidades ingentes de CO_2. En Venus, donde no hay seres vivos, ni madera, ni masas de carbón capaces de arder, la atmósfera está formada por una proporción enorme de CO_2, y allí las temperaturas, como ya se ha dicho, son las más altas que se conocen en planeta alguno de nuestro sistema, capaces de fundir el plomo: tales son las devastadoras consecuencias del efecto invernadero que existe en el mundo vecino. Y allí no es fácil echar la culpa a nadie, como no sea a los volcanes. En la Tierra, según se deduce de las muestras de hielo y otros «testigos», la proporción de CO_2 en la atmósfera ha oscilado entre 200 y 900 partes por millón; cuando ha sido abundante, las temperaturas eran altas, cuando ha escaseado, había glaciaciones y dominaba el frío. Todo parece indicar que las oscilaciones de la temperatura dependen de la cantidad de dióxido de carbono presente en la atmósfera; pero esa relación puede no ir siempre en la dirección causa-efecto. Ruddiman ha observado, gracias a las muestras de hielo, que los calentamientos han sido rápidos, y los descensos lentos. ¿Es que hay fenómenos repentinos que disparan la aparición de gas carbónico en el aire, y que su tasa disminuye conforme los océanos y las plantas lo absorben? ¿Qué mecanismo es el que provoca la liberación más o menos periódica del CO_2? Algunos autores, entre ellos Robert Carter o el mismo Richard Alley, piensan incluso que estamos confundiendo la causa con el efecto: primero sobreviene el calentamiento, y luego, como consecuencia, el aumento del dióxido de carbono. En ese caso, estamos atribuyendo al gas una falsa culpabilidad.

Con todo, parece lo más probable que el aumento del gas invernadero produzca retención de calor. Como este proceso no es continuo (porque de lo contrario estaríamos padeciendo temperaturas tan insoportables como las de Venus), ha de existir un mecanismo de corrección, y, efectivamente, existe, para nuestra fortuna. Todos sabemos bien lo que es la fotosíntesis o función clorofílica, en virtud de la cual las plantas absorben CO_2 para nutrirse del carbono que necesitan, y devuelven oxígeno puro. Lo mismo hacen las algas, como vegetales que son. Constituyen un elemento fundamental para la recuperación de oxígeno. Este mecanismo, por supuesto, está ahí, y nadie es capaz de negarlo; pero algunos, como el citado William Ruddiman, piensan que hay que interpretarlo en sus debidos términos. Las plantas liberan oxígeno de día, mientras se alimentan de carbono, pero desprenden CO_2 de noche, aunque por fortuna en menor cantidad. En invierno, aquellos árboles que han perdido las hojas, tampoco contribuyen a purificar el aire. Ahora bien: muchos árboles de hoja perenne, como las coníferas de las zonas frías, tienen poca superficie de absorción. Se dice que la repoblación a base de abetos y otras especies en Siberia o Canadá no ha servido para nada. Incluso los árboles oscuros que absorben los rayos solares e impiden la irradiación del hielo que tienen a sus pies, pueden contribuir al calentamiento; aunque esto habría que demostrarlo. Por el contrario, está claro que los árboles de hojas de gran superficie —el que ha viajado al centro de África o a las regiones ecuatoriales de América puede contemplar hojas del tamaño de raquetas de tenis— realizan una labor fotosintética imprescindible. Hay hojas más grandes, como la «gunnera» que crece en algunas zonas de Brasil o de Chile, que pueden medir más de un metro. Pena que la deforestación a mansalva que están sufriendo zonas de África central y Brasil pueda privarnos de los beneficios de las hojas grandes. Hoy se concede una importancia decisiva a las algas, plantas acuáticas de gran superficie. Si se pudiera conducir una gran cantidad de algas a flor de agua, podríamos compensar tal vez el aumento del CO_2.

También absorben CO_2 las rocas, y muy principalmente los mares; con el carbono forman carbonatos, que se depositan en el fondo, y el exceso de oxígeno es liberado de nuevo al aire. Existe así un maravilloso mecanismo de compensación, y su funcionamiento es bien claro: cuando abunda el gas carbónico, la temperatura aumenta, y entonces se forman más nubes, que ocultan el sol, crece una vegetación más exuberante, que absorbe el gas y los mares atrapan una parte más cuantiosa de carbono. Se llega así a una forma de equilibrio, en que las tendencias se compensan, a base, eso sí, de oscilaciones, que son las responsables de los cambios climáticos. Jamás hubo un tiempo en que el clima fuera constante a largo, ni tal vez siquiera a corto plazo. Pero a la larga, todo exceso, en un sentido u otro, se compensa. Solo ahora —desde fines del siglo XX— se piensa que las combustiones provocadas por el hombre, fundamentalmente a base del carbón y el petróleo, pueden estar rompiendo ese equilibrio.

EN TIEMPOS MUY REMOTOS

La Tierra se formó hace más o menos 4500 millones de años, casi al mismo tiempo que el sol. No corresponde ahora referir todo el complicado proceso de su formación. Basta recordar que, en sustancia, el planeta fue engrosando a base de la condensación de materia de la nebulosa primitiva, a la que luego se fueron sumando, en un proceso de cientos de millones de años, nuevas masas de materia que se movían cerca de ella, y que a veces se le agregaban. No nos sintamos molestos por el hecho de que esas agregaciones tuvieran con harta frecuencia la tan poco amable forma de «tortazos» cósmicos. El Universo tiene unas costumbres que no siempre coinciden con lo que entre los humanos se entiende por buena educación. Si adoptamos nuestros criterios difícilmente entenderemos el «Big Bang», la voracidad de los agujeros negros, la colisión entre galaxias, el espantoso estallido de las supernovas, las brutales tormentas del sol, o el mecanismo que formó nuestro —por lo general— amable planeta.

Las colisiones significaron calor. La Tierra se mantuvo durante un tiempo semifundida, y cuando parecía empezar a solidificarse, nuevas masas que se fundieron con ella la convirtieron de nuevo en un enorme cuerpo pastoso. Uno de aquellos tremendos accidentes planetarios estuvo a punto de acabar con este mundo cuando un cuerpo casi tan grande como Marte —y de composición parecida a la de Marte— chocó con la prototierra y estuvo a punto de hacerla pedazos. Realmente, que sepamos, se formaron solo dos pedazos: uno de ellos pasó a engrosar la propia masa de la Tierra, el otro formó a nuestra compañera, la Luna. Los componentes más pesados tendieron a caer hacia el centro de nuestro planeta; los más ligeros pasaron a constituir la Luna. El fiero, pero constructivo bombardeo, duró hasta hace 4.000 millones de años; luego sobrevino una fase más tranquila, por más que no faltaron nuevos periodos de colisiones, cada vez menos frecuentes y menos violentas.

La Tierra ardiente pasó a ser una Tierra viscosa; al fin se formaron las primeras masas sólidas, aunque, conforme se solidificaban, tendían a caer sobre el centro. Las partes más pesadas cayeron, en tanto las más ligeras constituyeron el manto y finalmente la superficie planetaria. Todavía ahora el centro de la Tierra está formado por materiales pesados —hierro, níquel, elementos radiactivos—, y por contra los más ligeros están en la superficie. Se estableció entonces una forma de intercambio, que, aunque muy lentamente, se mantiene todavía ahora, y que resulta providencial. Por convección, es decir, por el mismo proceso que se opera en una olla que hierve, los materiales recalentados del fondo tendieron a subir, hasta estallar en forma de burbujas en la superficie, mientras otros materiales más fríos se hundían. Comenzaba ese mecanismo prodigioso que es la tectónica. Gracias a estos movimientos verticales, hoy podemos disponer en la superficie de la Tierra, o a una profundidad asequible a nuestros mineros, de materiales que deberían estar en el fondo, como hierro, níquel, cobre, plomo, o hasta elementos radiactivos, en cantidad escasa, pero suficiente. El hombre ha dispuesto, desde su aparición sobre el planeta, de todos aquellos materiales que de una forma u otra pudiera necesitar.

La Tierra caliente

Calor interno, impactos, radiactividad y vulcanismo mantenían una alta temperatura en la superficie del joven planeta. Los volcanes, en una época de fuertes transiciones de la masa que la formaba, estaban en plena actividad. Hoy no podemos imaginar siquiera la abundancia y la fuerza de aquellas bocas de fuego, que ponían en comunicación las entrañas de la Tierra con su superficie. Los volcanes despedían vapor de agua a altas temperaturas, dióxido de carbono y azufre o compuestos de azufre. Todos ellos, y en especial los dos primeros son gases de fuerte efecto invernadero, y la cortina que crearon en la atmósfera primitiva impidió una fuerte irradiación, de manera que podemos imaginar el calor que un supuesto habitante de la Tierra hubiera tenido que sufrir. No sentiríamos el menor interés en retroceder cuatro mil millones de años para establecernos en aquel planeta, virgen pero estéril y extraordinariamente caliente. Por supuesto, en aquellos primeros estadios no existían vestigios de vida. De modo que los primeros trazos de atmósfera, tan distinta de lo que es hoy, mantenían un ambiente caliginoso y ardiente. Solemos pensar que la tremenda abundancia de vapor de agua impedía la llegada de los rayos del sol a aquella bola de rocas en continuo movimiento: imaginamos un cielo permanentemente nublado, pero bañando un ambiente tan insoportable como hoy puede ser el de Venus. No fue exactamente así. El cielo no era azul ni limpio, sino turbio y anaranjado; pero el vapor de agua se mantenía en estado gaseoso por obra de las altas temperaturas: no había nubes ni mucho menos lluvias. Recientes estudios de un científico danés, M. Rosing e investigadores de la universidad americana de Stanford, aparecidos recientemente (2010) en la revista «Nature», confirman la idea de una atmósfera casi transparente que permitía llegar los rayos del sol, pero impedía en cambio que escaparan los infrarrojos.

El sol. También nos equivocaríamos si supusiéramos que el sol joven era mucho más potente que hoy. El sol aumenta el proceso de su combustión termonuclear conforme agota sus reservas de hidrógeno. Un día —no un día cualquiera, sino dentro de miles de millones de años— se convertirá en una estrella gigante roja y abrasará la Tierra. ¡Hasta es posible que nuestro mundo quede envuelto en su ardiente masa! Se calcula que hace 4000 millones de años, la energía solar era un 30 por 100 más baja que la que hoy nos ilumina y calienta. Hace ya bastantes años, Carl Sagan y George Muller expusieron la teoría de «la paradoja del sol débil». Y es que un sol no «débil» precisamente, pero menos energético que en estos momentos, abrasaba una Tierra que no poseía defensas suficientes y estaba cubierta de una atmósfera de efecto invernadero mucho más activa que la que tenemos ahora. No todo depende de la fuente de calor, sino de la forma en que se retiene ese calor.

Pero aquella Tierra inhabitable estaba destinada a una historia mucho más hermosa, aunque el proceso fue lento. Parece que se inició unos quinientos o seiscientos millones de años después de su formación. El progresivo enfriamiento de la masa interior y la saturación del vapor de agua permitieron que se formasen las primeras nubes. Pasaron muchos años, y un buen día las nubes se apelmazaron, se fundieron las pequeñas gotas, y comenzó a llover. El origen de la lluvia, o, por decirlo más exactamente, el mecanismo que provocó las primeras lluvias se presta a muchas discusiones, y no pretendemos entrar en ellas. Lo único seguro es que en algún momento comenzó a llover. Se habla de algo parecido a un «chaparrón de verano», provocado por fuertes corrientes verticales, como las que suelen operarse en los trópicos. Sobre la tierra reseca comenzó a caer agua líquida, esa maravillosa bendición. Los aguaceros no pudieron durar mucho tiempo, pero se repitieron, y cada vez con mayor frecuencia. De momento, las rocas calientes no pudieron retener el agua: ésta se evaporó a los pocos instantes, chisporroteando. Pero la evaporación provoca un descenso de la temperatura, y las rocas, a cada aguacero, se fueron enfriando. Llegó un momento, no sabemos cuántos siglos después del primer chaparrón, en que las aguas caídas del cielo rodaron sobre las rocas y formaron las primeras corrientes. Al cabo de un tiempo, comenzaron a formarse las primeras lagunas, que más tarde acabarían por ser grandes mares. Los arqueogeólogos piensan que aquellas aguas primigenias eran de color parduzco o verdoso, a causa de los minerales de hierro disueltos, y se encontraban a una temperatura de 60 grados o más. La masa líquida llegó a cubrir el planeta entero, o cuando menos se cree que las zonas descubiertas fueron por un tiempo muy pequeñas. La Tierra era entonces una gran esfera sólida, formada por minerales, sobre ella se extendía una sábana líquida formada fundamentalmente por agua, y encima un velo gaseoso de nitrógeno, vapor de agua, dióxido de carbono, metano, etc. Desde el primer momento hubo también oxígeno en estado libre (lo generaban también los volcanes); pero solo se hizo abundante cuando comenzaron a operarse las primeras manifestaciones del milagro de la vida. Todavía en algunas costas de mares tropicales —especialmente en el noroeste de Australia, también en el norte de Chile, en lugares del Caribe, en el mar Rojo— se distinguen esas extrañas formaciones que son los estromatolitos. Rocas redondeadas recubiertas de una serie de capas de caliza elaboradas por unas bacterias primitivas, las «cianobacterias», que absorben ávidamente el CO_2 de la atmósfera y dejan libre el oxígeno. Se cree que estas bacterias fueron las primeras formas de vida rudimentaria que existió en la Tierra, hace como unos 3600 millones de años. Y a ellas debemos un largo pero fructífero proceso de purificación de la atmósfera, mediante la eliminación del dióxido de carbono y el enriquecimiento de la proporción de oxígeno. Luego, las primeras algas, como las algas azules —muchas de ellas formadas también por cianobacterias— que llenaban los mares primitivos, contribuyeron a la misma función. Poco a poco, la composición del aire fue pareciéndose más y más a lo que hoy conocemos. Emergieron las primeras rocas, formando islotes, luego masas más extensas, preludio de los futuros continentes. Nuestro mundo se iba haciendo cada vez más hospitalario.

James Lovelock, un planetólogo apasionado por la Tierra, no exento de fantasía, imagina una playa de la era arcaica, en la cual las olas baten sobre los pedruscos. «El sol en lo alto, tiene un color rojizo... El cielo parece rosáceo, y el mar ofrece sombras marrones. No hay conchas, ni rastros de seres moviéndose por la arena... Tierra adentro, se ven aguas estancadas con manchas verdes y negras correspondientes a espesas floraciones bacterianas. Aparte del viento y las olas, el único sonido audible es tal vez el «plaf» de las burbujas de metano explotando al romper su encierro en el barro...». El color rosáceo del cielo se debe sin duda, a la escasez de oxígeno —que es el que refleja los rayos azules procedentes de la luz solar—, y a la abundancia de CO_2, como ocurre con el cielo de Venus o de Marte. Los mares son parduzcos o verdosos, según las materias que llevan disueltas. Las tierras son rocas duras, redondeadas, por lo general oscuras, sin rastro de vida ni de amenidad. Todo nos parecería extraño, vacío, inhóspito. Pero la proporción de oxígeno en la atmósfera va creciendo, la temperatura se modera, y ha comenzado ese otro milagro, el «milagro del agua» del que hablan Anthony Corpy y Peter Gross. La promesa de mejores tiempos comienza a labrar su camino.

La Tierra Blanca

Un buen día, o por mejor precisarlo, un buen siglo o un buen milenio, hace más o menos 2300 millones de años, aquella Tierra caliente, pero cada vez más suave y acogedora, se transformó, no sabemos muy bien por qué, en una Tierra fría. Los mares se helaron, se formaron primero los casquetes polares, y poco a poco la capa de hielo fue progresando hasta cubrir las latitudes medianas y tal vez hasta cerca del ecuador. Pasaron sin duda muchos miles de años, tal vez millones, hasta que el fenómeno se generalizara, pero fue sin duda una glaciación en toda regla. El término «Tierra Blanca» se debe al geobiólogo Joseph Kischvink, del Instituto Tecnológico de Pasadena, que es uno de los que lo estudiaron con más interés. Otros hablan de la «Tierra Bola de Nieve». Viene a ser lo mismo. El hecho es que desaparecieron los vestigios de vida primitiva que pudieran existir en la superficie sólida del planeta, aunque parece que subsistieron algunos diminutos seres marinos: la capa de hielo fue casi general, pero no demasiado profunda: a ciertos niveles se mantuvieron las aguas en estado líquido, y no demasiado frías. El fenómeno duró cosa de 300 millones de años, y luego la Tierra volvió a calentarse, ya nunca como en los primeros tiempos. Otro episodio de hielo, tal vez menos riguroso ocurrió de nuevo hace unos 1200 millones de años. ¿Qué duda cabe de que pudo haber otros muchos, o fases alternadas de calor y frío, allí donde solo podemos advertir algunos vestigios, difíciles de interpretar y de datar en una fecha segura?

Pero la glaciación que parece haber sido la más importante de cuantas sufrió la Tierra se produjo más o menos en el periodo que va desde hace 700 a 550 millones de años. Fue entonces cuando se hizo más patente el fenómeno de la «Tierra Blanca», pues los casquetes de hielo cubrieron no solo las zonas polares y las templadas, sino también las tropicales y ecuatoriales. El hecho puede ser mucho mejor constatado que los anteriores, puesto que por entonces ya se daban algunas formas bien definidas de vida: no solo microorganismos, sino vegetales y algas. Pero con aquella tremenda glaciación todo vestigio del vida en la tierra desapareció, y solo quedaron, tal vez, algunos organismos en capas profundas de los mares. Por doquier se encuentran muestras geológicas y biológicas de aquella gran catástrofe. Lo que nos seguimos preguntando es no solo cómo pudo formarse una «Tierra Blanca», sino cómo dejó de serlo. Bien sabido es que el hielo, con su tono blanco brillante, tiene una reflectividad tan alta que devuelve más del 90 por 100 de los rayos del sol que recibe. Los icebergs se disuelven no por los rayos del sol, sino por el calentamiento del agua sobre la que flotan. Se van disolviendo por abajo, y de aquí que acaben zozobrando y cayendo a trozos sobre el mar, que entonces se dedica a disolver aun más rápidamente aquellos fragmentos. Y todos tenemos experiencia, cuando subimos a una montaña, de que la nieve no se funde por arriba, sino «por abajo», calentada por la tierra cuando llega la primavera. Pequeños hilillos de agua líquida salen de la parte inferior del nevero y lo van carcomiendo. El geofísico ruso Mijail Budiko ha demostrado que una Tierra cubierta totalmente por el hielo, de los polos al ecuador, hubiera significado «un proceso irreversible», es decir, no se hubiera deshelado nunca. ¿Es que entonces el fenómeno de la «Tierra Blanca» no fue nunca total? ¿Se mantuvieron algunos mares cercanos al ecuador en estado líquido? ¿O fue que un proceso volcánico de grandes proporciones calentó la tierra o el fondo de los mares? Algo pasó, puesto que en un momento dado las temperaturas se recobraron, renació la vida, y aquí estamos nosotros para demostrarlo.

En cuanto a las causas de la «Tierra Blanca», se han formulado multitud de hipótesis, quizá demasiadas. Los paleoclimatólogos tienden a buscar explicaciones, y cada cual encuentra las más adecuadas a su especialidad. Cada una de ellas nos convence, pero es indudable que no pudieron operar todas a la vez: hubiera sido una casualidad fuera de lo que puede admitir el cálculo de probabilidades. Se han aducido causas cósmicas, como que la Tierra atravesó una nube de polvo interestelar. La luz del sol llegó mucho más apagada, y fue incapaz de calentar nuestro planeta con la energía que éste necesitaba. Las temperaturas descendieron y las tierras y los mares se helaron. Otros hablan de un gran impacto que golpeó violentamente contra nuestro planeta (hace 700 millones de años todavía eran posibles estas bofetadas interplanetarias, aunque menos frecuentes que mil millones de años antes); y aquel impacto hubiera inclinado violentamente el eje de la Tierra hasta el punto de que el sol apenas lucía en el ecuador, como puede pasar hoy en Urano. Un hecho de tal magnitud hubiera podido explicar el hielo en los mares tropicales, pero en los polos, con un invierno de seis meses, pero un verano de otros seis, con el sol casi encima, difícilmente los mares árticos y antárticos hubieran permanecido helados todo el año, como parece demostrado que así fue. Cierto que, una vez helado un mar es difícil que se deshiele, si no se calientan el agua del fondo o las tierras vecinas;

pero los efectos de esa brutal inclinación crean un problema muy difícil de resolver. Y otro problema insoluble añadido: si el asteroide que tan brutalmente nos golpeó, dejó terriblemente inclinado el eje de la Tierra, ¿cómo es que hoy solo lo está 23°, justo lo que nos conviene para que existan las estaciones? Los partidarios de la teoría catastrófica alegan que la inercia rotacional de las capas profundas de la Tierra, que siguieron girando como antes, habría enderezado el eje terrestre hasta su estado de hoy. Toda esta teoría es difícil de demostrar, pero aún hay quién la sostiene.

Las más frecuentes son teorías terrestres. Unos creen que la distribución variable de mares y continentes —nadie hubiera reconocido hace 700 millones de años un mapa de la Tierra— provocó una distribución muy distinta de las zonas que absorben la luz y el calor del sol, o los centros de acción que determinan la circulación atmosférica. O bien que, al abundar la tierras, devolviesen con más energía la luz solar que los mares. También se sabe que hasta entonces había sido muy fuerte la presencia de metano en la atmósfera, y hay pruebas de que de una manera rápida, en poco tiempo, se redujo drásticamente: y ya es sabido que el metano es uno de los gases de más fuerte efecto invernadero. Nuevo problema: ¿quién se tragó el metano? Desaparecido este gas, la temperatura habría descendido hasta niveles nunca hasta entonces conocidos. Lo mismo puede decirse del CO_2, absorbido por los mares o por los estromatolitos u otras formas de vida primigenia que se hubieran desarrollado muy rápidamente. Hace 700 millones de años abundaban formas primitivas, pero tal vez muy abundantes, de vegetales.

¡Demasiadas causas! Pero alguna o algunas de ellas pudieron operar, y el hecho es que la Tierra por lo menos en gran parte se heló. Si algún mecanismo obró en este sentido, otro mecanismo en sentido contrario obró para que las temperaturas se recuperasen. Es más: una teoría relativamente reciente (2005) formulada por cuatro expertos en la materia, Bernd Bodisitelisch, Christian Koeberl, Strand Master y Wolf Rheinold, defiende que las glaciaciones de la Tierra Blanca fueron por lo menos tres, una hace 710 o 705 millones de años; otra hace 630 millones, y otra hace 610 o 600 millones: todas durarían varios millones de años, y vendrían intercaladas por otros periodos más cálidos. Algunos autores más recientes opinan que los embates del frío fueron todavía más, con sus descansos intermedios. El hecho viene a confirmar una de las ideas fundamentales que quieren expresarse en este libro: la de que el clima estuvo cambiado siempre, y muchas más veces de lo que hasta hace poco se había creído. Al fin las grandes ofensivas del frío cesaron, o se hicieron menos dañinas; y entonces se registró en la Tierra, dice Pascal Acot, «una explosión jubilosa y radiante de vida».

Fue una época muy larga en que el clima (¿con alteraciones? Eso parece indudable, porque siempre las hubo; pero sin grandes catástrofes) fue, en general benigno, templado, oceánico, con bastante humedad y escasa diferencia entre las estaciones del año. La mayor parte de las tierras se encontraban en el hemisferio sur, otras en el ecuador. La proporción de oxígeno en la atmósfera aumentó, seguramente por la relativa abundancia de una vegetación primitiva, pero que tapizaba los continentes y también los océanos, en forma de algas. Parece que podemos hablar de una época feliz, aunque los seres vivos que pudieron disfrutarla eran extraordinariamente rudimentarios. No había «animales» propiamente dichos, aunque sí vegetales y bacterias o pequeños seres capaces de alimentarse y reproducirse. Y gracias a aquel ambiente grato, su reproducción fue más rápida, hasta el punto de allá por el año –500 millones se habla de una «aceleración de la vida». ¿Se había estabilizado definitivamente el clima?

Las grandes fluctuaciones

No hay mal que muchos millones de años dure, ni tampoco en la historia de este mundo se mantiene para siempre una era deliciosa. Hace unos 435 millones de años —a fines del ordovídico y comienzos del silúrico— tenemos abundantes noticias de un descenso generalizado en las aguas del mar. Y el descenso del mar denuncia frío. La razón es sencilla: cuando se hielan los mares, baja el nivel del agua líquida. Los hielos pueden elevarse muchos metros, a veces formando verdaderas montañas o icebergs, por encima del nivel normal de los mares, pero en cambio el agua líquida, que no puede acumularse de esa forma, es ahora menos abundante, y baja. No parece que la glaciación del ordovídico-silúrico haya sido de las más crueles, pero existen huellas de extinción de seres vivos —es decir, disminuyen los fósiles de esa época— y se han descubierto huellas de glaciares, las típicas formas de «valles en U» en lo que ahora es el desierto del Sahara. No nos extrañemos de ese anómalo fenómeno tanto como hoy nos hubiera parecido, puesto que esa zona de lo que hoy es África se encontraba en latitudes medias del hemisferio Sur; pero que hubo una larga época de hielos y fríos es indudable.

Otro largo periodo cálido hace 400 millones de años. Empezaron a desarrollarse los peces, dotados ya de espinas, gracias a la abundancia de calcio en los mares, y por otra parte comienzan a aparecer los primeros artrópodos, precedentes de los actuales cangrejos o insectos. El Devónico tiene una fama especial como «la era de los peces». Pero aquella primavera, como tantas, terminó mal, y tal vez de manera abrupta hace unos 385 millones de años. Se habla de un gran meteorito que chocó con la Tierra, una serie de erupciones volcánicas que con sus nubes y polvo ocultaron el sol, o hasta de un desarrollo tal de las plantas que absorbieron el CO_2, de suerte que al desaparecer el efecto invernadero sobrevino una nueva glaciación. Tal vez no se llegó al espectáculo peregrino de una nueva «tierra blanca», pero todo parece indicar que el frío polar que invadió la mayor parte del planeta acabó con muchas de las especies entonces subsistentes.

No se sabe si el episodio frío duró mucho tiempo. Sí es evidente que el periodo Carbonífero comenzó hace unos 360 millones de años con buenas temperaturas y el desarrollo de árboles de troncos leñosos, a veces verdaderos bosques que crecían en tierras bajas y húmedas. Muchos de aquellos bosques quedarían luego enterrados en grandes humedales blandos, la madera se fue pudriendo para formar turberas. Algunas de estas masas, enterradas a cierta profundidad, acabaron solidificándose para transformarse en minerales, en lo que hoy conocemos como carbón mineral (aunque la mayor parte de los grandes yacimientos de hulla se formaron más tarde). Sea lo que fuere, el Carbonífero fue una época de clima cálido y húmedo, muy propenso para la vegetación. Es fácil imaginarse un ambiente cargado, caliginoso, pegajoso, entre vegetales de hojas blancas y exóticas; en vano hubiéramos buscado, en cambio, extraños y monstruosos animales: estos llegarían más tarde. Sin embargo, como todo periodo de una tendencia determinada acaba encontrando siempre su contrapartida, en la fase que siguió, y sobre todo en el Pérmico-Triásico, sobrevino un gran frío. No hay calor que no acabe en frío, ni frío que no acabe con una fase de calentamiento. Todos estamos acostumbrados a esta especie de ley de las compensaciones en ese fenómeno desconcertante que es el tiempo atmosférico, y esa ley se cumplió también, aunque en periodos mucho más largos, en la historia del clima. Hasta es posible que la ley de las compensaciones tenga una explicación lógica, en una suerte de búsqueda del equilibrio por parte de los grandes factores que configuran el tiempo y el clima.

James Lovelock, un científico británico original, ocurrente, a veces un poco soñador y místico, escribió en la revista *Tellus* su curiosa parábola de las margaritas. Supongamos, y es solo un suponer, dos clases de margaritas, unas blancas y otras negras, cuya simiente existe en la Tierra. Si la temperatura es muy fría, lógicamente germinarán y se reproducirán mejor las margaritas negras, que tienen más capacidad para extraer energía procedente del sol. Esta superioridad les confiere una evidente ventaja sobre las blancas, y se reproducen mucho mejor. Al cabo de un tiempo, el mundo estará cubierto de margaritas negras. Su capacidad para aprovechar y mantener energía ha ido calentando progresivamente el planeta. Ahora bien, un aumento continuo de la temperatura provocará un cambio de circunstancias, irreparable si no existiera un mecanismo regulador. Llegaría un momento en que las margaritas negras estarían rodeadas de un ambiente en exceso caluroso, se agostarían fácilmente, se reproducirían peor. Las margaritas blancas, incapaces antes de progresar en un clima frío, verían ahora llegada su hora; su capacidad de devolver una parte de la energía recibida les proporcionaría ventaja, y el mundo tendería a cubrirse de margaritas blancas; la temperatura, gracias al mayor albedo (reflectividad) de la Tierra, bajaría a su vez hasta extremos soportables: la combinación de las condiciones favorecidas por las margaritas blancas y las margaritas negras tendería así a regular la temperatura dentro de unos límites muy razonables. Nunca se rebasarían los valores extremos y el mecanismo en su conjunto favorecería la condiciones más deseables. Es así como «el crecimiento y la extensión de cada variedad de margaritas poseería una virtualidad natural para regular en su sentido más conveniente la temperatura de la Tierra». No se trata de una experiencia concreta, sino de una suposición, «una parábola». Pero nos viene a insinuar que existen en la naturaleza mecanismos de compensación.

Hoy las tesis extrañas y llamativas de Lovelock están menos de moda que hace diez o quince años. Pero el mecanismo de compensación es invocado por aquellos paleoclimatólogos que sostienen que el enfriamiento del Pérmico-Triásico ¡fue provocado precisamente por el exceso de vegetación! La fotosíntesis fue tan intensa que la tasa de oxígeno en la atmósfera llegó a ser de un 30 o un 35 por 100. Hoy tenemos un 22, y nos es suficiente. Es más, ya hemos indicado antes que un exceso de oxígeno podría provocar enormes incendios. ¿Fue la superabundancia de oxígeno la que provocó el enfriamiento? Otros piensan que bastó la casi total de desaparición de CO_2 que, al anular el efecto invernadero, disparó la tremenda glaciación del Pérmico-Triásico, una de las más intensas que se registraron jamás. P. Acot habla de sus efectos «terroríficos», y está convencido de que «ninguna catástrofe en la historia de la Tierra ha tenido esta magnitud». En 2010 un equipo de geólogos y glaciólogos de la universidad de Calgary, en Canadá, dirigidos por Steve Grasby, publicaron el hallazgo de gran cantidad de cenizas de carbón en el lago Buchanan en el interior de aquel país. Y relacionan aquellos restos con los «Siberian Traps», erupciones del norte de Siberia, procedentes de regiones ricas en carbón: el vulcanismo habría quemado ingentes masas de carbón, liberando inmensas nubes negras, que habrían producido como resultado de la combustión fabulosas cantidades de CO_2. Serían aquellas cenizas carbónicas, más que las emanaciones sulfurosas, las que cubrieron gran parte de la Tierra y provocaron una extinción en masa de los seres vivos entonces existentes. El descubrimiento abre una nueva vía de investigación que, por supuesto, habrá que confirmar. La catástrofe de hace 250 millones de años fue inmensa. Tal vez, no lo neguemos, la mucho más lejana tragedia cósmica de hace 2300 millones de años, que fue la primera en inspirar la teoría de la «Tierra Blanca» tuvo la misma o incluso mayor importancia: pero de ella sabemos poquísimas cosas, en tanto que de la ocurrida en el Pérmico-Triásico —hoy se barajan precisiones que oscilan solo entre 252-251 millones de años— conservamos muchos más testigos, y conocemos por tanto muchos más detalles. Que la Tierra se cubrió espectacularmente de hielos, que el nivel del mar descendió por lo menos cien metros, y que en la catástrofe murieron la mayor parte de las especies entonces existentes (algunas, las más fuertes o más adaptables, sobrevivieron, de suerte que la transmisión de ese milagro que es la vida no se interrumpió nunca) es un hecho incuestionable.

¿Una gran catástrofe instantánea?

Ahora bien: un aumento de la tasa de oxígeno, o una disminución de la cantidad de CO_2 o de metano son hechos que no se operan de un día para otro. La acumulación o la absorción de gases son procesos que, dentro de un orden natural, se van imponiendo de un modo paulatino. Sin embargo, los datos que tenemos nos hacen pensar que la catástrofe se operó de un modo repentino; tal vez, comenta Antón Uriarte después de revisar los datos que nos constan, en «un único y fatal día». Semejante golpeo solo es concebible si suponemos que ocurrió una colisión de la Tierra con un asteroide cercano. Aquella colisión, operada a una velocidad de bastantes kilómetros por segundo, provocada por una roca que pudo ser tan grande como una ciudad o como una pequeña provincia, y que cayó inopinadamente del cielo, tuvo que provocar una conmoción sin precedentes: terremotos, tsunamis, millones de toneladas de materia elevadas a grandes alturas, que provocaron una masa de polvo capaz de oscurecer el sol, por mucho tiempo. Un hecho de tal naturaleza no solo acabó con la existencia de innúmeros seres vivientes propios de aquellos tiempos, sino una falta de insolación que hubo de provocar un descenso brutal de las temperaturas. ¿Quedan vestigios de aquel cuerpo planetario que abrió las entrañas de la Tierra? De una época similar al episodio del Pérmico-Triásico se conservan restos de un un gran meteorito que pudo estrellarse cerca de las costas del noroeste de lo que hoy es Australia, y, más aún, otras enormes masas que parecen encontrarse bajo la Antártida. Recientemente, imágenes transmitidas por satélite han constatado la existencia de un enorme cráter cercano al mar de Weddell (en la Tierra de Wilkes), hoy ya casi enterrado bajo los hielos, que pudo ser el principal responsable de aquel tremendo fenómeno. El cráter, sepultado en las profundidades, fue descubierto por un equipo que dirigían Ralph von Frese y Learnie Potts, gracias a medidas gravitacionales obtenidas por satélite. Una gran masa está escondida bajo el terreno y el hielo a kilómetro y medio de profundidad. Si un día se consigue llegar a este gigantesco objeto enterrado, sabremos muchas cosas más. Una de las declaraciones de von Frese que han causado más sensación es la de que el impacto causó una falla que más tarde facilitó la separación entre la Antártida y Australia, y ésta fue derivando hacia el Norte, hasta convertirse en la tierra habitable que es hoy.

Si tenemos en cuenta que también se han descubierto otros cuerpos, aunque menos importantes, que parecen caídos por la misma época, cabe aventurar la posibilidad de que fueron varios los fragmentos de planetoide que se estrellaron contra nuestro mundo, ya simultáneamente, ya por existir un conjunto de pequeños astros que merodearon por las cercanías de la Tierra, si no ocurrió que la propia colisión provocó la fragmentación y un efecto de rebote capaz de afectar a varios puntos de la superficie de nuestro mundo. Ahora bien, si fue así, aquel terrible invierno solo pudo durar unos años, tal vez un siglo, pero no más: las nubes y el polvo se irían dispersando poco a poco, o precipitando sobre la corteza terrestre, hasta que el aire quedara limpio de nuevo, y las condiciones atmosféricas recuperasen su anterior normalidad. Si el fenómeno del Pérmico-Triásico tuvo que ver con una colisión planetaria, de hecho pudo ser terrible, pero, a escala geológica, bastante breve. Se ha invocado la aparición de un vulcanismo de poderosa intensidad, que pudo estallar como un suceso casi repentino. De esa edad pueden ser los *Siberian Traps* o enormes boquetes que en Siberia, pero tal vez también en otras partes del mundo, dejaron escapar ingentes cantidades de gases volcánicos. Hoy, hasta siete millones de kilómetros cuadrados del territorio siberiano están cubiertos de capas de basalto que no pueden obedecer más que a erupciones volcánicas, por mucho que nos cueste imaginar volcanes por aquellas latitudes. No hace falta suponer volcanes al uso, con su gran montaña cónica y su cráter central, sino fisuras en la corteza terrestre capaces de liberar gases y minerales fundidos procedentes del interior. De aquellas fisuras hoy puede ser un resto lejano la sorprendente brecha del lago Baikal, el más profundo de la Tierra. Si por un momento aquellas surgencias pudieron aumentar la temperatura del entorno, las nubes y el polvo en suspensión duraron muchos años, los suficientes para que faltase la acción solar sobre la superficie terrestre y sobreviniese aquella etapa de hielos sin precedentes. Hay quien opina que el fenómeno volcánico fue algo posterior al impacto planetario, y los dos fenómenos, aunque independientes, obraron en la misma dirección. ¿Y por qué no suponer que estuvieron de alguna forma relacionados? Un impacto de aquellas dimensiones tuvo que provocar una conmoción suficiente para producir brechas enormes y movimientos que rompieron la continuidad de la superficie terrestre hasta facilitar el camino a la irrupción de materia volcánica.

En 2010, un equipo de paleontólogos norteamericanos, dirigidos por Paul Wignall, y otro grupo de investigadores chinos de la universidad de Ciencias de la Tierra de Wuhan, han comunicado un descubrimiento que puede ser sorprendente: un supervolcán de descomunales proporciones estalló en el mar de China, en aguas poco profundas, e inmensas masas de lava ardiente estallaron en contacto con el agua, formando olas gigantes y nubes de óxido de azufre que provocaron el temible fenómeno de la «lluvia ácida» por todo el mundo. La mayor parte de los vegetales debió resultar dañada, y quedaron borrados muchos vestigios de vida sobre la superficie del planeta. Aquellas nubes tóxicas pudieron permanecer, dicen los investigadores chinoamericanos, miles de años. Al tiempo que resultaban letales, ocultaron el sol durante mucho tiempo y provocaron un fuerte enfriamiento. La coincidencia en el tiempo de las dos catástrofes multiplicó su efectos. Todo es posible, aunque las teorías pueden parecer un tanto sensacionalistas, y las dataciones nunca son del todo precisas. Podemos suponer también que si los fenómenos se potenciaron, vino antes el choque que la erupción. Aquella tremenda conmoción pudo provocar graves perturbaciones en las entrañas del planeta, y abrir las brechas por las que se colaron las lavas y los gases que prolongaron el desastre con nuevos factores actuantes. ¿O, aparte de lo ocurrido, fue otra, y tal vez más duradera, la causa del enfriamiento del Pérmico?

Sea lo que fuere, el incidente de hace 252-251 millones de años hubo de contribuir al último episodio del fenómeno de la «Tierra Blanca». Pudieron operar, admitamoslo en efecto, otros factores. También es muy posible, como opinan algunos, que el fenómeno pudiera haberse repetido una y otra vez a lo largo de periodos larguísimos. Ahora mismo se tiende a suponer que las glaciaciones —¡incluyendo las glaciaciones del pleistoceno, que nos resultan mucho más familiares!— fueron muchas más de lo que hasta hace poco se suponía. Calor y frío se alternaron sucesivamente, en oleadas lentas o en su caso no tan lentas, para hacernos ver que los cambios climáticos no son un fenómeno exótico y único en la historia del mundo que habitamos, sino que obedecen a una tendencia a la pendulación, siempre capaz de mantener dinámicamente el equilibrio entre dos extremos.

La época de los dinosaurios

Después de la crisis de que acabamos de hablar, parece que la Tierra vivió por largo tiempo una época cálida. Solo en un lapso, hace más o menos 150 millones de años, existió un paréntesis frío, si bien no hay motivos para hablar de un planeta congelado. En el Jurásico y el Cretácico, más o menos desde hace 200 hasta hace 65 millones de años, lo normal es el calor, incluso mucho calor para nuestros gustos actuales. Es entonces, sin embargo, cuando la vida se multiplica; aparecen vegetales de hojas alargadas, unos de tipo coníferas, otros que podían recordar a las palmeras —más bien palmas tropicales—, pero de estructura distinta; helechos arborescentes gigantescos, grandes artrópodos, anfibios y saurios: primero de un tamaño de lagartijas, luego cada vez mayores. Se dice que la concentración de CO_2 pudo llegar a 1000 partes por millón, es decir, un valor casi triple del actual, de lo que se puede inferir un poderoso efecto invernadero: esta concentración de gas carbónico se deduce de los estomas o respiraderos de las hojas de aquella época que se conservan en estado fósil. El efecto invernadero se vio provocado también por la gran cantidad de vapor de agua que hacía los horizontes turbios y los amaneceres o anocheceres rojizos. Y todo ello no solo no impidió el desarrollo de la vida, sino que pareció multiplicarla hasta grados nunca vistos. Quizá no sea disparatado decir que el periodo Jurásico-Cretácico, tan lejano a nosotros, pero ya relativamente rastreable gracias a los fósiles que encontramos, fue uno de los más intensos y vitales en la historia de la Tierra.

Hace como 600 millones de años, existió un enorme y único continente, la Pangea, rodeado de un océano también único y todavía más extenso, la Panthalasa. El nivel del mar se elevó cien o tal vez doscientos metros sobre lo que hoy es corriente, gracias a la fusión de los hielos, incluso los casquetes polares se deshelaron; y la fuerte afluencia de los ríos propició una época especialmente cálida y húmeda. Por el movimiento de las placas tectónicas, la Pangea comenzó a dividirse: primero en dos partes desiguales. Laurasia quedó al Norte; Gondwana al Sur, y en medio se abrió un mar, el Thetys, caluroso y húmedo, que daba la vuelta al mundo entre los dos grandes continentes. Del Thetys hoy son reliquias, conservando algunas de sus características, el Mediterráneo, el mar de los Sargazos y el seno antillano. No nos extrañe que gran parte de la

Península Ibérica perteneciese a Gondwana y no a Laurasia: los desplazamientos promovidos por el movimiento de placas darían lugar, en el transcurso de millones de años, a derivas, fusiones y separaciones sorprendentes. Pero viejos «escudos» o tierras muy sólidas, que se han conservado sin grandes cambios hasta la actualidad, estaban ya formados: Siberia y Canadá en Laurasia; la Antártida, Australia, gran parte de África y el saliente de Brasil, en Gondwana. El clima en Laurasia era cálido y húmedo, en términos generales, barrido por los vientos que transportaban lluvias procedentes del mar. Gondwana era tan enorme, que disfrutaba o sufría de climas distintos: gran parte de lo que hoy es Sudamérica, lo mismo que lo que hoy es la Antártida, estaba cerca del polo Sur (la Antártida más al Norte que algunos futuros territorios americanos, por eso aún hay allí vestigios de algunos árboles), y tenía un clima más bien fresco. El centro de Gondwana sentía un clima continental, caluroso y con lluvias de tipo monzónico en verano; las costas eran cálidas y húmedas todo el año. El Thetys era un mar alargado, ecuatorial, caluroso y de aguas muy salinas, a causa de la fuerte evaporación. Poco a poco, conforme avanzaban el Jurásico y el Cretácico, tierras y mares iban cambiando de lugar, de suerte que hace sesenta millones de años un mapa de la Tierra no hubiera sido el mismo que los actuales, pero ya nos hubiera permitido identificar bastante bien los continentes que hoy conocemos: Eurasia, Australia, Norte y Sudamérica, entonces dos grandes islas muy separadas entre sí. Esta nueva configuración de la Tierra tiene sin duda una importancia fundamental para la historia del planeta e incluso para estudiar con más fundamento sus caracteres climáticos. Al fragmentarse la Pangea en diversos continentes, muchas regiones quedaron más cerca de los mares de lo que estaban antes: no puede decirse que ningún punto de la Tierra distaba más de 2.000 kilómetros del mar, como sí ocurre hoy: el clima, por tanto, debía de ser más marítimo. Y aunque sabemos muy poco sobre los vientos y corrientes que entonces dominaban, hay motivos para suponer que el aire tropical llegaba hacia las regiones polares mucho más directamente que en la actualidad. Se han descubierto restos de vegetación y animales tropicales en latitudes mucho más altas de lo que en nuestros días podemos imaginar. Y no es, tal vez, que en el ecuador el clima fuera mucho más sofocante que ahora, sino que el ambiente tropical llegaba hasta zonas que actualmente son frías; había por tanto más homogeneidad, menos diferencia de temperaturas a distintas latitudes. Si hoy estas diferencias pueden ser de cuarenta grados o más, entonces no parecen haber pasado de veinte. De acuerdo con esta tendencia a la homogeneidad térmica, algunos han supuesto que durante el Jurásico y sobre todo el Cretácico no existían casquetes polares, pero ahora se ha comprobado que en algunos puntos, sobre todo en el hemisferio Sur, se conservan huellas provocadas por el hielo; con todo, es bien seguro que las temperaturas cálidas o templadas dominaban casi todo el globo.

El agua de los mares, más elevada que hoy, invadía gran parte de lo que actualmente son tierras; por ejemplo, las llanuras europeas de Francia, Alemania, Polonia, estaban cubiertas por el agua, y lo mismo puede decirse de fragmentos de Asia y buena parte de América. Como las tierras bajas suelen ser llanuras, era frecuente el espectáculo de mares poco profundos. Aun no habían surgido los grandes plegamientos que hoy conocemos en el Himalaya, los Alpes o los Andes. El resultado era un océano muy extenso, pero en grandes espacios, de poca hondura. Abundaban los pantanos y las marismas, los terrenos bajos invadidos por aguas fangosas. Es fácil imaginar un ambiente cálido y pegajoso, habitado por moluscos y crustáceos provistos de cáscaras y conchas, que con el tiempo se depositarían en el fondo para formar grandes depósitos calcáreos. Todavía hoy el nombre de «cretácico» nos recuerda rocas calizas. Los geólogos suelen distinguir a simple vista, mejor que la mayoría de la gente, los terrenos jurásicos, de calizas oscuras, ocres, a veces azuladas, que nos producen una impresión de algo fuerte y duro (aunque no posean la dureza que les suponemos), de los terrenos cretácicos, formados por calizas claras, a veces casi blancas, formadas por pliegues o curiosas formaciones muy caprichosas. Caprichos minerales tan pintorescos como la Ciudad Encantada de Cuenca o el no menos sorprendente Torcal de Antequera están constituidos por rocas cretácicas. La creta o caliza es en gran parte, por extraño que nos parezca, el resultado de la acumulación de conchas y caparazones de animales marinos que poblaban masivamente aquellos mares cálidos, francamente salados y poco profundos.

En aquel mundo cálido y brumoso es más fácil —aunque siempre hace falta una buena dosis de imaginación— figurarnos los monstruos que lo poblaban. Por primera vez en la historia de la Tierra aparecen animales de gran tamaño. Aunque hubo peces, culebras, cuadrúpedos y seres capaces de volar, los más impresionantes son los saurios. Alguna condición especial dio ventaja al desarrollo de estos monstruos sobre otros de los muchos órdenes de reptiles entonces existentes. Se pasó de tipos similares a las lagartijas a los grandes lagartos o seres parecidos a los cocodrilos, y al fin a los llamados genéricamente dinosaurios, una palabra que viene a significar «lagartos terribles», tanto por sus dimensiones gigantes como por su aspecto aterrador. No nos sirve que nos digan que la mayoría de ellos eran herbívoros, y se dedicaban a ramonear las hojas de los árboles o de los densos matorrales entonces existentes. Sabemos muy bien que los toros también son herbívoros, y sin embargo cuentan entre los animales bravos. Los dinosaurios poseían enormes cabezotas, dientes afilados y muchos de ellos cuernos, para combatir con sus congéneres o contra otros animales. Hoy el cine ha popularizado sus figuras, y hasta existen por el mundo entero museos que conservan huesos o esqueletos de dinosaurios, y reproducciones más o menos afortunadas del aspecto físico que ofrecían cuando estaban vivos. La mayor parte de ellos poseían largos cuellos, que les permitían llegar a las ramas de los árboles de que se alimentaban, contrapesados por una también larga cola. Sus dimensiones eran enormes, de una longitud de diez, veinte, treinta metros. Hubieran podido meter su cabezota por la ventana de un segundo o tercer piso. Y no solo su tamaño, muy superior al de cualquier animal terrestre hoy existente, sino sus corazas, sus cuernos deformes, sus espinas dorsales prolongadas sobre el lomo en forma de tremendas placas o sierras, sus colas larguísimas, muchas veces más que su propio cuerpo, les deparaban un aspecto «monstruoso», en el sentido de que tenían un aspecto desproporcionado respecto de cualquier animal que podamos conocer. Hoy el cine y los mismos museos o parques imitativos nos han familiarizado un poco más con aquellas bestias estrafalarias, aunque nos siguen llamando la atención, y por mucho que nos interesen, no nos «gustan», son bichos raros para nuestra forma de ver las cosas.

Y sin embargo, fueron los amos de este mundo hace cien millones de años. Después de la catástrofe del Pérmico-Triásico comenzaron a aparecer en la nueva y rica vida que entonces surgió, y se desarrollaron como especie dominante. No había ser viviente capaz de enfrentarse a ellos, y, a lo que parece, durante mucho tiempo ganaron todas las batallas, y nada parecía capaz de hacerlos desaparecer de la faz de la Tierra. Su edad de oro fue la del Jurásico, y probablemente más todavía la del Cretácico. En las junglas del Jurásico dominaba el diplodocus, enorme y poderoso, prolongado por una interminable cola que le permitía medir en algunos casos 40 metros; o el brachiosaurus, cuadrúpedo de enorme cuerpo, sostenido por patas que nos recuerdan las de un elefante, pero prolongado también por su largo cuello de jirafa y por su cola de lagarto interminable. La variedad de dinosaurios daría lugar a una lista copiosísima, que puede dar fe del desarrollo que adquirieron este tipo de bestias, y su prevalecimiento en la naturaleza, que parecía darles todas las ventajas apetecibles. La mayoría eran animales de sangre fría, como hoy los lagartos y las víboras (o los peces), muy bien adaptados al clima caluroso de su tiempo. En el Cretácico la variedad se multiplicó todavía más, con especies tan sorprendentes como el iguanodon, de enorme corpulencia, que podía andar sobre dos o sobre cuatro patas y poseía un dedo principal provisto de una púa con la que podía desgarrar todo lo que se le pusiera por delante. O el Triceratops, uno de los monstruos más extraños, dotado de tres cuernos, dos sobre la frente y otro sobre el cuello, con una enorme coraza sobresaliente, casi como un escudo sobre el dorso que le defendía de cualquier ataque. O el Tyranosaurus Rex, este sí atacante, de sangre caliente y dotado de garras, carnívoro, que figura entre los grandes depredadores de todos los tiempos. U otra variedad más pequeña, pero por eso mismo más ágil de movimientos, el velocirraptor, capaz de correr o saltar apoyándose en su larga cola. Puede resultar curioso: los terribles monstruos que aparecen en la película «Parque Jurásico» son del Cretácico[3].

Hubo también dinosaurios nadadores, como el ictiosaurio, cuyas patas en forma de palas le permitían desenvolverse naturalmente en la mar; o el plesiosaurio, un ser muy alargado que al parecer podía nadar muy bien lo mismo que arrastrarse sobre la tierra. O dinosaurios voladores, como los pterosauros, de muchas variedades, que a veces recuerdan a un murciélago; o el archeopterix, dotado de plumas, que preludia ya a lo que van a ser las aves.

No se trata aquí de detenerse en la referencia a los dinosaurios, que queda relegada a un objeto de atención y estudio de una

---

[3] En la Película «Parque Jurásico» todos los monstruos que aparecen son del Cretácico. La novela es de Michael Crichton (1990); la película está dirigida por Stephen Spielberg, versiones de 1993 y 1997.

naturaleza muy distinta a la que justifica este libro; sino de tener en cuenta que en cada época geológica hubo animales adaptados a las condiciones en que vivieron, y que la larga temporada que, con pocas excepciones frías, representó los periodos Jurásico y Cretácico fue aprovechada por seres que encontraron en un mundo caliente y húmedo las mejores condiciones de vida, hasta desarrollarse con un vigor y un dominio de los recursos de la naturaleza extraordinario; y que la vida misma posee una capacidad de adaptación, cuando menos a la larga, verdaderamente admirable. ¿No nos extrañábamos hace unas páginas de que ni los tuaregs ni los esquimales vivirían con gusto entre los civilizados seres de la zona templada de planeta? Por supuesto, a veces son precisas temporadas muy largas de aclimatación o adaptación progresiva; pero la vida, como tal, ha existido, existe y es de suponer que existirá, gloriosa o precariamente, bajo condiciones muy distintas. Ahora bien, puede que nada pueda permitirnos sobrevivir ante una catástrofe cósmica o planetaria de carácter subitáneo, o muy rápido. Como parece haber ocurrido a aquellos reyes de la creación que fueron en cierto sentido los poderosos dinosaurios.

Un desastre cósmico

En 1978, un joven geólogo americano, Walter Álvarez, hijo de un famoso físico nuclear, Luis Álvarez, premio Nobel (eran hijo y nieto de asturianos), se encontraba en Gubbio, en los Apeninos de Umbria en Italia, junto con dos compañeros, F. Asaro y H. Michel. Empeñado en estudiar la tectónica del Mediterráneo, en aquel momento estaba interesado en el estudio de la delgada capa KT (Kreide-Tertiär), que señala el límite entre el cretácico y el paleoceno. De pronto, entre las arcillas, dejó de encontrar fósiles: parecía como si en aquel momento geológico, hace ahora 65 millones de años, hubiera desaparecido la vida. El hecho era por demás curioso, sorprendente. ¿Qué catástrofe había ocurrido en aquellos lejanos momentos? Y un hecho más curioso todavía: en el límite mismo de la capa, encontró una fina película de arcilla, de 5 milímetros de grosor, en que la tasa de iridio, un metal muy raro en la Tierra, era 160 veces superior a la normal. Más allá (más arriba, es decir, en la época inmediatamente posterior) volvió a encontrar fósiles, aunque muchos de ellos eran de especies completamente distintas: como si la vida hubiese renacido con un ímpetu absolutamente nuevo. Y recordó haber visto la misma película de iridio en otras excavaciones, justo en el mismo límite cretácico-terciario. (Finalmente, comprobó la existencia de esa misma delgada capa tan peculiar en 40 lugares diferentes de la Tierra). Algunos sedimentos de cenizas y hollín antiquísimo reforzaron sus sospechas. ¿Un incendio de alcances universales? De regreso en California, consultó con su padre, y ambos coincidieron en considerar posible la hipótesis de una tremenda colisión de un asteroide con la Tierra: efectivamente, existe un tipo de asteroides muy ricos en iridio, un metal precioso que, en cambio, abunda muy poco en nuestro mundo; en 1980 ambos publicaron en la revista *Science* un artículo proponiendo la posibilidad de una catástrofe de origen cósmico cuya consecuencia habría sido la extinción de los seres vivos en grandes proporciones, al final del periodo cretácico. Durante diez años, Walter Álvarez se dedicó a buscar por todas partes vestigios de su «maldito cráter», sin encontrar ninguno que coincidiese con la fecha buscada. Hasta que en 1990 un estudio del geólogo Alan Hildebrand denunciaba el hallazgo en las costas de Haití de una gran cantidad de tectitas, esférulas de minerales fundidos por altísimas temperaturas; y sugería que habían sido provocadas por la gran colisión cuyas cicatrices se estaban buscando. Fue entonces cuando los ingenieros de la compañía Petromex, que estaban perforando fondos marinos en el golfo de México, en busca de yacimientos de petróleo, anunciaron que desde 1978 habían estado encontrando sedimentos y rocas en situación inconsecuente cerca de la localidad de Chicxulub, en la costa de Yucatán, y algo verdaderamente raro, discrepancias magnéticas, como si un cuerpo enorme y metálico estuviese escondido bajo los mares. Inmediatamente acudieron los geólogos —entre ellos Walter Álvarez— e identificaron los restos desfigurados de un cráter de 180 kilómetros de diámetro, en su mayor parte en fondos marinos, cuya edad coincidía con la era geológica que se estaba estudiando. Y más abajo, un kilómetro más profundo que los fondos marinos, comenzaron a encontrar restos del enorme cuerpo planetario que se había incrustado en la corteza terrestre. Hoy es famoso el cráter de Chicxulub. Otros restos de cráteres fueron hallados en Ucrania (2002) por un equipo de la Universidad de Aberdeen y otros en la zona del Báltico y otras partes del mundo, que parecen tener el mismo origen y la misma o muy parecida edad. Es posible que, más que un impacto, se registraran varios con poca diferencia de tiempo.

Una hipótesis vigente en 2008 pretende que hace más de cien millones de años, chocaron en el espacio dos asteroides, que se despedazaron; uno (¡o tal vez más de uno!) de los fragmentos fue el que se estrelló contra la Tierra hace 64,98 millones de años. Este fragmento no tenía más allá de diez u once kilómetros de diámetro, pero fue capaz de provocar una catástrofe global. Su parte delantera estaba ya bajo el mar cuando la trasera penetraba todavía en la troposfera: es fácil imaginar la hecatombe. El impacto pudo provocar un hueco de hasta veinte kilómetros de profundidad, con un diámetro de cerca de 200 kilómetros, que es el que tienen los restos del cráter. Los otros impactos fueron tal vez menos impresionantes, pero de todas formas espantosos. Miles de millones de toneladas de agua del mar fueron lanzadas a la alta atmósfera mientras se originaba un gigantesco «tsunami» del cual hay restos en varias zonas del Caribe. Se produjeron devastadores terremotos en muchas regiones de la Tierra, los bosques ardieron por efecto de altísimas temperaturas, enormes bloques de rocas fueron arrancados y cayeron después, dice el propio Álvarez, «como una monstruosa lluvia de fuego» que multiplicó por doquier los incendios; seguida más tarde por la lluvia de las cantidades ingentes de agua momentáneamente vaporizada, que pudo afectar a continentes enteros. La colisión debió provocar también la ruptura de la corteza terrestre por muchos puntos, con la salida de inmensas coladas de lava; el profesor D. Alt piensa que las capas de lava que inundaron la meseta del Dekán, en la India, que no es una zona volcánica, se debieron a afloraciones masivas de lava similares a las que formaron los «mares» de la luna. Las nubes de polvo y de vapor cubrieron la Tierra por espacio de años, ocultando totalmente el sol, y provocando una forma de lo que se llamaba entonces «invierno nuclear», con una bajada drástica de las temperaturas, que muchos seres no pudieron soportar. Al calor momentáneo siguió un frío duradero. Algunos autores suponen que la fotosíntesis de muchas plantas no pudo operarse, con la consiguiente desaparición o mengua drástica de numerosas especies vegetales; por lo que se refiere a los animales, las estimaciones sugieren la extinción de entre el 60 y el 80 por 100 de las especies, especialmente la de los individuos de gran tamaño, incluidos los dinosaurios, entonces la más poderosa de la Tierra. La catástrofe no terminó allí, porque, aunque al cabo de un tiempo salió de nuevo el sol, la combustión de millones de toneladas de carbono supuso la liberación de nuevas cantidades de dióxido de carbono, hasta superar en cinco veces la que hoy existe: es decir, que después del larguísimo «invierno» surgió un «verano» más largo aún, por obra del efecto invernadero que pudo durar siglos; muchas de las especies supervivientes al impacto y sus efectos inmediatos —apunta P. Acot— no pudieron soportarlo.

Otros paleontólogos creen estimar que la primera causa de la catástrofe fue el desencadenamiento de un fenómeno volcánico de gran magnitud, que tuvo su centro en el sur de la India: esta región no parece poseer un carácter volcánico, ni presenta vestigios de grandes cráteres montañosos; pero, lo mismo que había ocurrido antes en el tranquilo escudo siberiano, la conmoción pudo provocar grandes grietas por las que se escaparon la lava y los vapores sulfurosos, capaces de saturar la atmósfera y provocar lluvias ácidas de fatales resultados. Por los años 90 del siglo XX, cuando se localizó en sus verdaderas dimensiones el cráter de Chicxulub, y a comienzos del siglo XXI, cuando se confirmaron los cráteres casi simultáneos de Ucrania y el Báltico, se daba por supuesto que las grandes grietas volcánicas habían sido provocadas por la tremenda conmoción planetaria. Algunos estudios, como los del profesor Gregg Ravizza y otros, creen llegar a la conclusión que las tremendas erupciones del Dekan tuvieron lugar cientos de miles de años antes que el impacto del asteroide, por lo que ambos fenómenos no estarían directamente relacionados, aunque pudiesen actuar en la misma dirección de cara a la catástrofe. El hecho indudable, es que a fines del cretácico se produjo la última de las grandes extinciones de seres vivos que hubo en la historia del planeta, entre ellas la de los dinosaurios. Por supuesto, y como cada teoría tiene sus detractores, algunos paleontólogos creen que aquellos enormes bichos comenzaron a extinguirse ya a fines del cretácico, antes de que sobrevinieran las hecatombes, que no habrían sido sino el golpe de gracia final. Todo es posible, y no es aquí cuestión de discutirlo. Por un tiempo, el descubrimiento de Walter Álvarez, si no quedó en entredicho, subsistió como una de las muchas hipótesis de la gran extinción. Se han dado explicaciones de todo género, algunas demasiado sensacionalistas: como la de que hubo un enfriamiento previo que dejó ateridos a los dinosaurios, que su excesiva abundancia provocó luchas mortales entre ellos, que si un germen desconocido envenenó los huevos, que se los comieron los pequeños mamíferos roedores, o que a los dinosaurios les dio de pronto por suicidarse, como tal vez ocurre ahora con algunas ballenas o cachalotes que se lanzan voluntariamente, sin que se sepa por qué, contra las playas... En fin, toda una serie de teorías sugestivas, pero en buena proporción disparatadas, acogidas con entusiasmo por los medios. Sin embargo, en marzo de 2010 un grupo de 41 científicos de todo el mundo publicaron en la revista *Science* un trabajo en que concluyen que el impacto de Chicxulub fue la causa primordial de la catástrofe del «Kreide-Tertiär». En todo caso, lo absolutamente cierto es que hace 65 millones de años no quedaron dinosaurios sobre la Tierra. Y es curioso: cada vez que se registra una extinción masiva, la vida estalla al poco tiempo con increíble rapidez: tiene lugar, en virtud no solo de mutaciones genéticas, sino de lo que se llaman «mutaciones genéricas», el surgimiento de seres vivos de géneros distintos a los existentes hasta entonces. En este caso, parece que pudieron sobrevivir a la catástrofe los pequeños mamíferos, del tipo de los topos o lepóridos precedentes de los conejillos, que sobrevivieron quizá por su capacidad de construir sus madrigueras bajo tierra. Fuera lo que fuese, los mamíferos empezaron a multiplicarse rápidamente. Una nueva edad había comenzado en la historia de la vida.

El Terciario y la nueva Tierra

La época que comienza hace sesenta y cinco millones de años y termina con las glaciaciones, hace menos de un millón, se caracteriza por múltiples, casi innumerables, cambios climáticos; pero ninguno quizá como los tan extremados a que ya hemos hecho mención o los que más recientemente habían de ocurrir. No podemos olvidar estos cambios, que tuvieron una importancia indiscutible, a veces decisiva, en la historia de la Tierra; pero también va a ser imprescindible recordar ahora otro fenómeno que resulta quizá más decisivo en esa misma historia y en la realidad en que se asienta nuestra propia historia humana. Nos referimos a los plegamientos que levantaron las grandes cordilleras del mundo, a los desplazamientos de las placas sobre la superficie de la Tierra y la definitiva configuración de los mares y continentes tal como hoy los conocemos. Estos fenómenos orogénicos —y también epirogénicos— están muchas veces relacionados con cambios climáticos, de suerte que cuando parezca oportuno los expondremos de forma conjunta.

Las grandes cordilleras y el clima

El periodo terciario o cenozoico se caracteriza por un desplazamiento muy activo de las placas continentales, que se separan unas de otras o colisionan entre sí, formando el mapa de la Tierra tal como hoy lo conocemos, y provocando con sus choques una serie muy pronunciada de esas arrugas que son las cordilleras. No es que antes no hubiesen ocurrido fenómenos orogénicos y formación de montañas. El vulcanismo, tal como hemos tenido que verlo en capítulos anteriores, fue muy activo en los estadios más antiguos de la historia de la Tierra, y hubo de levantar poderosos conos volcánicos, o a veces filas enteras de volcanes, capaces de construir cordilleras. También hubo plegamientos en anteriores eras geológicas; bien sabido es que en los Urales, los Apalaches, en las redondas masas de granito que vemos en Galicia o en Escocia se levantaron un día grandes montañas, rebajadas y suavizadas luego por la erosión. Hay montañas viejas, de formas macizas y redondeadas, y montañas jóvenes, esbeltas y arriscadas, ricas en picos y fuertes pendientes; hay también montañas viejas rejuvenecidas por plegamientos posteriores; pero muy posiblemente nunca existió una actividad orogénica tan enérgica y caracterizada como la del terciario. En general, lo que llamamos plegamiento alpino (aunque no todos esos plegamientos se operaron al mismo tiempo) fue producto de esa actividad de la era terciaria.

Al mismo tiempo, terminaron de formarse los continentes. Europa, que era un conjunto de grandes islas separadas por mares poco profundos, se unió a Asia para constituir el mayor de los continentes actuales. La parte Oeste de Laurasia, el continente boreal, fue tomando la forma que hoy constituye Norteamérica, y a su vez se separó de Groenlandia. Los fragmentos ya separados de la Gondwana constituyeron la Antártida, localizada ya definitivamente en torno al polo Sur; Sudamérica, que comenzó a emigrar hacia el Norte y después hacia el Oeste; África, que soldó dos grandes islas en la zona ecuatorial del mundo, y Australia, que se separó de la Antártida para constituir una isla tan grande como la Antártida misma, y que reúne méritos suficientes para ser considerada un continente. Lo que es la India se separó de África y derivó por el empuje de esa especie de cintas transportadoras que son las placas, hacia el nordeste, hasta chocar con la costa sur de Asia; por el camino se desprendió un trozo, Madagascar, esa gran isla que se encuentra frente a las costas africanas, pero que tiene que ver mucho más con la India que con la propia África. En estos juegos está el secreto de la tectónica: nada parece estar en su sitio originario. En Madagascar encontramos elementos de la fauna y la flora hindúes, o especies que no se encuentran en ninguna otra parte, como los lémures, pequeños mamíferos que tienen algo de monos, pero que no son simios; o las fosas, que son carnívoros a medio camino entre los felinos y las mangostas. O un árbol único en el mundo, la ravenela, que nos recuerda a aquellos medio coníferas, medio palmeras, con que convivieron los dinosaurios. Hace no más de mil años existían en Madagascar las «aves elefante», de tres metros de estatura y que por su peso no podían volar, parientas de los no menos famosos dodos de las vecinas islas Mauricio, que ya tampoco existen, pero que nos describen los navegantes portugueses del siglo XVI. Madagascar es, como Australia, un mundo distinto y subyugante, gracias a su aislamiento.

Por su parte, lo que ahora es India siguió su deriva hasta chocar con el sur de Asia, a la que se soldó firmemente. No sin violencia, porque el encuentro provocó la más fuerte arruga de la Tierra en forma de las imponentes cordilleras del Himalaya y su paralela del Karakorum en Pakistán. Una violencia, entendámoslo, de siglos y de milenios, inasequible a nuestra vista de seres humanos que necesitamos ver las cosas con otra velocidad. Las poderosas montañas de casi nueve mil metros de altura, las escarpas atrevidas e inaccesibles, la belleza maravillosa del K2 o el Ama Dablam, los pliegues retorcidos y doblados con una fuerza titánica son el fruto de una lucha que empezó hace cuarenta millones de años y no ha terminado todavía. Un hipotético observador de hace treinta millones de años hubiera encontrado aquellas dinámicas formaciones, en el momento cumbre de su surgimiento, tan inmóviles como ahora mismo. Es el misterio del tiempo. La larguísima duración de un proceso no disminuye la fuerza espectacular, los empujes inmensos que hicieron posible la realidad poderosa y las energías incalculables que forjaron la Tierra están ahí, aunque no los veamos; la duración no anula la fuerza, la lentitud no constituye una limitación de la fabulosa dinámica en la construcción del planeta. Pero el Himalaya sigue vivo; según una comisión de geólogos chinos que visitó la zona del Everest hace pocos años, la cordillera sigue levantándose a razón de varios centímetros por año, lo que viene a significar varios metros por siglo. Aunque la conclusión de los chinos sea, tal vez, un poco exagerada, no constituye un disparate, y la cordillera seguirá elevándose a lo largo de los milenios hasta unos 11.000 metros, que señalarán el punto de equilibrio isostásico.

Ahora bien, el choque de la península indostánica con Asia —un subcontinente que choca con un gran continente— no dejó de ser un enorme acontecimiento geológico que también tuvo importantes consecuencias climatológicas. El ascenso de los vientos del Sur por aquellas enormes vertientes reforzó el papel del monzón del verano, que hubiera sido mucho menos importante en la India, Pakistán, Malasia y China del Sur si aquellas imponentes montañas no se hubieran formado. Por otra parte, la meseta más grande y más alta del mundo, el Tíbet, es resultado también de aquel formidable choque, pero ha provocado unas consecuencias climatológicas inversas: ha dividido Asia en dos; y tanto la mayor parte de esa meseta como la zona de Asia Central son mucho más secas de lo que debieran ser, porque el progreso del monzón queda «agotado», si cabe la comparación con un montañero: ha perdido toda su energía en un choque en que ha vaciado todo su contenido de agua, y su acción ya no llega a aquellas mesetas asiáticas, desérticas y muchas veces desoladas. Eso sí, el enorme espacio tibetano es en gran parte responsable del fenómeno inverso, el monzón seco y frío del invierno. Un potente anticiclón envía bocanadas sobre India y China. Se dice que ha provocado las curiosas formas de la cuenca del Río Amarillo, erosionada por los fuertes vientos continentales. Asia quedó formada así por cuatro zonas que la atraviesan casi por completo de Este a Oeste. La zona de los monzones, muy lluviosa en verano (Sur de Pakistán, India, penínsulas malaya e indochina, China del Sur); la zona seca y árida de los grandes desiertos de Asia Central (el terrible Gobi, Turkmenistán, Tayikistán, Kirguistán, Siberia meridional); el centro de Siberia, a donde llegan atenuados los vientos húmedos del Oeste, justo por donde discurre el Transiberiano, que es también el cordón más poblado; y la zona de tundra del Norte, árida, seca y muy fría casi todo el año.

El plegamiento alpino afectó también a Europa. Se formó como consecuencia del acercamiento entre la placa africana y la euroasiática, que fueron estrechando el espacio, hasta entonces amplio, que ocupaba el mar del Thetys. Como resultado se formaron arrugas en casi todo el sur de Europa, de los Balcanes a la cordillera Cantábrica. La formación más espectacular fue la de los Alpes, que se extienden por el sureste de Francia, Suiza, Norte de Italia, Sur de Alemania y gran parte de Austria y Eslovenia. Los Alpes no son en absoluto la cordillera más alta del mundo, pero sí tal vez la más hermosa y maravillosamente equilibrada, con sus picos agudos, sus valles armoniosos y verdes, sus aristas vivas y las formaciones pintorescas de los Dolomitas y los Alpes Dináricos. Aún pueden seguir creciendo, y lo hacen pocos centímetros por siglo (de momento van más rápidos que la erosión), al menos hasta que desaparezca el mar intermedio, el Mediterráneo. Los Pirineos y la cordillera cantábrica son testigos también de la colisión entre dos placas. Las formaciones alpinas, de España a los Balcanes, son también una barrera, aunque menos decisiva, entre el mundo atlántico y el Mediterráneo. El aire húmedo del noroeste, que riega generosamente las campiñas inglesas, francesas, alemanas, queda en parte detenido por las montañas, y esos vientos del noroeste que desembocan en el Mediterráneo —el cierzo, la tramontana, el mistral, la bora, el melteni— son destemplados, pero secos. Las lluvias no faltan en el Mediterráneo, pero son más bien producto de frentes desprendidos, o de formaciones de inestabilidad, por diferencia de temperaturas entre la tierra y el mar: especialmente en otoño.

América avanza hacia el Oeste, y el resultado de este avance de las dos placas americanas sobre la Nazca y la de Pacífico ha edificado la cordillera más larga del mundo, la de los Andes, que en algunos puntos como Bolivia o Colombia se divide en tres cadenas distintas. También tres son las cordilleras del Oeste de Estados Unidos y Canadá: las Montañas Rocosas, la Cordillera de las Cascadas y Sierra Nevada, testigos impresionantes del avance de Norteamérica sobre el Pacífico. En este caso, el encabalgamiento de una placa sobre otra provoca una inestabilidad extrema, y de ahí la abundancia de volcanes y de movimientos de tierra, a veces devastadores, en California o en Chile. También estas barreras montañosas influyeron en el clima. Allí donde predominan los vientos del Oeste, como en las costas occidentales de Canadá, Oregón, el Norte de California, el clima es lluvioso. Seattle es la ciudad más nubosa de Estados Unidos, y goza fama de ser la más lluviosa, no por la cantidad que precipita, sino por sus lloviznas, frecuentes durante todo el año. También es lluvioso el Sur de Chile, con sus fiordos e islas innumerables. En cambio, los territorios al Este de las grandes cordilleras son muy secos, como la parte oriental de California (con el Valle de la Muerte), Colorado o Arizona. Lo mismo ocurre en la zona oriental de los Andes centrales o australes: en Bolivia y Argentina hay altas mesetas áridas, la Puna, y enormes saladares, restos de lagos hoy desecados. Todo ello es consecuencia del «efecto de pantalla» de las grandes cordilleras, que se quedan con toda la humedad y dejan el aire seco, aunque proceda de un mar no demasiado lejano. Por el contrario, allí donde soplan los vientos del Este —los alisios—, son relativamente húmedas las costas orientales, como el SE de Estados Unidos, gran parte de Brasil o la zona del Río de la Plata. El alisio puede llegar muy lejos continente adelante, como en el Amazonas, pero trepa muy mal: las altas montañas suelen quedar por encima del «techo» de los alisios, lo mismo en Canarias que en Tucumán, una ciudad tropical cerca de unas montañas más tropicales todavía, hasta que se llega a los dos mil metros, y a partir de entonces los paisajes se hacen resecos y desolados.

Episodios climáticos

En el Terciario no hubo grandes glaciaciones que nos recuerden los dramáticos momentos de la «tierra blanca» ocurridos en eras anteriores, ni tampoco calores aterradores, aunque no dejaron de registrarse, sobre todo al principio, épocas muy cálidas. Lo que hubo fue una casi inacabable alternancia de calores y fríos, que sería demasiado molesto enumerar uno a uno. Como si el ritmo del clima se hubiera hecho, sin llegar a grandes excesos, mucho más variable. ¿Fue realmente así: podemos decir que el ritmo del clima se hizo más rápido que «antes»? No debemos asegurarlo. Tal vez el mejor conocimiento de una época, gracias a su cercanía y a la cantidad de «testigos» que nos ha dejado, nos proporcione más detalles que de edades más antiguas, que no conocemos más que en sus aspectos más generales. Lo mismo puede ocurrir con el contraste entre los los paisajes lejanos y los cercanos, o con las mismas personas. Cuántas cordilleras contempladas a distancia nos parecen sencillos perfiles aserrados, que, una vez que hemos llegado a ellas se nos presentan como infinitamente intrincadas. Hace dos mil millones de años pudieron existir tantos vaivenes climáticos como hace cincuenta millones; pero la noción que podemos adquirir de ellos es incomparablemente menos detallada.

Por ejemplo, se habla del Máximo Terciario Paleoceno-Eoceno, ocurrido hace 55 millones de años, y que según los entendidos no tiene nada que ver con el de diez millones de años antes, en que vivían aún los dinosaurios. Se ha datado el pico máximo de calor entre 56,0 y 55,8 millones de años antes que nosotros. Hasta hace una docena de años se sabía muy poco de este fenómeno, pero los estudios, entre otros, de M. Katz, J. P. Kennet y L. D. Stitt lo han puesto de moda. Algo más recientemente (2008), J. Zachos y K. Panchuk han insistido en algunos puntos. Se sabe que la temperatura era de 5 a 8 grados superior a la normal: quizá nunca, desde entonces, ha vuelto a hacer tanto calor. Y tanto su llegada como su final fueron fenómenos relativamente rápidos. Se sabe que crecían palmeras en la hoy semihelada península de Kamchatka, en el extremo de Siberia; que se podían contemplar corales en las costas de Europa o que un baño en el océano Glacial Ártico, a 23 grados de temperatura, hubiera sido delicioso. ¿Causas? Se dan muchas, como casi siempre, tal vez demasiadas: nueva ofensiva de las calderas volcánicas, liberación repentina de grandes masas de metano, desviación de las corrientes marinas, vientos templados del Sur y Oeste provocados por una depresión centrada en la zona del polo Norte (al revés de lo que ocurre ahora). El hecho es que hace 55 millones de años hizo en la Tierra, especialmente en el hemisferio Norte, un calor como no hemos vuelto a tener.

Luego, las temperaturas descendieron, aunque con continuos altibajos, en que por lo general cada máximo es más modesto que el anterior, y cada mínimo cada vez más fresco. Hace 50 millones de años predominaba el frío, pero fue hace 35 cuando se produjo un descenso abrupto. El hielo comenzó a formar un bloque compacto en torno a la Antártida, que actuó como un enorme refrigerador. Entonces se generó la corriente fría circumpolar, que aisló el continente austral del resto del mundo. El aumento de la masa de hielo hizo bajar el nivel de los mares, los bosques se transformaron en tundras, y regiones hasta entonces cálidas y selváticas se hicieron desiertos. La temperatura volvería a elevarse más tarde hasta niveles francamente gratos, pero con ascensos y descensos, hasta que hace 23,7 millones de años sobrevino otro brusco bajón de las temperaturas, acompañado, como de costumbre, por un nuevo descenso del nivel de los mares.

Siguieron las fluctuaciones, en una secuencia que sería fatigoso seguir en su detalle, pero, tan solo en una precisión aproximativa, recordaremos que allá por la época –15 millones de años (el Mioceno) se registraron temperaturas cálidas. Los grandes plegamientos estaban prácticamente consumados, y se elevaban en Asia, Europa y la franja de América que da al Pacífico las grandes cordilleras, entonces con picachos menos erosionados que ahora, y por tanto más airosos, no por cierto más elevados, como se creía a principios del siglo XX. Grandes mamíferos del tipo de los elefantes, hipopótamos y rinocerontes, que hoy imaginamos privativos de África, se movían por extensas praderas y bosques de Asia o de Europa. Entre ellos destacaba sobre todos el Hidricoherum, el mayor mamífero que ha existido jamás, un monstruo no muy distinto del rinoceronte, pero de dimensiones descomunales: medía ocho o diez metros de longitud y pesaba hasta veinte toneladas, algo así como cuarenta veces más que un toro de hoy. El mamut fue un tipo de elefante gigantesco, de ocho metros de la cabeza a la cola, dotado de unos larguísimos colmillos retorcidos que medían dos metros o más de longitud; el animal pesaba ocho o diez toneladas, y sobrevivió a las glaciaciones criando un pelaje cada vez más espeso. Se extinguió, pero no sin que lo conociera —y tal vez lo cazara mediante grandes hoyos— el hombre, que llegó a representarlo en algunas pinturas rupestres. El mastodonte se parecía un tanto al mamut, aunque su cornamenta era menos espectacular; alguno llegó a medir seis metros de envergadura, y a pesar seis toneladas. El megaterio era un animal distinto, pero también enorme, medía hasta ocho metros y podría recordar a un oso gigantesco: como los osos se alzaba sobre dos patas, y comía las hojas de los árboles. Cualquiera de aquellos animales nos hubiera impresionado por sus dimensiones, pero no nos hubiera parecido monstruoso como los dinosaurios, que fueron no solo mayores, sino espantosamente desproporcionados.

Hace siete millones de años muchos animales acostumbrados a las temperaturas calurosas, como las que ahora reinan en el centro de África, sufrieron una nueva invasión del frío. Unos probablemente emigraron a regiones más cálidas, otros se adaptaron poco a poco, adquiriendo un pelaje capaz de defenderlos: solo el mamut alcanzó a sobrevivir hasta hace no más de cinco mil años.

Agonía y gloria del Mediterráneo

A finales del terciario, el clima se hizo más frío y seco. Al mismo tiempo siguió la deriva de los continentes, arrastrados por las placas tectónicas. África se acercó a Europa, y como resultado de la fricción se levantaron las cordilleras y montañas del plegamiento alpino. Este acercamiento redujo más y más la anchura del mar intermedio, el Tethys, que en otros tiempos había atravesado toda la Tierra, separando los continentes del Norte de los del Sur. Ahora, entre Europa y África, el Tethys se vio progresivamente estrechado, aunque en principio era todavía un mar abierto que comunicaba lo que ahora son el océano Atlántico y el Índico. Era un mar rico en vida, al que llegaban ampliamente los vientos húmedos del Atlántico, y al mismo tiempo, por lo que sabemos, también los vientos monzónicos que alcanzaban lo que es ahora el mar Arábigo. El plegamiento que elevó las cordilleras de Asia occidental —el Hindu Kush, los montes afganos, los Zagros, hasta el Cáucaso— lo fue cerrando por el Este, hasta aislarlo por completo del mar de la India (India se pegaba a su vez a Asia, levantando el Himalaya). Pero el Tethys, que podemos llamar ya Mediterráneo, un «mar entre tierras», seguía comunicado con el Atlántico por dos amplios estrechos, uno por el corredor bético, lo que ahora es la cuenca del Guadalquivir y las tierras bajas de Murcia, otro por la cuenca interior de Marruecos, entre el Rif y el Atlas. Lo que ahora es Gibraltar constituía una isla alargada y montañosa entre los dos brazos. El Mediterráneo subsistía aún como un mar vivo y boyante, aunque encerrado entre tierras. Comprendía no solo el Mediterráneo actual, sino los mares Negro y Caspio. Los grandes ríos, como el Nilo, el Don y el Volga, mantenían un grado moderado de salinidad.

Hasta que hace unos seis o siete millones de años, se cerraron los estrechos que comunicaban el Mediterráneo con el Atlántico. Una gran cordillera en forma de U horizontal iba desde las sierras de Cazorla y Segura, y toda la Penibética, hasta enlazar con el Atlas africano. Lo que quedaba del Tethys al Sur de Europa se había convertido en un lago. Luego se separaron el Caspio y el Negro, que sí recibían abundante caudal de grandes ríos que procedían del Norte húmedo (por eso todavía ahora siguen siendo mares relativamente «dulces»). El Mediterráneo propiamente dicho tuvo que sufrir un clima seco, porque los vientos y las corrientes se habían desviado más al Norte. El aporte de los ríos no bastaba para compensar la fuerte evaporación. El Mediterráneo fue agonizando lentamente, hasta convertirse en una serie de lagos cada vez más salados. Si entonces hubieran existido seres humanos, no se les hubiera ocurrido ir a bañarse en las playas mediterráneas, porque hubieran tenido que atravesar desiertos calcinados y grandes saladares, para llegar a un mar tan salino que tal vez les hubiera dañado la piel. Se extinguieron todos los géneros de peces propios de la zona, y ni los animales terrestres se atrevían a llegar a las orillas fangosas e insanas. Hoy, las prospecciones submarinas, realizadas a fines del siglo XX y comienzos del XXI, descubren depósitos enormes de sal, muy difíciles de explicar si no suponemos varios procesos de desecación sucesivos: y la verdad es que aún tal acumulación de sal sigue siendo un misterio. Los ríos, entre ellos, que se sepa, el Nilo y el Ródano, excavaban grandes cañones para llegar a los lagos mediterráneos, pero su caudal se evaporaba en gran parte durante el camino, de suerte que no bastaba su aporte para moderar el fortísimo nivel de salinidad de las aguas. Lo que quedaba del Tethys hace seis millones de años se parecía al Mar Muerto, o a lo que es ahora el lago Tchad, en el interior de África del Norte. Las fosas de agua salada que quedaban en las ruinas del Mediterráneo estaban unos 1500 metros por debajo del nivel del Atlántico.

Hasta que, de pronto, el gran arco Penibético-Atlas se quebró justo por su mitad, como una vara que hemos doblado demasiado, hasta que se partió. En los labios de aquella tremenda sutura quedaron las dos famosas columnas de Hércules, los peñones de Gibraltar y Djebel Moussa, testigos para muchos siglos de aquella brecha que se abrió para que por ella se abalanzara el agua limpia del Atlántico. El desnivel entre el océano y lo que quedaba del Mediterráneo era de más de kilómetro y medio. Durante un tiempo se imaginó una inmensa cascada de más de un kilómetro de altura, en que millones de toneladas de agua se precipitaban del Atlántico a las resecas fosas mediterráneas. Las prospecciones que en 1983 realizaron geólogos españoles en la zona del mar de Alborán, pensando en la posibilidad de construir un túnel bajo el Estrecho permitieron conocer la verdadera historia. Gibraltar no fue una inmensa cascada, sino un canal que en gran parte se conserva en el fondo marino, de unos ocho kilómetros de ancho, y más de 200 de largo. Todavía aquel monstruoso surco abierto por las aguas tiene una profundidad de 500 metros. Por aquella brecha, que no fue una cascada, pero sí tal vez el mayor torrente que ha existido en muchos millones de años, discurrieron las aguas a una velocidad de cien kilómetros por hora. Uno de los técnicos que ha estudiado aquella corriente impresionante, Daniel García Castellanos, piensa que «fue la mayor inundación que hubo jamás en la Tierra», y puede que tenga razón. El nivel del Mediterráneo, inundado de aguas atlánticas, fue subiendo a razón de unos diez metros por día: de un movimiento torrencial como aquel no tenemos ninguna otra noticia concreta en la historia del mundo. Si fue así, el Mediterráneo se llenó en un año o dos, tan rápido fue el proceso. También se batió otra marca geológica: un mar enorme, recompuesto en menos de dos años.

El Mediterráneo fue desde entonces, a través de todos los cambios climáticos, un mar luminoso y soleado, de aguas azules y lleno de vida, rico en costas recortadas, islas y penínsulas de gran variedad que facilitarían los contactos entre tierras y aguas... y escenario más tarde de grandes civilizaciones.

Se unen las Américas

Más o menos al mismo tiempo, hace unos cuatro millones de años, los grandes continentes que hoy llamamos América del Norte y América del Sur, se fundieron en uno. Antes, un espacio tan amplio como el Thetys, es decir, un brazo de mar de más de mil kilómetros, dejaba pasar el agua cálida de la Corriente Ecuatorial del Norte, del Atlántico al Pacífico. La Corriente Ecuatorial del Norte sigue existiendo ahora, y fue la que facilitó el viaje de Colón y el de los exploradores y conquistadores españoles, que, antes de viajar a América, visitaban las islas Canarias. Por allí fluye, producto de un afloramiento de agua fría a la altura de Marruecos, la Corriente de Canarias, fresca y limpia, que baña las islas y es en gran parte responsable del delicioso clima, nunca demasiado cálido, de aquellas islas, en contraste con el ardiente territorio africano. Luego, mil kilómetros más allá, la corriente se funde con la Ecuatorial del Norte, de aguas mucho más cálidas, y en la zona de fricción hay con frecuencia nieblas o lloviznas, que el propio Colón recuerda en su diario de viaje. La corriente atraviesa el Atlántico y llega a las Antillas y el golfo de México. Cuando las Américas no estaban unidas, el agua cálida del Atlántico llegaba al Pacífico, e influía naturalmente en el clima. Parece que las costas pacíficas de Sudamérica tenían un régimen más parecido al Niño que a la Niña. Las aguas eran cálidas, las tierras húmedas, y escaseaba la pesca.

Dos hechos vinieron a cambiar esta situación. Primero, la corriente circumpolar que bordea la Antártida, comenzó a enviar agua fría a las costas de Chile, por más que no pudiera alcanzar a las latitudes actuales. Luego, el cierre del istmo de Panamá hizo el resto. A lo que parece, el fenómeno, no fue instantáneo, ni mucho menos. Las dos placas americanas, procedente una de Laurasia, en el Norte, la otra de Gondwana, en el Sur, chocaron varias veces y de diversas formas, para volver a separarse. Al fin se soldaron de la manera más complicada, mediante ese largo istmo que va de Yucatán al Norte de Colombia, y que en su parte más estrecha (Panamá) no tiene más que 80 kilómetros de anchura. Examinemos un mapa, si no recordamos del todo la figura de la recortada costa. Tan pronto discurre de Norte a Sur como de Este a Oeste, o en algunos puntos hasta casi se invierte. ¿Hace falta recordar que le embocadura atlántica del canal de Panamá está *más al Oeste* que la pacífica? Colón, en su cuarto viaje, buscó desesperadamente un estrecho, porque oyó hablar a los indios de un gran mar que existía al otro lado, lleno de innumerables riquezas: pensó que aquel otro mar era el Índico, y si encontraba el paso cumpliría el maravilloso sueño que le llevó a su aventura. No lo encontró por ninguna parte. Tampoco lo consiguieron otros navegantes posteriores, por mucho que costearon América del Sur, del Golfo de México a Patagonia. Lo logró en 1513 Núñez de Balboa utilizando otro método: atravesando por su punto más corto el istmo centroamericano, *por tierra*. Hubo de trepar a altas montañas y enfrentarse con indios hostiles, pero llegó a una nueva costa y se adentró hasta la cintura, gozoso, en las aguas desconocidas hasta entonces para el hombre blanco. Y llamó a aquel océano «Mar del Sur», porque, efectivamente, estaba al sur de su punto de partida, en la costa atlántica del Darién. Más tarde Magallanes le llamaría «Mar Pacifica», por las calmas que retrasaron su interminable viaje a través del océano más vasto del globo. Que tampoco merece ese nombre, porque conoce también tremendas tempestades.

En fin: la retorcida unión de las dos Américas cortó la afluencia de la Corriente Ecuatorial del Norte, y permitió luego el progreso de otra enorme corriente, la de Humboldt, que con sus aguas frías recorre la costa sudamericana desde el Sur de Chile hasta el Ecuador. El clima cambió de manera sensible, para hacerse más seco y más frío. Pero una de las consecuencias más impresionantes de la unión de las Américas no se registró en el Pacífico, sino en el Atlántico. La Corriente Ecuatorial del Norte choca con la costa centroamericana, se introduce parcialmente en el golfo de México, uno de los mares más cálidos del mundo, y sale rebotada por su extremo Norte, entre la península de Florida y la Isla de Cuba. Ya nos hemos referido en otro momento a la Corriente del Golfo y a su benéfica influencia sobre Europa. Aquí solo nos cabe recordar su importancia en el equilibrio climático del mundo, y en las consecuencias de la soldadura de las dos Américas sobre zonas que están muy alejadas de aquel continente. En este mundo todo influye en todo. Y tampoco nos extrañemos de que la Corriente del Golfo, con su enorme afluencia de masas de agua templada sobre miles de kilómetros haya influido también en sentido contrario. Por un lado favorece una corriente de retorno, la de Terranova y Labrador, con sus aguas frías, y por otro aumenta el caudal de lluvia en regiones hasta entonces secas como el Atlántico Norte y Escandinavia. ¿Qué ocurre si las nubes precipitan sobre regiones que están a 2500 o 3000 metros de altura (los Alpes, por ejemplo)? Que no llueve, sino que nieva. Es así como un régimen de tiempo más templado, pero más húmedo, puede provocar la acumulación de nieve, y a la larga la formación de masas superpuestas de hielo. Así lo reconoce un paleoclimatólogo tan acreditado como W. Ruddiman. Los glaciares pueden haberse desarrollado no en épocas frías, sino en épocas templadas, pero húmedas. Lo mismo puede decirse de las regiones polares. En el Océano Glacial, donde en eras frías y secas apenas nevaba, comenzaron a formarse o a ampliarse los casquetes de hielo. Así pudo haber sucedido en los primeros estadios de las glaciaciones.

El Cuaternario

El periodo geológico que comenzó hace algo más de un millón de años nos resulta más conocido, por la gran cantidad de «testigos» que conservamos de aquella edad ya no tan fabulosamente lejana como las anteriores. Y además ofrece para nosotros un especial interés, puesto que a su final aparece el «homo sapiens», esa especie dotada de una peculiar inteligencia, única que nosotros sepamos hasta ahora en el conjunto de la Creación, a la cual pertenecemos. A partir de la aparición del hombre inteligente, los cambios climáticos hubieron de ser sufridos, afrontados y superados por nuestros antecesores, y la aventura cobra un dramatismo ante el cual ya no podemos permanecer indiferentes, contemplados «desde fuera», como ante el espectáculo de la Tierra Blanca, las grandes coladas de lava capaces de hacer hervir los océanos, o la extinción de los dinosaurios por obra de un asteroide.

Los hechos climáticos más famosos del Cuaternario fueron, sin duda alguna, las glaciaciones, que, sin llegar a helar, ni mucho menos, toda la Tierra, la mantuvieron por largos espacios sometida a bajas temperaturas. Fueron una serie de oleadas de frío, tan numerosas y tan insistentes, que hay motivos para pensar que el Cuaternario, en su conjunto, ha mostrado una tendencia a las bajas temperaturas como, en cambio, el Terciario, también en sus líneas generales, había mostrado una tendencia a las temperaturas altas. Ciertamente, no podemos generalizar estas afirmaciones, porque, a escala geológica el Cuaternario está, como quien dice, comenzando. Nadie sabe cómo será el futuro a lo largo de los siglos y de los milenios: ni siquiera, en puridad, si existirá ese futuro o si al cabo de centenares o millares de siglos, algún ser humano, provisto de esa curiosidad que siempre nos ha acuciado, será capaz de investigarlo.

Algo aparece perfectamente claro: no todo el Cuaternario es una era fría, como tampoco el Terciario fue una era cálida. La alternancia ha sido continua. Lo que ocurre es que las glaciaciones, por lo que sabemos, duraron con sus hielos que cubrían buena parte de los continentes más tiempo que las interglaciaciones, o periodos alternos de temperaturas agradables o incluso un tanto cálidas. Con frecuencia se repite en las historias más elementales que las glaciaciones e interglaciaciones alteraron repetidamente la marcha del clima normal, como si las eras anteriores hubieran presenciado eras prolongadas de «normalidad» o de clima constante. Y eso sin duda no es cierto. Es posible que los cambios climáticos se hayan acelerado conforme se multiplicaban y desarrollaban los seres vivos y no solo (aunque tal vez principalmente) el hombre. Pero eso no quiere decir que en los tiempos remotos de otras eras geológicas los cambios hayan sido tan lentos y solemnes en plazos de muchos millones de años, como hasta hace no mucho tiempo hemos venido suponiendo. Tras el primero y más largo periodo del Cuaternario, el Pleistoceno, ha venido el Holoceno, en el cual nos encontramos ahora, y que a escala geológica no ha hecho más que empezar. No sabemos si señala el final de las glaciaciones o no es más que una interglaciación. Ni sabemos si un día alguien lo sabrá.

Las glaciaciones

Lo que sí es seguro es que al llegar el Cuaternario, hace más de un millón de años, se sucedieron una serie de episodios fríos, que conocemos como glaciaciones. No tienen que ver con los eventos de la «tierra blanca», registrados en eras geológicas anteriores, que fueron mucho más severos. Las glaciaciones no fueron cómodas, pero sí, en la mayor parte de la Tierra, soportables, incluso para el hombre, cuando al final de esta etapa —con seguridad en la última glaciación— apareció en este mundo y se fue erigiendo, eliminemos estúpidos complejos de inferioridad, en su dueño y señor. Naturalmente que en las glaciaciones cambió el paisaje, emigraron los animales hacia otras tierras más favorables para su especie, grandes territorios quedaron cubiertos por espesas capas de hielo, los glaciares aumentaron su longitud y caudal. Pero no puede hablarse de grandes fenómenos destructivos. Las glaciaciones están separadas entre sí por periodos templados, o interglaciares, de clima mucho más amable, de suerte que no puede hablarse de aquéllas como de una continua y compacta avalancha del frío. Hubo, como parece que siempre ha habido, una alternancia entre frío y calor. Pero con la diferencia de que el frío fue más categórico, porque no hubo una interglaciación francamente calurosa, y sobre todo más duradera, y porque las etapas glaciares son mucho más largas que las interglaciaciares. Otra diferencia que cabe destacar, y puede resultar importante para comprender los fenómenos: las glaciaciones llegan con cierta lentitud, el clima se va enfriando poco a poco, y con vacilaciones, con retrocesos, en que un observador hubiera pensado: se acabó la ola de frío. Y no fue así: una nueva ofensiva del hielo, después otra y otra, separadas tal vez por muchos siglos, fueron llevando a niveles de cada vez más baja temperatura. Por el contrario, los restablecimientos, es decir, las épocas templadas interglaciales, llegan casi de sopetón, en un proceso relativamente rápido: ya sea por el cese repentino de las causas que generaron el frío, ya por un agente de acción inmediata que provocó una oleada de calor.

Una primera explicación nos sugiere Brian Fagan: el hielo se va formando poco a poco. La existencia de grandes casquetes cerca de los polos no es coetánea a la invasión del frío, sino *posterior*. Hace falta una sucesión de nevadas frecuentes y de falta de insolación veraniega para que el hielo se torne permanente, y, en vez de disolverse todos los años, se vaya acumulando poco a poco y constituya grandes bancos del tamaño, tal vez, de continentes, o invada parcialmente continentes, como pudo ocurrir en Siberia, Escandinavia, Canadá, por no mencionar la Antártida, que ya estaba helada totalmente desde por lo menos fines del Terciario, y nunca se disolvió desde entonces. Eso sí, hubo grandes periodos en que los bancos flotantes que rodeaban a la Antártida se hicieron enormes, u otros en que se licuaron en parte. Una vez formados estos fortines del hielo, los vientos y las corrientes procedentes de las regiones polares azotaron gran parte de la Tierra. Y ya conocemos otro hecho que resulta en este punto decisivo: un casquete helado posee un *albedo*, un brillo, una capacidad reflectante, que devuelve casi todas las radiaciones solares que recibe, y se ha hecho casi invulnerable a la acción del sol. Para deshelarlo hace falta un viento cálido, unas aguas cálidas que ataquen desde abajo, o el contacto con una tierra caliente. Sin ir más lejos, los volcanes son capaces de fundir grandes masas de hielo y provocar espantosas inundaciones, como la del Nevado del Ruiz, en Colombia, que en 1985 provocó 23.000 víctimas mortales y episodios dramáticos todavía hoy recordados. En general, un proceso de calentamiento de las tierras y los mares puede fundir los casquetes polares, o parte de ellos, en un plazo de tiempo mucho menor. Un glaciólogo famoso, Richard Alley, llega a parecidas conclusiones.

Ya nos hemos referido páginas atrás a la genial intuición de Louis Agassiz, que como profesor en Lausana a mediados del siglo XIX, era buen conocedor de los glaciares, y encontró huellas de glaciar no solo en Suiza, sino en Francia, Alemania, Austria, y dedujo que en otro tiempo gran parte de Europa estuvo cubierta por los hielos. Más tarde otros geólogos fueron concretando, y se llegó a dar nombre a los periodos en que los hielos alcanzaron su mayor extensión. Entonces no se tenía la menor idea de que en otras épocas geológicas se hubieran registrado también fenómenos glaciales (incluso, como ya sabemos, más intensos), y se pensó que las glaciaciones eran un suceso tan sensacional como desconcertante, solo privativo del Cuaternario. Los americanos descubrieron por su parte restos de glaciares, y dieron a los periodos de ofensiva del frío sus propios nombres, distintos de los de Europa, aunque más o menos coetáneos con ellos.

¿Cuantas glaciaciones han existido en el Cuaternario (concretamente en el periodo Pleistoceno, en el cual se verificaron)? En nuestros tiempos aprendíamos cuatro: Günz, Mindel, Riss y Würm. Ahora se mencionan también otras dos anteriores: Biber, en el límite Terciario-Cuaternario y Donau: todas llevan nombres de huellas de glaciares antiguos existentes en Europa. Brian Fagan distingue hasta nueve glaciaciones, y si nos detenemos a examinar las distintas curvas que se nos proporcionan, su número puede ser mucho mayor. En efecto, esas curvas, sea cual fuere el método utilizado o los «testigos» de que se vale el autor, registran una serie de picos y valles alternados que nos desconciertan un poco. Todo depende de lo que entendamos por glaciación. Y vista la distinción que hoy por lo general se establece, ¡ahora mismo nos encontramos en un periodo glacial! Si se entiende por glaciación el estado en el cual existen casquetes helados en los polos, comoquiera que esos casquetes están aún ahí, nos encontramos en un periodo glacial y no en un periodo cálido. La Tierra se está calentando ahora, eso es cierto: pero al menos de momento las temperaturas son más bajas que el nivel promedio de la historia de nuestro planeta. Como que la Tierra ha vivido más tiempo sin casquetes polares que con ellos.

Ahora bien: en esta sucesión de periodos más cálidos y más fríos durante el Cuaternario, hay cuatro bloques de periodos en que las temperaturas han sido realmente bajas: con suavizaciones, eso sí, pero mucho más frías que cálidas, y con casquetes de hielo que llegaban hasta latitudes que hoy consideramos templadas. De modo que la clasificación que estudiamos en el colegio, a pesar de todas sus variaciones momentáneas, resulta, en sus líneas generales, una simplificación francamente aceptable. Si echamos la vista a una de esas curvas, parece resultar que existe un ciclo de más o menos 100.000 años, seguido de un intervalo más corto en que predominan las temperaturas suaves. Parece que hay otro ciclo de 20.000 años, y hasta se ha creído identificar otro de solo 12.000. Ya es sabido que los científicos tienden a buscar ciclos en todos los procesos que se repiten, aunque no se aprecie una gran exactitud: y no tenemos derecho a criticarlos. Al fin y al cabo, la naturaleza tiende a evolucionar en ciclos. La primavera, la floración de las plantas, la migración de las aves o de los peces no se produce siempre en el mismo momento del año, pero se repite de una forma parecida y relativamente predecible. Las cigüeñas vienen a España por san Blas, un poco antes o un poco después, y los expertos se admiran del hecho de que casi siempre aciertan: diríase que predicen una primavera adelantada o una primavera tardía. Su instinto es más certero que nuestras predicciones.

Los ciclos glaciales del Cuaternario parece que tienen que ver un poco con los ciclos de Milankovitch, que comentábamos hace ya bastantes páginas; y puede que esta relación exista, aunque la secuencia no es en absoluto exacta. Ya hemos advertido en su tiempo que la excentricidad de la órbita de la Tierra puede estar compensada en parte por la inclinación del eje, o del movimiento de precesión. Si calculamos los momentos en que los tres ciclos de Milankovitch coinciden en señalar un máximo o un mínimo, encontraríamos un superciclo de 430.000 años, ¡que se dice que también existe! En fin, le Roy-Ladurie ve con cierta indignación esta «manía cíclica», y quién sabe si tiene otra parte de razón. Vamos a dejarnos de precisiones que tal vez no harían más que marearnos, y dediquemos nuestra atención al hecho mismo de las glaciaciones.

En muchos momentos de la larguísima historia geológica hubo glaciaciones; pero todo parece indicar que en el Cuaternario se sucedieron con más frecuencia y rapidez que en otras eras. Los periodos de máxima y mínima actividad del sol parecen haber influido, y más, al parecer, los tan traídos y llevados ciclos de Milankovitch. Pero inmediatamente se nos ocurre formular una pregunta: ¿es que estos ciclos solamente se registraron en el Cuaternario y no en otras épocas? ¿Es que solamente desde hace poco más de un millón de años a la Tierra le ha dado por cabecear, por dirigir los polos a puntos distintos del cielo, a alargar o redondear su órbita? Cualquier astrofísico nos diría que tal suposición es un disparate. O ignoramos aún mucho de otras épocas geológicas, o las causas de las repetidas glaciaciones son distintas. No cabe descartar los dichosos ciclos solares o planetarios como coadyuvantes, pero la causa principal debe ser otra, y lo vergonzoso —lo ha dicho un paleoclimatólogo— es que aún no hemos dado con ella.

Es preciso recordar un extremo que ya reconocía el mismo Milankovitch, y que se ha venido manteniendo siempre: lo que provoca una glaciación no es una sucesión de inviernos muy rigurosos, sino de veranos frescos. En invierno nieva de todas formas allí donde la precipitación es sólida, es decir, en forma de copos, porque la latitud o la altura lo determinan. Las nevadas se acumulan, y la capa de nieve se engrosa, más que por un exceso de frío, por un exceso de nevadas. Y donde por sucesión de precipitaciones se forma una capa gruesa de nieve, ésta, comprimida por las capas superiores, se transforma en hielo. Ahora bien, si durante el verano el ambiente o el agua del mar no se calientan lo suficiente para fundirlo, el hielo se mantiene, y es acrecentado por las nevadas del invierno siguiente, y así una y otra vez, hasta que se forma un casquete sólido permanente. La falta de un calentamiento veraniego capaz de licuar el hielo —o una buena parte del hielo— hace que la capa helada se vaya engrosando más y más. Estos casquetes que rodean los polos Norte y Sur actúan como frigoríficos que pueden enfriar todo lo que les rodea, mares o continentes vecinos. Una vez formado un casquete extenso y profundo, es muy difícil el deshielo. Puede resistir incluso veranos calurosos, siempre que no se repitan una y otra vez. Ahora comprendemos mejor que las glaciaciones no se produzcan por un fenómeno repentino sino por un insuficiente deshielo que se repite a lo largo de muchos años. Lo que comprendemos menos es cómo, si las glaciaciones van consagrándose poco a poco, los calentamientos sean, en cambio, mucho más rápidos.

Harald Lesch, un físico y astrónomo alemán, profesor de la universidad de Munich, y buen comunicador, cuyo nombre han popularizado sus frecuentes conferencias a través de la televisión, admite que los ciclos cósmicos tienen un cierto papel en la sucesión de las glaciaciones e interglaciaciones; pero estima que más importancia pueden tener las corrientes marinas, el régimen de vientos y la formación de frentes de lluvias a causa del encuentro entre masas de aire húmedo y cálido que chocan con otras frías. Es decir, la sucesión de lo que se llaman «oscilaciones», lo mismo en el Atlántico que en el Pacífico. También llama la atención sobre la variable proporción entre dos formas de oxígeno, el oxígeno 16, que es el más abundante, y el oxigeno 18. No entraremos en detalle, pero lo cierto es que este último es un poco más pesado, y se evapora más difícilmente. Pero si abunda mucho, se hunde en el océano, y en la superficie queda solo oxígeno 16, que se evapora mucho más, y contribuye a formar nubes y por consiguiente frentes de lluvia. Es curioso: hasta hace poco utilizábamos la concentración de los tipos de oxígeno en los fósiles para confirmar su datación, y ahora parece que pueden ser útiles para explicarnos las glaciaciones. Los estudios, por supuesto, continúan, y hemos de esperar a resultados más definitivos para comprender mejor qué fenómeno es causa y cuál es consecuencia. Aunque sea solo de pasada tal vez resulte útil recordar (cuidado, con muchísima prudencia) que de acuerdo con determinadas teorías, la abundancia de CO_2 es la consecuencia más que la causa de los procesos de calentamiento. Todo está interrelacionado, de eso no nos cabe la menor duda; pero aún serán precisos muchos estudios conjuntos y combinados antes de que podamos conocer con seguridad todos los mecanismos.

Es una convicción científica bastante generalizada la que admite que el manto de hielo que más fácilmente se desarrolló es el que ha cubierto en épocas glaciales lo que es Canadá y la parte

Norte de lo que son los Estados Unidos. El «Manto Laurentino», por la falta de corrientes cálidas que puedan derretirlo, es el que que primero adquiere grandes dimensiones. Luego habría venido el manto finoescandinavo, en el Norte de Europa y sus cercanías. Tal vez tuvo menos influencia el manto siberiano, no porque en aquella región apretara menos el frío, sino porque es más seca, recibe menos aportación de los grandes océanos y por regla general influyó menos en los procesos glaciales. Continentes enteros quedaron cubiertos por el hielo, y el peso enorme de esos mantos hundió las tierras más de lo que podemos suponer. Gran parte de Canadá, cuando se desheló, se convirtió en un gran lago. Mucha gente no sabe que la península de Escandinavia, especialmente Suecia y Finlandia, *se está levantando todavía*, porque los procesos epirogénicos (avances de la tierra o del mar) son muy lentos. Aún puede levantarse un poco más: y saberlo nos ayuda a comprender el peso de la enorme masa de hielo que aquellas tierras tuvieron que soportar. Las glaciaciones cambiaron espectacularmente el paisaje. Lo que era bosque se convirtió en tundra, y lo que era tundra o estepa de matorral se convirtió en una inmensa superficie de hielo. También los glaciares, en zonas montañosas, se extendieron mucho más de lo que hoy podemos imaginar. El mismo Agassiz concibió, y no sin razón, que toda Suiza estuvo en otro tiempo cubierta por un enorme glaciar.

Aparte de los bancos de hielo —el de Groenlandia tiene todavía hoy en algunos puntos 2.000 metros de espesor, y el de la Antártida, más de 4.000— que cubrieron extensiones que hoy son mares, hay que contar que el nivel de los propios mares descendió también, al convertirse el agua líquida en hielo: había por consiguiente menos agua líquida, y las costas no estaban donde hoy se encuentran. Uno de los ejemplos más impresionantes, a que nos referiremos muy pronto, es el de una cueva hoy submarina en la que se han encontrado pinturas rupestres, dibujadas por hombres de hace 20.000 años, cuando el nivel del mar estaba 130 metros más bajo. Sabemos que en las etapas más duras de las glaciaciones, Japón se encontraba unido a Corea, Nueva Guinea a Australia, Inglaterra al continente europeo, y existía el llamado Puente de Beringia, que unía, no necesariamente mediante el hielo, sino por el más bajo nivel de las aguas, Siberia con Alaska. Un día, hace cosa de dieciocho mil años, los seres humanos —y antes que ellos muchos animales— pasaron de Asia a América y poblaron este continente. Todo era sorprendentemente distinto hace no muchos miles de años, por causa de los cambios climáticos.

Pero el Cuaternario no fue sólo —¡o no *es* sólo!— una serie sucesiva de glaciaciones. También hubo, separando a cada una de ellas, periodos interglaciares, relativamente cálidos, y algunos de ellos de temperaturas tan elevadas, que en sus niveles se han encontrado restos de hipopótamos enterrados bajo las campiñas inglesas. Como de costumbre, a cada acción sucede una reacción, a cada periodo en que el clima se excede en un sentido, sobreviene otro en que se excede en el opuesto: cuántas veces hemos tenido que repetirlo. En el tiempo atmosférico estamos acostumbrados a estas alternancias, que no dependen solo de las estaciones, puesto que recordamos inviernos templados o veranos frescos y lluviosos; pero, a lo que sabemos, estas alternancias en el clima son más sostenidas y categóricas. Con todo, dicho queda, los periodos fríos, en el Cuaternario, suelen ser más rigurosos y más extremados que los templados o los cálidos. No hay interglaciación que dure más allá de diez mil años, y dentro de ella, naturalmente, existen vaivenes en uno u otro sentido; una glaciación, en cambio, puede durar —con oscilaciones, también— cien mil años o más. Tal es la gran aventura del clima en la era geológica cuyos últimos miles de años estamos viviendo los humanos. Una pregunta se impone antes de seguir adelante: nos encontramos, ciertamente, en un periodo interglaciar, puesto que las temperaturas son soportables en la mayor parte del mundo. Alemania no está cubierta por los hielos, los valles de las zonas montañosas están llenos de bosques y prados amables, podemos viajar en tren de Filadelfia a San Francisco sin que las nieves nos detengan, y hasta visitamos con gusto los fiordos noruegos, en otro tiempo gélidos e insoportables glaciares, o nos permitimos llegar hasta el cabo Norte o a Hammersferst para contemplar en junio el peregrino espectáculo del Sol de Medianoche. Pero la pregunta es ésta: el periodo en que estamos viviendo ¿es *un interglaciar más*, o se trata ya de un calentamiento definitivo? ¿Va a sobrevenir en tiempos futuros una nueva glaciación, o estamos libres de su amenaza durante un periodo geológico indefinido? La cuestión no admite respuesta científica posible, solo es válida la pregunta, y tal vez convenga hacerla. No podemos permanecer indefinidamente ajenos a la cuestión, sea cual sea aquello que nos espera. El ya citado Harald Lesch, científico reputado, pero a veces un tanto sensacionalista, dice que hubo en el pasado cambios radicales del clima en un espacio de tan solo quince o veinte años. Un vaivén tan violento es muy poco probable, pero resulta siempre sano estar en todo momento prevenidos, porque nunca sabemos lo que se nos puede venir encima.

Würm y el hombre

Hace unos 115.000 años, se produjo la última glaciación, la conocida en Europa como Würm y en América como Wisconsin. Como las demás, parece haberse iniciado en Norteamérica, con la congelación creciente de las llanuras del Canadá y de la parte central del Norte de los Estados Unidos. Las grandes placas de hielo se superpusieron unas a otras, y su enorme peso hundió las tierras unos 500 metros; no pensemos por eso que el continente norteamericano aparecía más deprimido ante un supuesto observador, puesto que la capa de hielo que lo cubría alcanzó un espesor entre 1.000 y 2.000 metros. La glaciación se extendió por el Labrador hacia Groenlandia, que sufrió una invasión de hielo todavía más gruesa: de allí partieron las corrientes frías que iban a llegar muy al Sur. Europa vivía una época interglacial especialmente grata, y aun calurosa (el Eemiense), pero la ofensiva del frío llegó miles de años más tarde: se calcula que la Península Ibérica hubo de sufrirla hace 106.000 años. Se formó el gran bloque de hielo finoescandinavo, también allí se hundieron las tierras, aplastadas por la enorme masa de agua sólida, y los glaciares centroeuropeos se extendieron hasta territorios que hoy no podríamos imaginar. Los bosques de Alemania, Polonia, Inglaterra, gran parte de Francia, y las llanuras rusas se transformaron en tundra similar a la siberiana, cuando no fueron invadidos por las inmensas capas de hielo. Las zonas no heladas no eran por eso mucho más amables: el paisaje carecía de arbolado, los arbustos crecían en matas aquí y allá, en las frías primaveras de aquellos matorrales brotaban flores débilmente coloreadas, que, por unas semanas conferían un mínimo de gracia al paisaje, pero pronto se secaban al cortante soplo de los vientos del Norte y del Este que combinaban frío y sequía. Los europeos de entonces perseguían a los rebaños de renos que migraban según las estaciones a los lugares donde encontraban mejores pastos. El nivel del mar había descendido de 120 a 150 metros, y la línea de costa avanzó en algunos casos (cuando el mar era poco profundo) cien, doscientos, hasta trescientos kilómetros. El clima era muy frío, entre ocho y diez grados por debajo del nivel que hoy nos es habitual; pero en general seco. El anticiclón al Norte generaba temporales helados, lo que hoy llamamos «olas siberianas», pero mucho más intensas y duraderas, destructivas de la vegetación. Una vez más, Gran Bretaña quedó unida al continente.

Conocemos mejor el desarrollo de esta última glaciación en el hemisferio Norte; pero los estudios que se están realizando en el Sur demuestran que la ofensiva del frío tuvo lugar en el otro hemisferio casi al mismo tiempo. ¿Pero no se había dicho que la inclinación del eje terrestre o la excentricidad de la órbita favorecía el frío en un hemisferio y el calentamiento en otro? Puesto que las cosas no ocurrieron así, hoy tiende a concederse menos importancia a los ciclos de Milankovitch, sin que tengamos que negar su influencia, cuando menos parcial. Parece que Australia, en especial, hubo de sufrir las consecuencias del enfriamiento. Solo África mantuvo un clima templado, aunque en términos generales más húmedo y lluvioso de lo que hoy es habitual. Fue allí donde un buen día apareció el hombre, o, por precisarlo mejor, esa variedad maravillosa de los homínidos que hoy llamamos «homo sapiens», o por precisarlo todavía mejor, y dejar despejadas todas las diferencias, «homo sapiens-sapiens». Algo cambió en la Tierra, y de una vez para siempre.

Casi al mismo tiempo, o quizá un poquito antes, una nueva catástrofe se abatió sobre gran parte del mundo. El volcán Toba, en Indonesia, sufrió una explosión espantosa. Todavía hoy, si viajamos a la región del Norte de Sumatra, encontramos cosas raras. Podemos ver un lago grande, de 100 kilómetros de largo y 35 de ancho, el mayor lago volcánico del mundo, y con una profundidad de 500 metros, mayor que la de ningún otro lago, excepto el Baikal, en Siberia, que es también un lago fuera de lo común. Sin aquella explosión no se explica nada, porque un lago como aquel no debiera existir. Y en medio del lago, una isla, que tampoco debiera existir. Todos los que lo han estudiado, como S. Ambroise, de la universidad de Illinois, o A. J. Williams, de Adelaida, Australia, dicen que toda aquella zona de Sumatra es una formación absolutamente atípica. La tremenda erupción lanzó a la atmósfera, calculan los citados investigadores, una cantidad de cenizas y gases equivalente a mil millones de toneladas, que deforestó comarcas extensas en la India o en Indonesia, y ocultó la luz del sol por espacio de tres a cinco años: con lo cual la temperatura bajó cosa de cuatro grados, por si ya no bastaran los rigores de la glaciación.

Los efectos de aquellas nubes oscuras perduraron de una forma u otra tal vez siglos enteros (hay quien imagina más de mil años: es difícil asegurar semejante cosa), y las consecuencias hubo de sufrirlas el mundo entero. Desastres puntuales que influyeron en el clima los hay a montones, pero todo parece indicar que el del volcán Toba no tuvo precedentes en todo el Cuaternario, y, por supuesto, desde aquel año terrible no ha vuelto a registrarse nada semejante. En su momento aludiremos al Tambora, otro volcán indonesio que estalló en 1815 con notables consecuencias, aunque no tan graves ni tan prolongadas como el Toba.

Pero allí estaba el homo sapiens. Aquel nuevo tipo de ser vivo desarrollado estaba dotado de unas cualidades que no habían tenido ni sus más inmediatos predecesores de entre los primates: poseía una chispa especial, que le permitía ingeniarse nuevos recursos para su desarrollo, y comunicárselo a sus semejantes por sonidos articulados inteligibles que llegarían a formar palabras. Se le ocurrían cosas que no se les habían ocurrido a otros anteriores, y esa comunicación enriquecía al conjunto. No solo eso: lo que una generación aprendía, se lo transmitía a la generación siguiente, de suerte que ya no hacía falta volver a ingeniárselas para llegar una y otra vez al mismo logro. Lo que una generación legaba a la que le seguía, se sumaba a lo que esa nueva generación lograba aprender o comprender; y así se generaba lo que jamás ser animado alguno había conseguido de esta forma: el *progreso*. Comenta Ortega y Gasset que un tigre de hoy es semejante a un tigre de hace diez mil años, y permutable por él; un hombre de hoy ha progresado espectacularmente respecto de un hombre de hace diez mil años: ahí radica uno de los principales secretos de esa naturaleza que le convierte en un ser distinto.

No nos corresponde aquí estudiar los primeros balbuceos, con todas sus inmensas posibilidades potenciales, ni mucho menos fijar la antigüedad exacta de los primeros seres propiamente humanos; pero sí conviene saber que no muy lejos cronológicamente del episodio del Toba, que acabó con otras especies de seres desarrollados, pero no inteligentes, el homo sapiens-sapiens, que había aparecido en la templada y entonces paradisíaca África, se dispersó, emigró a otras tierras —sería demasiado arriesgado suponer que huyendo de las cenizas volcánicas—, atravesó el istmo de Suez y se extendió por Asia del sudoeste y por el sur de Europa. Allí se encontró con una tierra fría, cubierta frecuentemente por hielos, pero abundante en caza. Y el homo sapiens supo sobrevivir de todas las dificultades, hasta vencerlas y alcanzar grados de desarrollo cada vez más avanzado. «Somos hijos del hielo», dicen John y Mary Gribbin en un libro sugestivo, pero en algunos extremos discutible: y pretenden que las dificultades de aquel mundo europeo y asiático sometido a una fuerte glaciación estimularon el ingenio de nuestros predecesores. Escaseaban los frutos naturales, pero abundaban los rebaños de los grandes mamíferos, desde los mamuts lanudos hasta los renos. Eran animales mucho más fuertes que los hombres, y no era posible hacerles frente. Pero se les podía atacar con piedras lanzadas a distancia, palos y azagayas, que se fueron haciendo, por obra del ingenio, cada vez más agudas; o bien se los hacía caer en trampas, grandes hoyos excavados en la tierra y cubiertos con ramajes. Una vez caídos, no podían salir de su encierro, y allí eran rematados, o morían de hambre.

La caza no solo permitió alimentarse a los humanos, sino procurarse pieles con que protegerse del frío. El descubrimiento de que el fuego «prende» permitió recoger ramas secas cerca de un árbol incendiado por un rayo, y llevarse, como Prometeo, el fuego hasta su refugio. Los hombres de la época glacial buscaban abrigos donde guarecerse de la dura intemperie, o cuevas que explorar y de donde expulsar tal vez las alimañas que las habitaban. El hombre sufrió del frío, pero su ingenio le permitió salir adelante de todas las pruebas, y superarlas. No hay noticias ciertas de que se le haya ocurrido regresar al país más paradisiaco en que había surgido su especie, aunque es perfectamente claro que en África siguieron viviendo seres humanos en todas las edades. ¿Progresaron más aquellos que tuvieron que inventar medios de supervivencia frente a una naturaleza hostil? Nada nos obliga a desechar la tesis de los Gribbin, pero tal vez los hechos son más complicados de lo que simplistamente pudiéramos imaginar.

Los recursos del hombre paleolítico nos asombrarían si los conociéramos todos. Podían seguir las huellas de los grandes mamíferos sobre la nieve o sobre el barro, conocían las etapas de la migración de las grandes manadas, y se apostaban en el lugar conveniente para sorprender a los rumiantes con sus flechas; una crecida de los ríos les permitía adivinar la pronta llegada de los salmones. Aquellos hombres, comenta B. Fagan, eran mejores meteorólogos que la mayoría de la gente de hoy, y podían prever los vientos favorables, las lluvias escasas, pero necesarias en una época de sequía, la invasión de polvo continental, tan frecuente en los tiempos paleolíticos, procedente de las grandes llanuras del Este de Europa o el Oeste de Asia, que enturbiaban el aire. Supo protegerse del frío no ya con la piel de un animal, sino con capas de varias pieles debidamente superpuestas, y con un calzado de piel que era preciso renovar con frecuencia, pero que permitía correr por paisajes ásperos, o evitar el contacto de la nieve. Lo cierto es que supieron defenderse de las inclemencias ambientales, emigrar según evolucionaban las circunstancias, atrapar la carne —o en su caso el pescado— que necesitaban para vivir, y reproducirse generación tras generación, a la espera de circunstancias más favorables. O quizá más exactamente: el hombre paleolítico no sabía que vivía en una glaciación; una forma de clima como aquél lo habían soportado sus padres y lo seguirían soportando sus hijos. En modo alguno eran aquellas unas condiciones anormales. Y el mismo frío les proporcionaba el tipo de caza que mejor podían aprovechar, aunque eso tampoco lo sabían. Lo que sabían era defenderse de los elementos, en cierto modo preverlos, y conseguir, no sin peligrosos avatares y esfuerzos a veces desesperados, los alimentos que necesitaban para seguir adelante, o las guaridas en que debían descansar de noche, disputadas tantas veces a las fieras.

La revolución del Paleolítico Superior

Superado el periodo primitivo del paleolítico inferior, el hombre alcanzó un grado más elevado —en algunos aspectos admirable— de desarrollo en el paleolítico superior. Ya sabía elaborar buriles de piedra, raspadores, azagayas de hueso con base hendida o en forma de bisel para que sirvieran de punta de lanza, que se adosaban a varas o cañas. Más tarde, parece que en el solutrense, ya hizo un invento genial: el arco y las flechas, que pueden ser lanzadas a gran distancia, para alcanzar a animales peligrosos, de rápida carrera... o aves volanderas. Las puntas de flecha del solutrense, en hoja de laurel y con un pedúnculo para fijarlas al hastil, son verdaderas obras de arte, tan perfectas y elaboradas que emocionan a todo aquel que llega a tenerlas en sus manos: talladas en piedra sílex, se conservan admirablemente a través de los miles de años, y son un testimonio del trabajo y la agudeza de aquellos hombres. Más tarde vendrán los arpones dentados para pescar. Y hasta las agujas de hueso, provistas de un agujero para el hilo: no cabe duda de que servían para coser. El ingenio del hombre no solo se bastaba para servirse de pieles de animales, sino para hacerse, digamos, trajes a la medida. Otro detalle sorprendente del hombre primitivo es el arte: decoraba sus cuevas con dibujos coloreados, generalmente de animales, tal vez como un símbolo o un detalle de sortilegio para su éxito en la caza. Aquellos animales eran todavía, hace diez o doce mil años, propios de climas fríos, clara muestra de que la glaciación wurmiense continuaba. Conjuros, si se quiere, o simplemente deseos; pero al mismo tiempo aquel arte es muestra de un espíritu creador, de un ansia de perpetuar su obra, de una imaginación portentosa y al mismo tiempo de un realismo admirable, que todavía hoy nos sorprende.

No es cuestión de recordar aquí las artes y el dominio de las técnicas del hombre paleolítico, sino de admitir que todos aquellos logros fueron conseguidos bajo un clima crudo y difícil. Un testimonio peregrino, que páginas antes hemos adelantado es el encontrado hace no muchos años en una gruta hoy sumergida bajo las aguas, en Les Calanques, en el Mediterráneo, entre Marsella y Cassis. El descubridor fue un submarinista francés, Henri Cosquer, que buceaba por debajo del acantilado. A una profundidad de 37 metros encontró la entrada de una gruta abierta en la pared. Se introdujo por ella, y después de repetidos intentos llegó a una vasta cavidad con una cámara de aire, donde era posible subir a la zona seca. Subió, y no pudo salir de su asombro cuando contempló una cantidad asombrosa de pinturas rupestres. Casi todas de animales, entre ellos focas, morsas, pingüinos, seres que ya no pueden imaginarse en el Mediterráneo. Y sobre todo, ¿cómo era posible que el hombre, prehistórico pudiese bucear hasta allí para pasar tantas horas dibujando animales que sin duda conocía y cazaba?

Hoy sabemos mucho más. El hallazgo de Cosquer fue tan increíble, que muchos pensaron que se trataba de una falsificación. Por otra parte, fueron tantos los submarinistas que se acercaron a la cueva, que las autoridades colocaron una verja en aquel agujero submarino para evitar peligros y para que las pinturas no sufriesen deterioro. Hoy no se puede entrar sin permiso. A comienzos del siglo XXI y hasta ahora mismo equipos de arqueólogos han estudiado la cueva. Las pinturas. según sus informes, son auténticas, y parecen tener una antigüedad de 18.500 años, con lo que resultarían un poco más antiguas que las de Altamira y Lescaux, las dos maravillas del arte rupestre. Esta de Cosquer no les va a la zaga en valor artístico, aunque el colorido es menos vivo: quizá aquellos hombres carecían de los colorantes adecuados. La cuestión de cómo los pintores cazadores pudieron llegar allí no es ningún misterio: las aguas del Mediterráneo estaban a un nivel 130 metros más bajo que hoy, y se podía acceder a la cueva tranquilamente a pie. La caverna de Cosquer es un testimonio impagable de lo que fue la vida del hombre en la glaciación Würmiense. Sin ser conscientes de ello, aquellos artistas del solutrense nos han legado una información como no podríamos encontrar en muchos tomos de Prehistoria.

La deglaciación y los cambios desconcertantes

Llegó un momento en que comenzó a elevarse la temperatura. No se sabe exactamente por qué, pero el cambio empezó a producirse, quizá hace unos 18.000 años en América, 16.000 en Europa. El gran anticiclón del Norte, que era la causa principal de las grandes corrientes frías que invadían los dos continentes, comenzó a debilitarse. Soplaron vientos del suroeste que llevaron las borrascas de vientos templados y lluvias generosas cada vez más al Norte, y la Corriente del Golfo, que antes apenas llegaba a la altura de las Canarias, comenzó a templar las costas de Europa. Las grandes masas de hielo fueron retrocediendo, y las tierras sepultadas por los grandes casquetes helados comenzaron a liberarse de aquel peso y a elevarse progresivamente. Los icebergs que llegaban hasta las costas de la Península Ibérica dejando caer al fondo del mar esas rocas groenlandesas o norteamericanas que tanto han servido a los geólogos para conocer el clima durante la última glaciación —los llamados «eventos Heinrich»— se disolvían en aguas de latitudes cada vez más elevadas. Comenzaron a crecer en el centro de Europa y de Norteamérica bosques propios de los climas templados, hayas, robles, encinas. El nivel de los mares se elevó. Gran Bretaña se convirtió de nuevo en una isla. Los hielos que invadían el centro-norte de lo que son los Estados Unidos se fueron fundiendo, y formaron un gran lago. La fauna propia de climas fríos emigró a más altas latitudes. Algunas especies se extinguieron. Quizá la más llamativa resulta ser la casi repentina desaparición de los mamuts en Norteamérica, hace ahora unos 18 o 20.000 años. Se acusó a los primeros seres humanos de haberlos exterminado. Recientes investigaciones demuestran que eso es falso. El hombre no había llegado todavía a las regiones habitadas por aquellos herbívoros de enormes colmillos. En Europa, los renos cambiaron su hábitat, y las tribus humanas que vivían de su caza y de sus emigraciones los persiguieron en sus nuevas rutas, porque preferían alimentarse de su carne a disfrutar de más amables temperaturas; aunque no faltaron otros que se fueron acostumbrando a recoger frutos o cazar bestias hechas al nuevo clima. En mil años pueden suceder millones de cosas, y aquel calentamiento duró por lo menos ese intervalo cronológico. ¿Había terminado definitivamente la gran glaciación? Entonces no existían climatólogos dispuestos a elaborar teorías y hacer pronósticos.

El hombre primitivo vivía de lo que encontraba, o emigraba hacia donde iban los rebaños de animales grandes. Se adaptaba a las circunstancias. Sufría tal vez de un invierno anormalmente duro, o un verano seco, en que desaparecían los arroyos o fuentes que le servían para beber. Pasaba sus penalidades, sufría bajas cuando las circunstancias se hacían desfavorables. Pero poseía dureza, aguante, sentido de la supervivencia. La mejoría térmica le predispuso a nuevas costumbres, nuevas formas de vida y de caza, a las que se fue habituando poco a poco. El hecho es que la época de calor no duró mucho, tal vez no más de mil años. Entramos en una época en que ha terminado la gran glaciación, la Würmiense. Más todavía: han terminado —que nosotros sepamos— las glaciaciones. Pero antes de que se imponga el Holoceno, la época actual, existe una era de transición que se caracteriza por una desconcertante sucesión de calores y fríos cada uno de los cuales duraron mil años o poco más, a veces incluso menos de mil. Tenemos por lo menos tres episodios «Dryas» o fríos y dos calientes, los llamados «Bolling» y «Allerod» intermedios. Seguirlos con detalle nos resultaría tedioso, aunque los seres inteligentes que nos precedieron, hombres como nosotros, hubieron de concederles la mayor importancia, tal vez dramática, puesto que aquellos episodios llegaron abruptamente a escala geológica: no como hoy una ola de frío o una tormenta tropical, pero sí tal vez de una generación a otra. Y una adaptación rápida crea más problemas que cuando se va operando poco a poco.

El primer Dryas sobrevino hace aproximadamente 17.500 años. La palabra viene de una bella flor alpina (*Dryas octopelata*) que todavía se encuentra hoy, en pequeñas matas, siempre en regiones frías, Escandinavia o en altas montañas de Europa y América. Se parece a una rosa, de ocho hojas blancas y de una curvatura diríase que acogedora, y en el centro un amplio haz de estambres amarillos que le proporcionan un aspecto muy peculiar. (Entre paréntesis: no la confundamos con la famosa Edelweiss, la flor de las nieves típicamente alpina, con la blancura impoluta de sus hojas sedosas, de extraordinaria suavidad al tacto, que tantas veces hemos sentido deseos de recoger en los Alpes o el Pirineo Occidental: pero no lo hemos hecho por puro respeto y porque quedan muy pocas). Las flores dryas crecían hace 17.000 años en lugares donde hoy no podemos imaginarlas. Motivos hay para deducir que entonces hacía mucho más frío que ahora; por si no faltaran otros motivos que encuentran los paleoclimatólogos para deducir que hubo una época francamente fría, aunque no puede considerarse literalmente una glaciación. ¿Qué fenómeno provocó el enfriamiento? Quién sabe si la propia abundancia de agua dulce, al fundirse los hielos. El agua dulce se congela más fácilmente que el agua salada. Y los casquetes polares habrían avanzado de nuevo, provocando corrientes frías. Tenemos que acostumbrarnos a asumir estas causas y consecuencias paradójicas de muchos cambios climáticos: solo así lograremos comprenderlas mejor. El hecho es que poco después de la suavización del clima, vino el Dryas, y otra vez cambió el paisaje tanto en Europa como en Norteamérica, y con el cambio vino de nuevo una reinmigración de la fauna nórdica. Los humanos debieron volver otra vez a rodearse de capas de pieles animales para poder soportar las bajas temperaturas.

Pero ¡tampoco el frío vino para quedarse mucho tiempo! Estamos hablando, por supuesto, de periodos de unos pocos miles de años. El calentamiento vino hace unos 14.600 años, y los climatólogos le llaman Bolling. Es el nombre de un lago danés; y es que los lagos permiten mediante los rebordes que quedan de sus orillas en otros tiempos, conocer sus crecidas, sus descensos o las épocas en que permanecieron helados. Y también los limos del fondo son reveladores. El calor llegó casi repentinamente, y duró unos seiscientos años (hace entre 14.600 y 14.000). Se repite la historia: Escandinavia quedó casi enteramente libre de hielos, subió el nivel de los mares y Gran Bretaña se convirtió otra vez en una isla. Pocas veces ocurrió un calentamiento tan rápido. ¡Pero el propio calentamiento fue, a escala geológica, también muy breve! Hace 14.000 años vino el Dryas II, otra vez con sus hielos. Predominó, como casi siempre que hace frío, un clima seco, muchas llanuras de Europa vieron desaparecer sus árboles, y aunque no llegó a predominar una tundra como es hoy la de Siberia, el paisaje se empobreció. Mil años más tarde, o quizá menos, vino otro calentamiento rápido, llamado Allerod, que provocó de nuevo un clima apacible, la fusión de las zonas heladas y la aparición de nuevos bosques en Europa central. Quizá el fenómeno más notable se operó en Norteamérica, donde se fundieron enormes capas heladas para formar el lago Agassiz, que cubrió una buena parte del Sur de Canadá y el Norte de Estados Unidos. Hay quien dice que el periodo Allerod solo duró entre los años 13.000 y 12.800 anteriores a nosotros; tal vez un poco más, pero sea lo que fuere, las oscilaciones de aquel periodo loco fueron desconcertantemente breves, atendida la duración que suelen tener los grandes periodos climatológicos.

Y al fin, hace unos 12.500 años, vino la última gran ofensiva del frío, el famoso «Dryas Reciente», sin duda el más espectacular de aquellos fenómenos glaciales transitorios. Se mantuvo aproximadamente por espacio de un milenio (hasta hace unos 11.600) y Brian Fagan lo llama «el frío que duró mil años». ¿Fue una y otra vez el «fenomeno paradójico» de la fusión de hielos, el agua fría y dulce, la interrupción de las corrientes... o existieron otras causas que no hemos terminado de interpretar bien? En 2006 el oceanógrafo Wallace Broecker sugirió que el lago Laurentino o Agassiz —pudieron en algún momento ser dos lagos, e incluso desaguar cada cual por un sitio distinto—, formado en Norteamérica, rompiendo espectacularmente barreras de hielo cada vez más débiles, originó una formidable cascada hasta encontrar un nuevo cauce por donde hoy está el río San Lorenzo en Canadá (de ahí el nombre del lago), y vertió sus aguas por las costas del Labrador y Terranova. La corriente de agua fría que se formó cortó la corriente del Golfo, y toda Europa se enfrió. El Dryas Reciente es un episodio típicamente europeo, aunque pudo tener sus causas en Norteamérica. Hoy algunos expertos ponen ahora en duda la tesis de Broecker, pero la idea de un enfriamiento provocado por vientos y corrientes sigue siendo muy probable. Se aduce, como siempre, una disminución del CO_2, el malo de la historia climática, precisamente porque en la época templada se habían desarrollado grandes bosques, y la absorción por los árboles del gas carbónico habría disminuido el efecto invernadero, y, como consecuencia habrían bajado las temperaturas. Todo es posible, aunque no sabemos si estamos abusando de las explicaciones paradójicas.

Fueran las que fuesen las causas que obraron, el hecho es que se produjo una «oscilación» en las corrientes atmosféricas y en las marinas. El Gulf Stream quedó ocluido, y los icebergs llegaban de nuevo hasta las costas españolas y portuguesas. Que Gran Bretaña quedó de nuevo unida al continente es un hecho que ya se sabía; pero vino a confirmarlo un descubrimiento inesperado: un pesquero que trabajaba al Norte de las costas de Holanda rompió sus redes cuando éstas se enredaron en un fondo de 30 metros. Los marineros, no sin lanzar unas cuantas palabrotas, retiraron los restos de la red, y recogieron una punta del lanza hecha con un asta de ciervo, adherida al barro. El hallazgo llegó a conocimiento, un poco por casualidad, de los profesores Clark y Godwin, de la Universidad de Cambridge, que analizaron el arma y el barro que llevaba adherido, y que contenía pólenes fosilizados. Aquellos objetos correspondían al Dryas Reciente, y el cazador que empleaba aquella lanza se encontraba en tierra cuando perdió su punta o fue herido. El descenso del mar había llevado su nivel como mínimo a treinta metros por debajo del que hoy alcanza. El gran espacio ocupado por lo que ahora es el paso de Calais y la parte meridional del mar del Norte era un área ocupada por tierra firme bastante mayor de lo que hoy son Bélgica y Holanda juntas y situado al norte de ellas: los geólogos llaman a este país hoy inexistente Doggerland. Frío de nuevo, pues. Antón Uriarte sugiere que la zona del Cantábrico y especialmente del golfo de Vizcaya, quedó relativamente a salvo de las inclemencias climáticas, y tal vez esta amabilidad del ambiente pueda explicar (o contribuir a explicar) la densidad de población y la civilización, todo lo primitiva que se quiera, pero evidente con respecto a otras regiones, de aquella esquina protegida: Aquitania, el País Vasco, Cantabria.

Un gran anticiclón en Escandinavia y el Ártico azotaba con vientos del nordeste la mayor parte de Europa, y con frecuencia acarreaba polvo de los desiertos asiáticos, que hoy pueden rastrear todavía los geólogos. El Mediterráneo gozaba de un clima más benigno, pero tuvo que soportar terribles sequías, sobre todo en su zona oriental. Hasta que de pronto todo cambió. Si el Dryas Reciente sobrevino casi por sorpresa, más repentina aún fue su desaparición. R. Alley y K. Taylor han estudiado a través de los «testigos» de hielo todo el proceso. Hubo tres «escalones» de retirada, cada uno de ellos de unos cinco años de duración. El conjunto pudo durar, según los citados investigadores, en total unos cuarenta años. Si alguno de nosotros hubiera vivido —como otros seres humanos vivieron— aquel proceso, hubiera podido nacer en plena glaciación y morir en una época geológica distinta y templada, el Holoceno. Tan rápidos son a veces los cambios climáticos. No todo se transformó entonces, por supuesto, pero las oscilaciones que siguieron fueron más lentas y suaves, al menos que nosotros sepamos. Vinieron otras corrientes y otros vientos, procedentes del Atlántico. El clima se hizo más templado y más húmedo. El paisaje de Europa se tornó amable, cubierto de prados y bosques. Llegó un momento en que el clima llegó a hacerse tan cálido, y a la vez húmedo, que en regiones españolas, como Galicia, crecían plantas tropicales, que han detectado investigadores como P. Ramil y L. Gómez Orellana, en 2008. Los hombres que habitaban esta parte del mundo pudieron vivir más cómodamente y desarrollarse de otra manera. El milagro se había operado en un tiempo increíblemente corto. Había comenzado una edad nueva (el Holoceno), aquella en que todavía estamos viviendo.

El Holoceno es la última era geológica habida hasta el momento. Se caracteriza por un clima templado en gran parte del mundo, favorable a la vida, no, entendamos, la lujuriosa y recargada del Jurásico o del Cretácico, pero favorable al desarrollo del ser humano, que en estos pocos miles de años se ha multiplicado de manera prodigiosa, como en otros tiempos no había podido hacer. Admitiendo como indudable esta amabilidad del clima, no podemos compartir del todo las versiones un tanto tópicas que nos hacen creer que el clima del Holoceno ha sido constante en los últimos ocho mil años y desde entonces vivimos en un paraíso climático. Incluso un paleontólogo tan prestigioso en nuestros días como Tim Flannery destaca que «desde el Holoceno la temperatura de la Tierra se ha mantenido en torno a los 14-15 grados, y esta circunstancia nos ha favorecido extraordinariamente a los humanos», es decir, que a la bondad del clima debemos nuestras posibilidades de desarrollo. Sí, mucho de cierto hay en todo esto, quién puede dudarlo; pero cabe hacerse dos reflexiones. Primera, el hombre supo desarrollarse de manera espectacular —partiendo de una base tan baja— en el paleolítico superior, en lo más duro de la glaciación, y es gratuito suponer a dónde hubiéramos llegado si no hubiera sobrevenido la delicia del Holoceno... (en las regiones templadas); y, segunda, que tampoco el Holoceno ha disfrutado de un clima constante, ni mucho menos, aunque no ha habido cambios climáticos desastrosos.

Cuando comparamos las curvas térmicas que nos ofrecen los paleoclimatólogos, nos parece que desde hace ocho mil años más o menos hemos pasado de los dientes de sierra a un rellano casi perfecto. Solo «casi». No es lo mismo el «frío de la Edad de Hierro» y el «óptimo del Imperio Romano», o que no existan diferencias entre el «largo verano» en torno al año 1000 d.-C o la «pequeña Edad de Hielo» en el siglo XIV o en el XVII. Claro está que las diferencias son ridículas frente a las operadas en la época de las glaciaciones o de los «Dryas». Se nos ocurre interrogarnos, aun sin respuesta posible, si la meseta relativa en que nos encontramos ofrece este perfil porque todavía es *muy corta* o porque estos ocho o diez mil años que llevamos viviendo sin sobresaltos mayúsculos muestran un ritmo distinto en el devenir del clima. Lo único cierto es que hemos de limitarnos a estudiar cambios menos catastróficos pero que, a pesar de todo, como observa William J. Borroughs, han influido en la vida de los humanos. Por eso mismo, aunque nada tengan que ver en cuanto a su espectacularidad con hechos como la Tierra Blanca o la desaparición de los dinosaurios, precisamente porque los hombres los hemos tocado, disfrutado o sufrido, estos cambios secundarios nos interesan también: al fin y al cabo son más «nuestros», por cercanos, que aquellos del remoto pasado.

De la pradera del Sahara a los grandes ríos

Hoy se admite que después de la retirada del Dryas reciente, el clima se hizo cálido y húmedo, por lo menos en el hemisferio Norte, hace unos 10.000 años. Luego, entre los años 8.000 y 6.000 antes de nosotros (es decir, los años 6.000 y 4.000 antes de Cristo, y en adelante tomaremos estas fechas de referencia histórica para situarnos mejor), hubo una serie de «pulsaciones holocenas» de frío-calor, que reflejan cierta inestabilidad. Peter B. de Menocal, en un artículo publicado en la revista «Science», en 2000, o más tarde G. Barber o G. Clarke, cada uno por su cuenta, observan que hubo un súbito enfriamiento hacia el año 6.200 a.-C., francamente notable, aunque efímero. ¿Volvían las ofensivas del frío? No. Dos mil años más tarde, hacia el 4.000 a.-C., las temperaturas subieron, hasta el punto de que poco después el casquete polar Norte era la mitad de extenso que en la actualidad. Fue el «Óptimo Cálido del Holoceno», en que a juzgar por los estudios de los expertos se registró la temperatura más alta de los últimos diez mil años. En el hemisferio Sur las historias se entrecruzan extrañamente, con paralelismos y contradicciones; pero por lo general, el calentamiento del globo en estos primeros milenios del Holoceno parece indudable. Y entonces se registraban temperaturas más altas que en nuestros tiempos, no solo en la tierra, sino, según está igualmente comprobado, en las aguas del mar.

Fue entonces, y no en tiempos glaciales, cuando lo que ahora es el desierto del Sahara se convirtió en una pradera en la que crecían árboles, corrían ríos, lagos de agua dulce ocupaban grandes extensiones, y pululaban animales de todas clases. Los nativos se dedicaban a cazarlos y los han dejado pintados en los refugios de las rocosas montañas del sur de Argelia y del sur de Libia, que hoy constituyen una de las zonas más áridas y menos habitables del globo. Y se impone la pregunta ¿cómo es posible que en una época más cálida que la actual el desierto del Sahara fuera poco menos que un vergel, abundante en aguas, habitado por animales herbívoros y por hombres que se dedicaban a cazarlos armados de arcos y flechas? Los primeros investigadores, como Andrew W. Smith, en 1992, y los arqueólogos Fiona Marshall y Elisabeth Hildebrand, trataron de resolver el misterio. Más tarde, otros, como R. Kupper o S. Kröpelin (2006) dejaron el asunto resuelto. En aquellos tiempos, los monzones, atraídos por las bajas presiones del verano, alcanzaban profundamente el corazón de África y descargaban sus lluvias, especialmente en las regiones montañosas del centro del Sahara. Allí nacían por lo menos tres ríos, dos de los cuales eran afluentes del Nilo, y el tercero desembocaba en el Mediterráneo. El lago Tchad, hoy salado y semiseco, era entonces tan extenso como la Península Ibérica, y en los ríos que desembocaban en él, y cerca de sus orillas proliferaban moluscos de agua dulce. Había otras zonas anegadas en la región donde hoy está la desolada Tombuctú. Toda la mitad Sur del Sahara y la vecina región del Sahel eran entonces una zona relativamente abundante en agua, en la que crecían árboles y matas de hierba fresca y vivían animales que se alimentaban de aquella vegetación. Había también cocodrilos e hipopótamos. El «delta interior» del Níger, donde hoy el río está a punto de suicidarse, sumergiéndose en el desierto, era entonces una vasta región de lagunas y humedales, bien poblada y rica en frutos y en caza.

No necesitamos imaginarnos un vergel delicioso, pero sí un lugar donde abundaba el agua y por su riqueza animal y vegetal resultaba un hábitat fácil para la vida humana. Queda por contestar la segunda parte de la pregunta: Si fue aquella una época más calurosa que la actual, ¿cómo era posible una vida floreciente en una región que hoy mismo es famosa por su calor insoportable? Hay que tener en cuenta un hecho que muchas veces ignoramos o pasamos por alto. Es fama que el desierto del Sahara es uno de los lugares más calurosos del mundo. Pero esto solo es verdad en las horas cercanas al mediodía, y en verano. Pueden registrarse temperaturas del orden de los cincuenta grados sobre cero cuando el sol brilla en su máxima potencia, y el termómetro puede bajar a no muchos grados sobre cero durante la noche. En invierno, las heladas nocturnas son más frecuentes que en las costas de Escocia, donde raramente hiela, ni siquiera en invierno. El Sahara disfruta, o por mejor decirlo sufre, de un clima extremadamente continental, donde las diferencias de temperatura son brutales. Pero aquella región desolada lo es más por su sequía casi absoluta que por su calor. Hay zonas en el Congo o en el mismísimo Caribe en que las temperaturas medias —¡en absoluto las máximas diurnas veraniegas!— son más elevadas que en el Sahara. Hace seis mil años, en aquellas regiones la temperatura media era más calurosa que la actual, pero el agua, la vegetación, los bosques de acacias, cuyos pólenes aún se conservan, hasta las nubes frecuentes, la hacían tan soportable como en otras zonas hoy abundantemente pobladas del centro de África, de la India o de la Amazonia. Los hombres pescaban peces en los ríos y en los grandes lagos, donde abundaban las tortugas, cazaban los hipopótamos que se bañaban en el lago, avestruces, uros o toros primigenios, jirafas, hasta liebres, que eran abundantes en la zona.

En las pinturas rupestres se les ve armados de arcos y flechas, corriendo tras sus presas. Las mujeres vestían faldas, y se ocupaban de tareas más domésticas. Es más, en algunas zonas se han encontrado restos de ruedas y en la región de Tezzan hay trazas de carros arrastrados por bueyes: como si allí hubiese comenzado tal vez antes que en ninguna otra parte, el neolítico. Tenemos la impresión de que en los últimos tiempos aquellos seres humanos habían simultaneado la caza con la ganadería. Incluso se han encontrado vestigios de harina de gramíneas debidamente molidas: ¿es que aquellos pueblos sabían hacer pan o algo por el estilo? No solo en el Sahara se alcanzaba este grado de desarrollo; en Nubia (hoy Sudán) también existen pinturas rupestres muy parecidas. La zona de clima monzónico se extendía igualmente a países hoy desérticos del hemisferio Sur: es decir, que las lluvias alcanzaban a una franja mucho más vasta que hoy a un lado y otro del ecuador. En cambio, la zona Norte del Sáhara, hasta cerca del Mediterráneo, era tan seca como lo es hoy. Y parece que los monzones también penetraban por el suroeste asiático hasta zonas que ahora son desiertos. En resumen, un exceso de calor en sí no es malo, siempre que venga acompañado de un régimen suficiente de lluvias. El calentamiento de los años 4500-4000 antes de Cristo parece haber sido bastante general, por lo menos en el hemisferio Norte. Y no solo en África, o en Asia Central, sino también en regiones frías, que se templaron un tanto. Los esposos rusos Koshkarov-Koshkarova, en un trabajo relativamente reciente (2004) creen haber llegado a la conclusión de que en el polo frío de nuestro hemisferio (nordeste de Siberia), las temperaturas eran de tres a seis grados más altas que hoy: los inviernos eran un poco menos duros, y los veranos más tibios. Lo mismo puede decirse de las acumulaciones de hielo en Alaska, que por entonces disminuyeron notablemente.

Por lo que se refiere a las regiones tropicales, al menos, aquel periodo de calor con lluvias no duró mucho. Hacia el año 3500 antes de Cristo, la humedad comenzó a disminuir en el Sur del Sahara y en otras regiones. Allí por el –2000, aquella tierra era casi tan desierta como hoy, aunque existen vestigios de vida posteriores a esa época (todavía hoy perviven los sufridos e indómitos tuaregs). Pero la mayoría de los pueblos saharianos, privados del manto vegetal y de la caza abundante, fueron emigrando hacia zonas más húmedas que les permitieran seguir viviendo. Algunos llegaron a las costas del Atlántico, siguiendo la corriente del Níger; otros tal vez al Mediterráneo, por el norte. La mayoría, según se cree, siguieron el curso de los ríos más importantes, que corrían lacia el este, y al fin se encontraron con un río imponente, de enorme caudal: era el Nilo. El clima se hacia cada vez más seco, pero aquel gran río tenía terrazas fáciles de regar, existían animales suficientes para la alimentación cárnica, y otros capaces de ser domesticados para utilizarlos como bestias de carga, o para alimentarse llegado el caso. Egipto es un don del Nilo, uno de los corredores del mundo donde se desarrolló la cultura neolítica, y acabaría siendo una de las cunas más importantes de las civilizaciones de la Edad Antigua.

Los pueblos cazadores o recolectores del sudoeste de Asia, privados de los monzones, y sometidos a corrientes secas que convirtieron su hábitat en un desierto, emigraron hacia zonas más prometedoras, o buscaron, como los africanos, un gran río. Entonces, zonas del Oriente Medio, como Irán o Siria, eran más húmedas que ahora y sirvieron de asilo a culturas cada vez más desarrolladas. Es curioso que la aglomeración humana organizada y hasta defendida por murallas más antigua que se conoce es Jericó, a orillas del Jordán, en un oasis cercano a la terrible depresión del mar Muerto, y situada nada menos que a 440 metros bajo el nivel del mar. Jericó ha celebrado oficialmente en 2010 los diez mil años de su existencia, con unas fiestas todo lo brillantes y jubilosas que permiten los problemas del área palestina. Pero fueron los dos grandes ríos de Mesopotamia, el Éufrates y el Tigris, los que atrajeron a más pueblos. Varios se los disputaron, combatieron, o convivieron allí. El Éufrates y el Tigris, a diferencia del Nilo, se desbordan en primavera. Los hombres establecidos en sus orillas aprendieron el cultivo y la recolección de los frutos de la tierra quizá antes que nadie. La cercanía de los dos grandes ríos, que, caso único en el mundo, discurren por el mismo valle casi paralelos y en algunos puntos distan no muchos kilómetros entre sí, atrajo a grandes masas de población. Aquellos seres humanos, aguzados por la necesidad, hicieron uso de su ingenio, descubrieron las especies vegetales más apropiadas y de mayor rendimiento. Y aprovecharon los momentos propicios para trazar canales capaces de conducir el agua a nuevas zonas, hasta los poblados que habitaban. El hombre comenzaba a modificar —en su provecho y para mejorar su supervivencia— la naturaleza.

El río Indo también se desbordaba en primavera o en verano, y regaba territorios que, a donde no llegaban sus aguas, eran desiertos. Nada más sorprendente para quien visita los paisajes de Pakistán que comprobar el brutal contraste entre la fertilidad de las tierras regadas, de un verde intenso —o las altísimas montañas del Karakorum cubiertas por la nieve— y el desierto duro e ingrato de aquellas zonas a donde no llega el agua. Especialmente el Alto Indo, la región de los «cinco ríos» o Punjab, en Cachemira, muestra estos contrastes que parecen corresponder a dos planetas distintos, capaces sin embargo de contemplarse el uno al otro a pocos centenares de metros de distancia. Las ruinas todavía semienterradas de Harappa y Mohenjo Dahro son testimonio de una de las primeras civilizaciones del mundo, con sus fortificaciones, sus graneros, sus templos, su miles de casas donde podían residir decenas de miles de personas —jamás se había visto hasta entonces una población tan grande—; y allí existía un nuevo género de convivencia y de organización. También los dos grandes ríos de China, el Hoang Ho y el Yang Tse, sirvieron de refugio a pueblos que huían del desierto o buscaban sustituir la caza y la recolección espontánea por la ganadería y el cultivo sistemático. Las zonas bajas del Hoang Ho, hasta el golfo de Pekín y la más alargada cuenca fértil del Yang Tse vieron crecer ciudades importantes, los inicios de una civilización y más tarde de una refinada cultura. En otras zonas más húmedas del mundo —entre ellas las praderas y los bosques de Europa— los distintos pueblos pudieron permitirse vivir más dispersos, y alternar la caza con los cultivos, que fueron prendiendo en todas partes. Pero esta dispersión haría innecesario un alto grado de organización y de concentración de grandes comunidades obligadas a una vida común. Todo tiene sus ventajas y sus inconvenientes, eso hay que reconocerlo. Pero lo cierto es que la concentración de enormes contingentes humanos en ciudades de climas desérticos cercanas a grandes ríos fue uno de los más importantes factores del desarrollo de la civilización humana. A veces, las inclemencias del clima provocan, o al menos favorecen el desarrollo sorprendente de ese ser ingenioso, capaz de buscar y encontrar soluciones que antes no se le habían ocurrido a nadie, que es el hombre.

La Revolución Neolítica

Cuando hablamos del neolítico, lo de menos es el paso de la piedra tallada a la piedra pulimentada, que ha dado el nombre a la nueva época prehistórica y que se estudiaba en los colegios hace muchos años. Algo cambió en la vida de los hombres que hizo que las cosas fueran desde entonces completamente distintas. Y entre otros aspectos que pueden llamarnos la atención figura la explosión demográfica, como que en un periodo de no muchas generaciones la cantidad de seres humanos que poblaban este planeta se duplicó; en diez siglos se decuplicó por lo menos. Después de miles de años de lentísimo progreso demográfico, el hombre pobló efectivamente el mundo, y lo transformó. Ahora se habla de «revolución neolítica» pensando sobre todo en el impresionante despliegue demográfico; pero puede hablarse de revolución en otros muchos sentidos. No se trata en este libro de estudiar, siquiera someramente, el desarrollo de la especie humana, y los avatares de la vida del hombre sobre el planeta; pero tampoco podemos eludir algunos de esos aspectos que nos sirvan para comprender la relación de nuestros antepasados con la naturaleza que les envolvía y con el clima: y no solo los beneficios que la bonanza del Holoceno pudo reportar en el desarrollo de la vida y de las civilizaciones; sino incluso la posibilidad de que ese desarrollo haya influido también en el clima mismo. Es este último un tema que ahora está de moda, y, como todo lo que está de moda, es conveniente asumirlo con cierta dosis de cautela, pero sin eliminar en modo alguno sus posibilidades.

Algo condujo a los grupos humanos a asentarse en un territorio determinado y establecer en él un hábito de vivienda que sustituyó su vida nómada por una vida sedentaria. No pensemos que el proceso fue repentino, ni tampoco general. Hubo siempre pueblos nómadas, dedicados fundamentalmente a la caza, como hoy mismo se mantiene el fenómeno de las migraciones, tan decisivo como pudo serlo el de los pueblos de Medio Oriente, el de los que se establecieron sobre las ruinas del imperio romano, el de los árabes en el siglo X, el de los europeos que se se fueron a vivir y a transportar sus propias formas de vida al Nuevo Mundo en el XVI, o las corrientes migratorias favorecidas por el barco de vapor provisto de hélice a fines del XIX. Siempre hubo migraciones, y también pueblos nómadas por tradición hasta hace menos de cien años. Por otra parte, sería también un error pensar que los seres humanos del Paleolítico, dedicados a la caza o a la recolección de los frutos que encontraban, no tenían sus guaridas o refugios preferidos, a los que regresaban una y otra vez, por muchas incursiones que tuvieran que realizar en busca de sus presas, generalmente manadas de animales que migraban también.

Pero el neolítico marca una época de asentamiento definitivo y generalizado para muchos pueblos, y la agrupación de muchas familias en un mismo lugar. El sedentarismo a ultranza modificó las formas de vida, los hábitos y costumbres, el modo de trabajar y de organizarse. Vale decir que el cambio climático que significó el Holoceno aconsejó sustituir la caza y la pesca por el cultivo de la tierra y la ganadería. Quizá no siempre a gusto. Puede tener razón o no tenerla B. Fagan cuando asegura, quizá con excesivo énfasis, que «aprendimos a cultivar la tierra porque nos vimos obligados a hacerlo». La buena temperatura empujó a muchos animales que habitaban la zona hoy templada hacia regiones más frías. Hubo hombres que siguieron a los renos, a los osos o a los elefantes lanudos; pero otros procuraron aprovecharse de las nuevas circunstancias. Muy poco a poco, conocieron que de los frutos de la tierra nacen nuevas plantas, que los granos comestibles son semillas que acabarán generando nuevos granos. Pasó sin duda bastante tiempo antes de que aquellos pobladores, aún tal vez medio nómadas, descubrieran que enterrando semillas se obtienen plantas y frutos de la misma especie; pero el descubrimiento de unos ayudó a otros. La cercanía favorece la difusión de los hallazgos. En algunos antiquísimos poblados mesopotámicos se han encontrado semillas de plantas que no se producen allí espontáneamente: y eso revela que fueron traídas para ser utilizadas como simiente. Investigadores como Manfred Heum y su equipo se han especializado en el hallazgo de simientes transportadas a donde conviene cultivarlas. Entre las primeras figuran la cebada, el guisante, el garbanzo, la lenteja. Luego aparecerían el trigo, el centeno, el arroz, que se difundió especialmente por las llanuras inundables de China. El hombre no se hizo vegetariano ni mucho menos, pero aprendió a cultivar y consumir vegetales, que enriquecieron su dieta alimenticia.

Se mantuvo la ingesta de la carne, por supuesto. Tal vez exigió menos ingenio la ganadería. Si no era posible almacenar carne de animales muertos, ¿por qué no almacenar la de animales vivos? La ventaja era inmensa, porque ahora, a falta de hielo, ya no se conservaba la carne ni por breves temporadas. Los primeros animales que se cazaron sin matarlos fueron cabras, ovejas, asnos, luego domesticados y reducidos a corrales cercados. Algo más tarde empezaron a reunirse cerdos vivos, y aves a las que se impedía volar (luego estas aves, por degeneración o evolución provocadas por la cautividad, se olvidaron de hacerlo). De aquellos animales se podían obtener carne, pieles, lana, leche, huevos. No por eso desapareció la caza. Era necesario practicarla, no solo para reponer las existencias, sino para obtener carne de animales que no era posible domesticar. No es extraño que los corrales reunieran especies gregarias, más fáciles de cazar en una sola expedición, y luego capaces de vivir juntas. Más tardía, pero decisiva, entonces y a lo largo de todos los siglos hasta casi anteayer, fue la domesticación del caballo, un animal de carne menos sabrosa que la de los bóvidos o la de las ovejas, pero que rindió un inapreciable servicio como animal de transporte y de monta. El caballo domesticado podía llevar a un hombre —o a un pueblo— a enormes distancias. Favoreció los viajes, la guerra, el comercio. Y asociado al invento maravilloso del neolítico, la rueda (que pudo aparecer en Mesopotamia entre el 4.000 y el 3.000 a.C.), el caballo se convirtió en un inapreciable animal de tiro. Apareció un curioso intercambio entre pueblos cazadores y pueblos agricultores: a veces poco amistoso, otras muchas beneficioso para ambos, porque con el intercambio los pueblos sedentarios no necesitaban exponerse a largas expediciones, y los nómadas conseguían productos que no sabían obtener. Apareció así el comercio, tanto entre miembros de una misma comunidad como entre comunidades distintas especializadas en actividades distintas. Por otra parte, tanto el ganado vivo como los granos pueden ser guardados por mucho tiempo, y de aquí la utilidad tanto de los cercados como de los graneros, de los cuales es posible encontrar restos en las ruinas de culturas muy antiguas.

El sedentarismo significa también vivir juntos. Siempre los hombres se habían agrupado, para convivir, para cazar, para defenderse. Pero ahora lo hacen en agrupaciones más amplias, a las cuales acceden cada vez más miembros, que necesitan del agua, de los instrumentos de otros, de los lugares más aptos para cultivar o para obtener bienes necesarios; constituyen agrupaciones formadas por más miembros, varios o muchos miles. Nunca hasta entonces se habían visto comunidades tan numerosas. La convivencia favorece la comunicación. Lo que a uno se le ocurre, lo aprovechan los demás. El consejo resulta aleccionador. El más inteligente aporta sus iniciativas. La casa es de una familia. Aparece la propiedad, y con ella la herencia. Se refuerzan con ello la unidad familiar, y las formas de parentesco. El domicilio significa propiedad. Luego se dividen tierras para que cada uno pueda trabajar la que le corresponde; o se distribuyen rebaños para cada familia. El afincamiento en un hogar permite una forma de división del trabajo que trascendería por miles de años a la historia, y que puede tener un origen lógico. Opinan los antropólogos —al menos así lo hacían a mediados del siglo XX— que la mujer, limitada su autonomía por la realidad biológica de la maternidad y la crianza, se circunscribió más a las tareas del hogar y su inmediato *hinterland*, como los pequeños cultivos, la artesanía doméstica o los intercambios a corta distancia. El hombre se ocuparía de tareas que exigían más desplazamientos: búsqueda de productos lejanos, intercambios entre pueblos, cacerías, expediciones a caballo, obras que exigían un trabajo esforzado y continuo, o la defensa. También se habla de una división del trabajo en sentido profesional, aunque no conviene llevar las hipótesis a sus extremos.

No pensemos que la reducción de la mujer a las tareas familiares, del hogar o de su entorno supuso una forma de sumisión: cuando menos es cierto que muchas sociedades neolíticas son claramente matriarcales. La propiedad es atributo de la mujer, puesto que es el ama de casa, o dueña de la casa, y controla los pequeños cultivos en torno al hogar, o el cuidado de los animales y del granero cercanos al mismo. Es el elemento progenitor sin duda alguna, ya que no en todo caso es demostrable el hecho de la paternidad, y por consiguiente es ella quien transmite la herencia. La economía (literalmente la palabra significa «el reglamento de la casa») está en manos de la mujer, y es la mujer quien transmite la herencia. Por todo ello, en las sociedades matriarcales suele ser la mujer la que manda, o, en todo caso, si hace falta un jefe fuerte, lo hace el hermano de la mujer: y de aquí la curiosa institución del levirato. El clima parece que influye: es más frecuente la perduración del matriarcado en regiones húmedas, de cultivos fáciles y cercanos al hogar, mientras que en las zonas secas o semidesérticas se pasa pronto al patriarcado. En todo caso, es posible que allí donde las luchas son frecuentes, donde se establecen poderes fuertes y límites que es preciso defender frente a los enemigos que intenten traspasarlos, acaben imponiéndose los varones. Al final, excepto en algunas tribus sedentarias y aisladas, acabaron imponiéndose los varones... hasta el siglo XXI.

El paso del Neolítico a los grandes imperios en espacios amplios (que señala casi al mismo tiempo el paso de la Prehistoria a la Historia) se operó paulatinamente, muy poco a poco, casi siempre en torno a los grandes ríos, cuya presencia significaba fuertes aglomeraciones humanas, y la necesidad de unas normas de convivencia y de organización. La afluencia masiva hacia ese milagro en el desierto que es el Nilo representó la aparición del poder faraónico, a veces de casi divinización de la persona que lo ejerce, de ritos simbólicos, de cálculos precisos para conocer el calendario y la fecha de las inundaciones del Nilo, y el consiguiente desarrollo de la ciencia astronómica y de la geodésica, para reconstruir las parcelas después de cada inundación, técnica en la que los egipcios fueron verdaderos maestros. Al mismo tiempo, la necesidad de transmitir estos conocimientos o de perpetuar los hechos y los derechos dieron lugar a la aparición de la escritura, y por consiguiente de la «historia». Pero no podemos olvidar el humilde origen de la gran civilización egipcia, provocada, o si no queremos caer en el determinismo, *propiciada* por un fuerte cambio climático. En este sentido, cabría dar una parte de razón a Toby Wilkinson cuando escribe que «Egipto es un don del Nilo, pero la antigua civilización egipcia fue un regalo del desierto».

Algo por el estilo puede predicarse de las grandes civilizaciones mesopotámicas, nacidas de la afluencia de pueblos que antes podían vivir en regiones beneficiadas por los monzones, hasta que se convirtieron en tierras estériles. Con una diferencia en la que no tenemos por qué detenernos ahora: así como el pueblo egipcio se mantuvo en su corredor del Nilo con admirable continuidad —o con cortas interrupciones— a lo largo de más de treinta dinastías y 3400 años, en Mesopotamia dominaron pueblos muy diversos, de origen y culturas francamente dispares, que fueron conquistando sucesivamente aquel apetecible país, aunque cada uno aceptó buena parte de la cultura y la civilización de los anteriores. También allí crecieron grandes imperios, ciudades enormes, una cultura elevada y una ciencia también admirable. Es de saber que, aunque el Éufrates y el Tigris estaban flanqueados por terrenos desérticos, en general, y a través de lo que se deduce de trazas de cultivos encontrados, el espacio mesopotámico disfrutaba hace cinco mil o cuatro mil años de un clima más húmedo y lluvioso que hoy. Cuando la sequía aumentó, los mesopotámicos construyeron canales que extendían las zonas cultivadas y permitían levantar ciudades a cierta distancia de los ríos, para prevenir inundaciones. También levantaban diques para defenderse de las avalanchas de agua en tiempos de crecida. Un desarrollo comparable al de estos pueblos favorecidos por los grandes ríos solo lo encontraríamos en el espacio chino. Allí también acudieron hombres acuciados por la desertización de otras tierras de Asia Central, pero gran parte de China siempre siguió disfrutando, en mayor o menor grado, de un clima monzónico. Los chinos fueron menos guerreros y conquistadores que otros pueblos. No se expandieron a espacios lejanos, pero crearon un mundo aparte, desarrollado, enriquecido por una larguísima experiencia, y refinado en sus formas y sus costumbres.

¿Y Europa? Todos sabemos desde la escuela que también en este continente hubo una edad neolítica. Cambiaron las costumbres, las formas de hábitat, los usos de la caza y de los cultivos, también predominaron la tendencia al sedentarismo, el establecimiento de poblados permanentes, la defensa de lo propio, dentro ya de un espacio definido, la propiedad, la agricultura, la ganadería, el intercambio de bienes entre pueblos, y las formas de cultura propias de la nueva edad. Pero no se formaron grandes imperios, ni siquiera entidades territoriales de categoría. Puede que las causas de que fuera así hayan sido muchas, pero lo que no ofrece discusión es el hecho de que en Europa no se constituyeron grandes imperios ni se edificaron impresionantes ciudades. ¿Razones climáticas? No hay por qué negarlas en absoluto. Hace cuatro o cinco mil años Europa era tan húmeda y lluviosa, quizá un poco más que ahora mismo, abundaban los bosques y los pastos y la cruzaban miles de ríos. No se sentía la necesidad de aglomerarse masivamente en torno a grandes corrientes de agua. Las cosechas, aunque de especies diferentes, se daban en todas partes. Las ovejas o las vacas podían criarse en cualquier lugar, y hasta podían capturarse libremente en un clima que favorecía su proliferación. No hubo zonas de especial afluencia, que exigieran una forma de organización masiva. Durante miles de años, no fue necesario, tampoco fue fácil, edificar grandes imperios.

Los logros de las altas civilizaciones, propias de países rodeados de desiertos y regados por enormes ríos, acabarían llegando a Europa a través de aquel puente de cultura tendido entre Mesopotamia y Egipto, que se ha llamado desde Breasted —quizá con cierta impropiedad— el «Creciente Fértil». Permitiría el desarrollo de las culturas mediterráneas, y más tarde el paso de las formas «civilizadas» (la palabra civilización viene de *cives* (ciudad) del área mediterránea al norte del continente; y con ello la formación de grandes entidades estatales. Pero todo esto sería un fenómeno posterior, que probablemente no tiene que ver —salvo casos aislados— con los cambios del clima. En este punto, solo algo nos queda por comentar. Brian Fagan ha observado, como citábamos hace bastantes páginas, que la civilización es más vulnerable a los cambios climáticos que los pueblos salvajes, capaces de adaptarse con más facilidad a las exigencias del medio. Ya en el Neolítico comenzó a hacerse visible esta vulnerabilidad. Cuando cambia el clima, no ya por un factor cósmico espectacular, sino por una simple oscilación del régimen de vientos y corrientes, no es nada fácil abandonar las ciudades construidas a lo largo de generaciones, es una desgracia casi irreparable tener que dejar las zonas de cultivo ya consagradas y propiedad de cada cual o de cada comunidad. Ya se ha perdido la costumbre de cazar para vivir y de perseguir las piezas a través de cientos o miles de kilómetros, o edificar chozas con ramajes para pasar los días del invierno. El hombre del Neolítico se hizo más vulnerable, y sobrevivió porque no se produjeron cambios climáticos catastróficos. Mucho más vulnerables en potencia somos nosotros ahora mismo.

El hombre y el clima

Desde ahora es preciso contar con el hombre. Como sujeto paciente y como sujeto agente. No es determinismo sino simple lógica suponer que cuando aprieta el frío es preciso buscar un refugio adecuado, o que donde abundan los animales comestibles pero no los árboles que producen copiosos frutos, lo normal es dedicarse a la caza. Muchas veces es preciso arrostrar condiciones penosas cuando lo que se necesita es encontrar alimentos para sobrevivr. De aquí que no siempre los humanos buscasen los entornos más bonancibles. Y se explica que de acuerdo con el clima o con las condiciones dominantes hayan existido pueblos cazadores, recolectores, pescadores, nómadas o más bien sedentarios. Como de acuerdo con los recursos naturales o las condiciones geográficas los hubo también comerciantes, navegantes, mineros, industriales. Pero no podemos explicarlo todo por esas relaciones más o menos condicionantes. E. Huntington ha deducido la evolución del clima por las migraciones de los pueblos mongólicos, cuando tal vez cambiaron de hábitat por decisiones cuya causa se nos escapa. Algunos historiadores daneses han estudiado el desplazamiento de los bancos de pesca (y por tanto las variaciones del clima) a través del movimiento de pueblos que fundamentalmente se dedicaban a la pesca, cuando pudieron obrar otras causas, sin ir más lejos la guerra, o invasiones de otras comunidades más poderosas. Ignacio Olagüe trata de explicar la evolución de algunos pueblos de la orla mediterránea en función de las fluctuaciones pluviométricas, y hasta deja entender que la decadencia de España en el siglo XVII se debe en gran parte al predominio del frente polar (hoy diríamos más bien la «oscilación del Atlántico Norte»). Amanda Laoupi, profesora de la Universidad Nacional de Atenas, ha escrito un curioso libro sobre las grandes catástrofes que operaron sobre el hombre: volcanes, terremotos, tsunamis, pestes; pero también alude a los cambios climáticos. Todas las hipótesis son dignas de ser tenidas en cuenta, y en muchos casos de ser tomadas con seriedad; pero no sentimos necesidad de creérnoslas del todo en tanto no sean suficientemente demostradas. R. Braiwood duda de que el clima fuera determinante de todo lo que pasó, y en su tiempo ya hemos aludido al escepticismo de Le Roy-Ladurie. Probablemente son tan exagerados el determinismo a ultranza como el antideterminismo a ultranza. El clima, casi siempre en continua evolución, condicionó los comportamientos humanos, y eso nadie puede negarlo. Los comportamientos humanos dependen también de otros muchos factores que no son climáticos, entre ellos la propia libertad de los hombres para escoger un camino u otro en la maravillosa pero a veces terrible aventura de la historia.

Ahora mismo no está de moda hablar del condicionamiento impuesto por el clima sobre los humanos, sino, en sentido inverso, del condicionamiento impuesto por los humanos sobre el clima. Podemos entender, entre otros motivos porque se nos repite la tesis hasta la saciedad, que a partir de la revolución industrial, y sobre todo en los últimos decenios, «estamos» calentando el globo. Nos resulta más difícil admitir que el hombre prehistórico, escaso en número como poblador del mundo, dedicado a la caza, a la recolección, más tarde a la agricultura o a la ganadería en pequeñas parcelas, haya sido capaz de provocar un cambio climático mínimamente significativo. ¿Qué podían hacer los hindúes perpetuamente sometidos al monzón o los pobladores de las sabanas para influir en el régimen de lluvias, en la formación de frentes, en la evolución de las borrascas o de los anticiclones, en el calentamiento o el enfriamiento (de este último se habla mucho menos) del globo? Sin embargo, varios profesores de la universidad danesa de Roskilde, entre ellos N. Schröder, L. H. Pedersen, R. Joll, han escrito un interesante trabajo sobre la influencia del hombre en el clima desde hace 10.000 años. Quizá el primero que sostuvo rotunda y enfáticamente esta tesis fue el profesor Bill Ruddiman, de la universidad de Virginia, a quien ya hemos aludido repetidamente. Para él, todos los cambios climáticos anteriores al hombre fueron provocados por agentes naturales, ya se trate de la actividad solar, los ciclos de Milankovitch, la posición de los anticiclones y las borrascas, o las corrientes marinas. Desde entonces —advierte con una severidad que asusta— «fuimos nosotros». La base de su certeza, advierte, fue la evolución de la tasa de metano. Desde el año 6.000 a.-C., la cantidad de metano debiera haber disminuido, de acuerdo con los factores naturales; y, sin embargo, contra toda previsión lógica, ha aumentado. Las talas sistemáticas, la roturación de los terrenos, los cultivos, especialmente de arroz, también la ganadería de rumiantes, han disparado la liberación de este gas, que produce un activo efecto invernadero. «Antes de construir ciudades —concluye dogmáticamente Ruddiman—, antes de inventar la escritura, antes de fundar las grandes religiones y los grandes principios filosóficos, ya estábamos alterando el clima: estábamos cultivando». Tim Flannery, otro paleoclimatólogo de quien también varias veces nos hemos ocupado, afirma que por lo menos la mitad del calentamiento global fue provocado por el hombre *antes* de la Revolución Industrial (no advierte muy claramente, pero se le entiende, que durante seis mil años el hombre calentó tanto como «nosotros» en estos últimos ciento cincuenta). Diego Moreno, un climatólogo y ecologista argentino, ha afirmado rotundamente que «desde el Neolítico el espacio natural ha dejado de existir», sencillamente «porque está manufacturado», por los seres humanos, se entiende. No hace falta recordar de nuevo la tesis de C. Doughty sobre la extinción del mamut en el espacio norteamericano. Todas estas afirmaciones, o la mayoría de ellas, pueden —como comentábamos hace poco acerca del determinismo— ser tenidas en cuenta; pero tal como se exponen nos producen una cierta sensación de que son exageradas, y esa sensación tampoco tenemos por qué prohibírnosla.

Cambios y catástrofes en el Neolítico y la Edad del Bronce

Después de los años cálidos del primer Holoceno, hubo, allá por los años 4200 y 3800 a.-C. una época más fría, al parecer por culpa de una nueva interrupción de la Corriente del Golfo. No todo el mundo tuvo que sufrirla, pero sí los europeos, y los asiáticos del suroeste, que ya habían edificado grandes culturas. No fue una auténtica catástrofe, pero sí una molestia para ciertos pueblos, como los mesopotámicos, que habían conseguido por entonces un notable grado de civilización. Muchas zonas fueron pasto de la sequía, y hubieron de ser abandonadas en beneficio de las más abundantes en agua. Por –3.800 regresaron los buenos tiempos.

Quizá por entonces vino la invasión del mar Negro por el Mediterráneo. Ya sabemos que hace cuatro millones de años el Mediterráneo, reducido a una serie de lagos salados, recibió la fluencia del Atlántico hasta convertirse en un mar lleno de vida. Pero lo que hoy es el mar Negro siguió aislado. No era, al menos no era hace seis mil años, un lago salado, sino de agua bastante dulce. Un clima más húmedo y los grandes ríos que desembocaban en él, el Danubio, el Dniester, el Dnieper, el gigantesco Don, endulzaron sus aguas, como el todavía más caudaloso Volga endulza el mar Caspio, el único resto del Thetys que no dejó de ser un lago, y un lago hoy de agua bastante dulce. Lo que ahora es el Negro medía entonces una extensión como la mitad de la actual. Los entendidos dan a aquel mar prehistórico el nombre de «lago Euxino». En lo que ahora es el fondo del mar Negro vivían comunidades humanas que pescaban —había abundantes moluscos de agua dulce— o cultivaban la tierra con medios primitivos. Su vida era, al parecer tranquila y apacible. Robert Ballard, utilizando robots submarinos, ha encontrado restos de poblados humanos en lo que en otro tiempo fueron las orillas de un lago, y hoy están cubiertas por aguas saladas.

Hasta que de pronto se rompieron los estrechos turcos, por una subida del nivel del Mediterráneo, o más bien por la apertura de una falla que permitió el paso del agua. Y se repitió la épica historia del propio Mediterráneo, pero esta vez cuando ya había seres humanos para presenciar el impresionante espectáculo. En el Bósforo, donde hoy está Constantinopla-Estambul, y donde el moderno puente del Bósforo une en poco más de un kilómetro Europa y Asia, se generó una tremenda cascada doscientas veces más caudalosa que la del Niágara, y de unos 150 metros de desnivel. El estruendo duró dos o tres años, hasta que la altura de las aguas se igualó. Se calcula que el crecimiento del nivel del lago Euxino, desde entonces mar Negro, fue de unos 15 cm por día; pero como las orillas eran llanas, la costa retrocedía aproximadamente un kilómetro cada jornada. Quizá muchos pobladores de la zona de irrupción de las aguas fueron sorprendidos por la avalancha y perecieron bajo el inmenso torrente; el resto de los habitantes de la llanura rumana o ucraniana quedaron desolados, pero tuvieron tiempo de evacuar sus tierras, a costa de tener que huir de la catástrofe, y vieron inundados sus poblados, sus toscos cultivos y sus pertenencias. Para Fagan fue aquel «uno de los desastres naturales más grandes que han afectado a la humanidad». Los oceanógrafos Walter Pittman y William Ryan han estudiado la salinización del Euxino y el cambio radical de la fauna. Hoy la antigua costa queda sumergida, y es posible rastrear la primitiva forma y extensión del lago, convertido de pronto en un mar. Es curioso: el Negro sigue siendo uno de los mares más extraños del mundo. Su superficie está formada por aguas frías y de menor salinidad. Las aguas saladas del Mediterráneo, más densas, ocuparon el fondo. En todos los mares la temperatura desciende conforme profundizamos; pero en el mar Negro este descenso es muy poco sensible, de modo que las capas profundas son relativamente más calientes que en otros mares, mientras que la superficie es mucho más fría, más rica en oxígeno y de agua más dulce que el Mediterráneo. Las dos capas, después de miles de años, siguen sin mezclarse. Por el contrario los niveles profundos son muy pobres en oxígeno disuelto, y por tanto con muy poca vida. Hay así como dos mares distintos superpuestos y encerrados en el mismo espacio geográfico. La población que habitaba las costas del lago Euxino se retiró hacia el interior —Ucrania—, y, tal vez falta de agua dulce en cantidades suficientes, parte de ella emigró hacia la cuenca del Danubio, a donde llevó sus técnicas de cultivo, contribuyendo a introducir las formas del neolítico en Europa. Se ha descubierto que amplias zonas de Rumanía y hasta de Hungría, ocupadas por bosques, fueron por entonces deforestadas para poder ser cultivadas. El hombre huyó de un cambio climático, y al sustituir el bosque por áreas de cultivo pudo influir en otro cambio.

Por otra parte, el clima mediterráneo se diferenció claramente del atlántico. El primero soleado y más bien seco, con un máximo de lluvias en otoño; el atlántico, barrido por borrascas y lluvias durante la mayor parte del año, aunque relativamente templado. Pero la frontera entre los dos climas sufrió frecuentes alteraciones: unas veces el clima mediterráneo alcanzaba hasta el centro de Europa, y otras el clima atlántico dominaba la Costa Azul y gran parte de Italia. Estas oscilaciones repercutieron también en otras zonas, con los consiguientes cambios climáticos. Con la frontera alta, dominaba la sequía en el Norte de África y el Oriente Medio; con la frontera baja, las lluvias llegaban con más frecuencia al espacio mediterráneo y sus alrededores. Carole Crumley, William Maynard y sus colaboradores han estudiado de la mejor manera posible estas oscilaciones, y nos proporcionan algunas fechas aproximadas, que por lo menos pueden ser significativas. Parece que fue una de estas oscilaciones la que provocó por –3.800-3.500 la desertización del Sahara. El régimen monzónico desapareció también de muchas regiones del Oriente Medio, e incluso se sintió la sequía en Mesopotamia. El Éufrates y el Tigris dejaron de crecer durante los monzones de verano, y hubo en cambio algunas lluvias invernales. Los pueblos que habitaban la cuenca de los dos grandes ríos hubieron de cambiar sus costumbres agrícolas, plantar y cosechar en otras épocas del año, e incluso —qué remedio— recurrir a otras especies vegetales, aunque tuvieran que cambiar el régimen de alimentación. El clima, muchas veces, manda.

En el área mesopotámica, después de unos trescientos años (aproximadamente –3500-3200) de clima favorable, vino una nueva época de sequía, hacia –3200-3000. Los pueblos hubieron de aglomerarse allí donde más abundaba el agua, o donde existían obras de irrigación integrando grandes ciudades, a veces ya muy populosas, de suerte que esa aglomeración aumentó las exigencias de una fuerte organización y se robusteció el poder. Fagan dice que también fue por entonces cuando comenzaron a diferenciarse estrepitosamente ricos y pobres. Hasta aquella época los recursos de la tierra habían podido repartirse de forma bastante equitativa. Ahora, a pesar de —o gracias a— la construcción de nuevos graneros, los poderosos pudieron mantener más reservas para los tiempos difíciles. También consta que se construyeron nuevos canales para conducir y almacenar el agua. Unas ciudades decayeron, entre ellas la famosa Ur, una de las cunas de la civilización mesopotámica, se dice que por una desviación del río, que hizo sus tierras estériles: existen demasiadas teorías para que nos extendamos aquí sobre la cuestión. La que se refiere a un cambio climático es solo una de ellas. Otras ciudades, más tarde famosas, se fundaron en cambio sobre los terrenos más favorables. Por –2800 los sumerios construyeron un poderoso imperio que ocupó buena parte de Mesopotamia, y conoció una era próspera y de elevada cultura: pero hacia –2500 los acadios, procedentes del Norte, menos civilizados, más agresivos, ocuparon el territorio, y eso sí, se apropiaron la cultura de los vencidos. Mesopotamia, ya lo hemos anticipado, fue siempre un país conquistado por unos y otros, todos los cuales, sin embargo supieron heredar sus rasgos culturales.

Por el año –2200 hay vestigios de una gran erupción volcánica, parece que en algún lugar del hemisferio Norte, que cubrió de cenizas buena parte de las zonas habitadas. Existen ciertos relatos sobre estas cenizas, pero también los arqueólogos han hallado una confirmación del hecho. ¿Fue la catástrofe volcánica la que provocó un trauma en regiones muy civilizadas, como Egipto, Mesopotamia, India o la misma China? Hay noticias de ciudades que desaparecen por entonces. Pero la larga sequía que siguió difícilmente puede ser atribuida a un volcán, cuyas cenizas repartidas por la atmósfera pueden durar años, pero no parece que siglos. ¿O fue más bien una oscilación ENSO (El Niño), que debilitó el monzón del Índico, como opinan otros arqueoclimatólogos? No hay inconveniente en admitir dos hechos distintos, uno tal vez traumático, pero breve, otro progresivo, pero duradero. No especulemos sobre las causas, que en ocasiones pueden ser simplemente políticas, producto de las sempiternas discordias humanas. El hecho es que hacia el año –2200 decae en Mesopotamia el imperio acadio. Samuel Kramer cita el testimonio de un escriba que lamentaba la escasez angustiosa de agua: «ningún terreno se podía regar, faltaba la vegetación, el hambre era cruel...»... Los egipcios hablan de «trescientos años de sequía», allá por 2200-2100 a.-JC. Sabemos que, en efecto, se secó el lago Fayoum, y que después del largo reinado del faraón Pepi sobrevino una época de dificultades, guerras y revoluciones, saqueos, y una narración de la época nos cuenta que «todo el país parecía un saltamontes hambriento... las gentes huían al Norte o al Sur... los padres llegaron a comer a sus propios hijos...» El Nilo que no crecía se llenó de bancos de arena. Comprendámoslo, en Egipto no llueve: aquel caudaloso río se llena del agua que los monzones depositan miles de kilómetros más al sur, en África centrooriental. Y si no llegan los monzones, Egipto, esa extraña flor del desierto, se muere.

Desapareció el Imperio Antiguo y cosa de un siglo más tarde, pasada ya la era de desastres, se fundó el Imperio Medio, con capital en Tebas, que conocería periodos de esplendor. De que hubo una época de sequía existen señales también en regiones de Asia central y oriental. Relacionar los hechos históricos —que, además, no siempre coinciden cronológicamente— con los fenómenos climáticos no deja de ser un tanto discutible, pero, si hay que repetirlo una vez más, tampoco despreciable. Sí es cierto que existen vestigios suficientes para suponer un régimen seco y más frío a fines de aquel tercer milenio antes de Cristo. Después del año –2000 o –1900 pueden rastrearse vestigios de una distribución estacional de las lluvias más regular. Que advino entonces una época más feliz para muchos pueblos es un punto que ya no depende solo de las condiciones del clima, sino de la voluntad de los hombres, de sus pasiones, su afán de conquista o de guerra, de sus desavenencias internas. Es un extremo que tenemos que preguntar a la historia más que a la climatología. Pero ésta muchas veces no dejó de imponer sus condiciones. Y parece que sobre todo, desde el año –1900, ayudó a una prosperidad casi general en Oriente Próximo y Oriente Medio.

Un buen día, o tal vez sea preferible decir un mal día, las cosas se torcieron de manera catastrófica en el Mediterráneo oriental; un desastre lo suficientemente terrible como para arruinar a prósperas civilizaciones. Los que operan por medio del radiocarbono dan la fecha con enorme aproximación: entre el –1628 y –1627. Los que calculan a través de las semillas vegetales, cifran el hecho en –1613. Los arqueólogos prefieren una data un poco más reciente, por el siglo XVI antes de Cristo. La fecha exacta no es relevante, lo es la época histórica y el hecho en sí. Fue un fenómeno volcánico, no precisamente climatológico, aunque tuviera repercusiones inmediatas en las manifestaciones del tiempo atmosférico. Hoy, los cruceros que nos llevan por el mar Egeo recalan invariablemente en la isla de Santorini, y los guías nos enseñan un pueblo de lo más típico (y preparado para el turismo) que se puede imaginar, Fira (o Thira, que es su verdadero nombre, por más que lo pronuncien mal): casitas blancas con ventanas azules, callejas tortuosas y muchos restaurantes con música popular. El acceso desde el embarcadero es tremendamente escarpado, por el acantilado casi vertical que hace falta salvar y por el que trepa la estrecha carretera en docenas de curvas vertiginosas. La mayor parte de los turistas lo hacen en burro. Una vez en lo alto, se obtiene una buena vista de la «caldera»; casi un lago formado por un rosario de islas en disposición ovalada, en un espacio de 7 a 12 kilómetros. En el centro se levanta un pequeño cono volcánico. Pues bien, la caldera fue, hace 3600 años, el centro de un volcán que estalló con indecible fuerza, y provocó una de las mayores catástrofes de que se tienen noticia.

En aquella isla, lo mismo que en otras islas del Egeo, y sobre todo en Creta, dominaba entonces la civilización minoica. Se levantaban grandes palacios, adornados con pinturas murales y preciosos relieves decorativos. Los minoicos practicaban una cerámica cuidadosa de admirable belleza. Eran buenos navegantes, y tenían relaciones lo mismo con Asia Menor que con las costas de Europa. De pronto, la profunda caldera del volcán estalló con fuerza inaudita. La isla voló literalmente por los aires, y murieron todos sus habitantes. La explosión fue oída a más de mil kilómetros de distancia, en tanto la onda expansiva causó daños en todo el Egeo y zonas circundantes. Una nube de polvo y gases sulfurosos cubrió todo el Mediterráneo oriental. En Creta se hizo totalmente de noche. Las crónicas egipcias dicen que la oscuridad duró nueve días, y aunque podía verse vagamente el sol «no producía sombra». «Se temió que el sol no volviese a sanar ya nunca más». Al mismo tiempo sobrevino un grave terremoto se produjo un tsunami que barrió las costas de la zona. El norte de la isla de Creta resultó asolado, desaparecieron las poblaciones costeras y se hundieron todos los barcos. Según se deduce por los vestigios de vegetación existente, y sobre todo por el análisis de semillas, la catástrofe se produjo en primavera. Aquel año no hubo verano, y el invierno fue riguroso por la débil acción del sol. Hubieron de sufrir Grecia, lo que ahora es Turquía, Egipto y otras regiones del Norte de África, e Italia. Los efectos del desastre se percibieron en todo el mundo, pero más atenuados. Hasta los chinos se quejaron aquel año de «un sol enfermo».

La civilización minoica sufrió daños irreparables, y ya no volvió a levantar cabeza. La población del norte de Creta desapareció, junto con sus plantaciones y sus navíos. Los palacios edificados en lo alto de los montes subsistieron, pero con daños. El activo comercio que aquellos buenos mercaderes sostenían con las islas, el continente y Asia Menor ya no se recobró. Es posible que otras causas hayan contribuido a la decadencia de la civilización minoica, pero resulta evidente que la catástrofe de Thera-Santorini fue la principal, si no la única. Poco más tarde, los micénicos procedentes de Grecia invadieron Creta sin encontrar apenas resistencia. Los elementos de la civilización minoica les sirvieron para edificar palacios, levantar columnas, pintar frescos y crear una cultura de especial delicadeza que ya influiría decisivamente en la griega. Desde el punto de vista climático, aquel «invierno» duró varios años, pero no parece haber significado un episodio prolongado.

Luego, el frío se dio un respiro. B. Holzhauer y su equipo han realizado un trabajo sobre los glaciares de los Alpes, que revela la existencia de un «Periodo Cálido de la Edad del Bronce», que cifran más o menos entre los años –1450 y –1250, durante los cuales los glaciares alpinos se acortaron considerablemente, al punto de ser entonces más cortos que en la actualidad, cuando nos dicen que estamos viviendo uno de los periodos históricos más cálidos de los últimos 5.000 años. Los glaciares no nos proporcionan un criterio absolutamente seguro sobre la temperatura de una época determinada, porque, ya se ha indicado, dependen no solo del frío existente, sino también de la precipitación. Pero todo parece indicar que el estudio del equipo de Holzhauer es serio y tenemos motivos para considerar una época templada de unos doscientos años de duración. El frío regresaría algunos siglos más tarde.

El hierro y el frío

Es lo que se ha llamado, por contraste, «el periodo frío de la Edad del Hierro». La historiadora griega Amanda Laoupi, a la que ya antes hemos aludido, lo denomina el «Frío Homérico», y, como veremos no sin razón. Los paleoclimatólogos centran ese frío más o menos entre los años –900 y –300. Laoupi reduce un poco más el plazo al –800-500. Realmente sabemos que por el –1000 había comenzado ya el frío, aunque su ápice puede ser más reducido. W. J. Borroughs, que lo ha estudiado con bastante profundidad (2005), advierte claras notas del descenso térmico en Gran Bretaña, Alemania y Escandinavia «El bosque europeo emigra hacia el Sur», y el viñedo retrocede hasta el Mediterráneo, incluso desaparece del norte de Italia. Lo mismo ocurrió con la ganadería, o la misma fauna, que buscó climas más benignos. C. G.

Bond ha constatado una mayor penetración de los hielos flotantes en el Atlántico y una notable ampliación de los glaciares alpinos. En suma, todo lo que sabemos induce a pensar en una ofensiva del frío, si bien sería disparatado hablar de una pequeña glaciación, o algo por el estilo. M. Aguilar, C. Espinosa y otros especialistas españoles que han estudiado el asunto estiman que el clima en España era hace tres mil años más frío y húmedo que ahora, a diferencia de otros países del Mediterráneo y Oriente Medio, donde era, efectivamente, más frío, pero más seco. Sin duda, el eje o frontera clima atlántico/clima mediterráneo sumergió la mayor parte de la Península en el predominio de los frentes de lluvia, con un régimen más parecido al que puede imperar en las islas Británicas o en Alemania.

Lo que este cambio puede significar es una migración de los pueblos —como dice Borrroughs de los árboles— hacia el Sur. Desde hace más de un siglo se habla de los «pueblos del mar», una denominación que es frecuente encontrar en inscripciones egipcias, y especialmente en las paredes del templo de Medinet Habu, que aluden a las luchas del faraón Ramsés III contra unos invasores que quisieron tomar el delta del Nilo. Para los egipcios, lógicamente, aquellos invasores vinieron del mar; pero no es preciso imaginar pueblos eminentemente navegantes, como pudieran ser los micénicos. Se mencionan muchísimos, entre ellos los dorios, de cuya existencia tenemos sobrados testimonios, o los «Peleset», que que en el Antiguo Testamento son nombrados como Filisteos: (justamente de ese nombre viene el de Palestina). Puede ser que unos pueblos, al emigrar hacia el Sur, empujasen a otros. Hoy sigue siendo francamente difícil identificar a los «pueblos del mar», y buena parte de lo mucho que en aquellos lejanos tiempos se dijo de ellos quizá sea poco más que una leyenda. Pero sí es cierto que el imperio hitita, que llegó a ser una gran potencia, rival de los egipcios, acabó colapsando, y su capital, Hatushas, fue destruida. La civilización micénica cayó igualmente por entonces, y nuevos pueblos se establecieron en lo que luego iba a ser Grecia. Egipto, con su prodigiosa continuidad de siglos, se mantuvo, pese a algunas derrotas, pero perdería una parte de su influencia en la zona del Egeo. El movimiento de los pueblos podría estar relacionado con la destrucción de Troya por los aqueos (que no pueden identificarse con los «pueblos del mar»), los cuales, deseosos de controlar el paso de los estrechos turcos, habrían asaltado la fortaleza de Ilion-Troya más o menos en la época del «frío homérico».

La historia sigue desconociendo una parte de lo que ocurrió, y tiene derecho a dudar de que «los pueblos del mar» fueran una invasión en regla o constituyeran un movimiento concreto. Fue, en todo caso, una migración de pueblos que tal vez deseaban encontrar un ambiente más propicio. Sí hay que tener en cuenta una cosa: algunos «pueblos del mar» conocían el uso del hierro. Los egipcios, que no tenían minas de hierro, sabían trabajar el bronce, y de bronce eran sus armas, como con armas de bronce se libró, al parecer, la propia guerra de Troya. El hierro, mucho más duro y penetrante, pudo ser un arma terrible para aquellos que poseían una civilización muy desarrollada, pero empleaban armas menos sólidas. De aquí que se haya hablado con toda propiedad de «la era fría de la Edad del Hierro». No concedamos al hecho una excesiva importancia, en tanto las investigaciones arqueológicas e históricas no nos aseguren que realmente la tienen. Pero que hubo migraciones de pueblos alrededor del año –1000, y que hubo por entonces un fuerte descenso de las temperaturas, son dos hechos indudables. Tenemos derecho a relacionarlos o a considerar que son independientes.

El paraíso mediterráneo

Pensaba Aristóteles que solo a orillas del Mediterráneo era posible el desarrollo de una elevada cultura y una refinada civilización. Caía en el determinismo, eso es indudable, y tal vez desconocía que en otras partes del mundo, menos acogedoras, habían existido o existían aún grandes civilizaciones y culturas francamente desarrolladas. Pero no le falta una parte de razón, como tampoco le falta del todo a quienes opinan que un clima favorable es propicio al desarrollo de las actividades humanas. No resulta lícito suponer que bajo unas condiciones climáticas benignas tienen que surgir necesariamente grandes pueblos o poderosos imperios, o que cuando el frío o el calor aprietan no es posible ninguna forma de desarrollo. El devenir del hombre, apenas hace falta repetirlo una vez más, no depende exclusivamente de las condiciones climáticas, y hemos observado cómo se desarrolló sorprendentemente el ingenio humano bajo duras glaciaciones o como se establecieron poderosos imperios en países predominantemente desérticos. Nos sorprende la grandeza del imperio persa o la increíble vitalidad expansiva del pueblo árabe que en el siglo X fue capaz de extender su dominio del Indo a Mauritania. O que los mongoles, sobre todo en tiempos de Gengis Kan, partiendo de las desoladas mesetas de Asia Central, consiguieran crear un imperio inmenso de los Urales a Indochina. No faltan deterministas en el siglo XX, como Huntington o Borroughs, a quienes ya hemos mencionado, y basta recordar a uno de los más sagaces analistas de la Historia, Arnold Toynbee, que considera a los grandes imperios como el resultado de una *Challenge*, un reto, como que del «desafío de las tierras áridas» nacieron casi todos esos grandes imperios, incluido, piensa Toynbee, el español del siglo XVI, generado en el clima duro y ascético de la meseta castellana.

Hemos de prescindir de todas las teorías, ensayísticas o no, para limitarnos a los hechos mismos. Es evidente que en el Mediterráneo de la época clásica florecieron dos pueblos extraordinarios, muy similares en cuanto a su enorme influjo en la civilización occidental, pero muy distintos por lo que se refiere a su destino histórico-político: el griego, que elaboró un primoroso pensamiento capaz de guiar de una vez para siempre nuestra forma de utilizar la lógica y de discurrir, pero incapaz de constituir una gran unidad de poder; y el imperio romano, que los igualó en rigor mental, no tanto en su creatividad intelectual o artística, pero que llegó a constituir un imperio que no tuvo rival por muchos siglos, y que se extendió por todo el espacio mediterráneo de Egipto a Iberia, y por gran parte del continente europeo, tomando como límites naturales el Rin y el Danubio, aunque sobrepasó estas fronteras y conquistó un buen trozo de Gran Bretaña. Todo esto bajo un clima delicioso, que duró en el espacio mediterráneo, más o menos desde el año –500 a +500. Un predominio de mil años sin grandes perturbaciones climáticas es difícil encontrarlo en la historia. Que este paraíso mediterráneo tuviera un papel determinante o cuando menos influyente en el desarrollo de aquella civilización de la cual los hombres y mujeres de Occidente todavía somos deudores es un punto que no podemos dejar de tener en cuenta. Pudo ser una simple coincidencia. Pero no por eso estamos obligados a omitir, como hacen muchos historiadores del clima, incluso los más insignes, un breve comentario sobre las condiciones atmosféricas dominantes en aquellos tiempos. Sin duda se concede más importancia a las graves alteraciones climáticas que a las normalidades, que permiten vivir y desarrollarse sin graves entorpecimientos. Si cabe, añadamos desde el primer momento, un breve matiz: en la época clásica griega, sobre los años –500 a –300 es casi seguro que el clima tendió ligeramente al frío, y por supuesto fue más frío que el que tenemos a comienzos del siglo XXI; en tanto que todo induce a suponer que el que disfrutaron los romanos —sobre todo entre el siglo I y el III— fue visiblemente más cálido, quizá más cálido incluso, sin llegar a un punto de exageración, que el clima del siglo XX. Y este clima agradable, propicio a la navegación, al bienestar, a la vida fecunda en la naturaleza y en la calle, y por ende en las relaciones humanas, hizo del Mediterráneo el espacio más culto y civilizado del mundo en una época que fue decisiva en la historia. La lógica griega, el rigor latino, la profunda espiritualidad cristiana, pondrían las raíces de lo que luego fue Europa, y Europa se desparramaría más tarde sobre todos los continentes del planeta para volcar en ellos su acervo. Tal es el sentido trascendente, insustituible, de la época clásica.

El milagro griego

La expresión es más antigua, pero su máximo difusor fue el filólogo y estudioso de la filosofía clásica John Burnett (1863-1928), un intelectual asombrado por el surgimiento del pensamiento griego y su capacidad de supeditación del conocimiento humano a la lógica y a la razón. Podríamos pensar también que fue un «milagro» que esa transformación de la cultura humana no se haya operado en un pueblo remoto del Oriente, allí donde habían nacido las grandes culturas y se habían desarrollado los grandes imperios, en una época en que se aglomeró la población humana en torno a los grandes ríos. Pues no fue así, sino que se produjo en un país pequeño, situado en una esquina del Mediterráneo, sin apenas tradición cultural propia, que de pronto comenzó a pensar, de tal suerte que esa «forma de pensar» sigue siendo la nuestra; un país que nunca constituyó un gran imperio, o que, cuando, arruinadas sus ciudades más famosas, un macedonio quiso construirlo, no mantuvo su dominio más que por espacio de una generación, ni tampoco pudo conservar la altura intelectual que hasta entonces había alcanzado Grecia con su conjunto de ciudades-estado, reducida cada una a un espacio muy pequeño. La historia es más complicada que este sencillo vistazo muy por encima, pero quizá conviene recordarla para comprender que los griegos supieron crear una cultura, un arte admirablemente dotado para la belleza armónica, una filosofía, una ciencia de la naturaleza, que prosperaron sin necesidad de organizar una forma de poder omnipotente —al contrario, ellos fueron los inventores de la democracia— ni de conquistar grandes territorios. Fue el sentido lógico, la razón, el estudio sistemático de la naturaleza y sus manifestaciones, lo que los hizo sabios y maestros de todo el espacio mediterráneo. Fueron grandes navegantes, que supieron llegar con sus naves desde el Ponto Euxino —el mar Negro— hasta las Columnas de Hércules —el estrecho de Gibraltar— y llevar con ellos, sin necesidad de conquistar tierras, elementos de su cultura, de su arte y de su ciencia

No tenemos por qué entrar aquí en la tan debatida cuestión del «milagro griego». En buena parte, sus conocimientos los tomaron de los pueblos del Cercano Oriente, o hasta del Oriente Medio: los mesopotámicos, los persas, los egipcios, los fenicios. Estos pueblos conocían de antiguo el movimiento de los astros, habían elaborado un calendario muy preciso, observaban la naturaleza, y, sin ir más lejos, los egipcios sabían calcular muy bien la época de la crecida del Nilo, aunque nunca se preocuparon de indagar su por qué. Solo les interesaba el hecho, como a los mesopotámicos solo les interesaba averiguar con precisión el comienzo de las estaciones o de la época de las lluvias en las montañas que alimentaban el caudal del Éufrates o el Tigris. Los griegos se preguntaron ese por qué, fueron curiosos y sobre todo intentaron encontrar explicaciones no basadas en mitos, sino en el mecanismo de las causas y las consecuencias de las cosas. Ahora bien, los conocimientos en sí los tomaron de otros pueblos, como tomaron de los fenicios el arte de navegar, el de aprovechar los vientos, el de guiarse por las estrellas, y un sistema para recoger y grabar sus ideas totalmente revolucionario: el alfabeto. Los egipcios lograban cuadrar sus enormes edificios construyendo un triángulo cuyos lados medían 3, 4 y 5 unidades: uno de los ángulos era necesariamente y exactamente recto; pero no sabían por qué. Tuvo que ser un griego, Pitágoras, el que enunciara un principio universal: en un triángulo rectángulo, el cuadrado de la hipotenusa es igual a la suma de los cuadrados de los catetos (y por eso $3\times3+4\times4=5\times5$). Los inventores fueron en muchos casos otros, pero los griegos dieron sentido y razón a esos conocimientos. La cultura griega comenzó en las costas del Egeo que hoy son Turquía, y en las islas contiguas: Rodas, Samos, Lesbos, Quíos, Lemnos. De los «Siete Sabios de Grecia», cuatro son de la costa egea o de sus islas inmediatas, y un quinto, aunque griego de nacimiento, aprendió en Asia Menor. Lo que hicieron aquellos sabios fue adaptar el conocimiento de los orientales a un nuevo lenguaje capaz de ser explicado y razonado. Luego vendrían, por supuesto, los grandes sabios y filósofos —entonces no se establecía diferencia entre ambas condiciones— nacidos en el continente, y sobre todo en Atenas y su entorno.

Aquellos sabios estudiaron con interés los fenómenos de la naturaleza, y entre ellos los meteorológicos, por el interés que ofrecía su observación en sí, y por la utilidad que podía prestar a la agricultura y a la navegación. Hesiodo, que no fue un sabio, sino un poeta observador (hacia el año –700 o –650) es el primero en darnos cuenta de los fenómenos atmosféricos en uno de sus libros más conocidos, *Los trabajos y los días*. Es el suyo, más que nada, un tratado de agricultura y de las fechas más convenientes para cada labor; pero no deja de señalar, por ejemplo, los momentos de año en que suele llover. Las lluvias otoñales caen muchas veces en forma de tormentas, pero el agua sirve para preparar el terreno. Luego hay la lluvia temprana, apta para la siembra, y la lluvia tardía, a finales de la primavera, en que maduran las mieses. Esta última no es copiosa, como la temprana, pero muy útil para la sazón del campo. Hesiodo se refiere también a los rigores del invierno, y a la necesidad de resguardarse de ellos: «el frío intenso paraliza a los hombres», y «la furia de Bóreas [el viento del Norte] encorva al anciano». Habla de paisajes nevados. Sin duda Hesiodo conocía tierras montañosas del interior donde eran frecuentes las nieves, pero produce la impresión —no difícil de constatar— de que los inviernos en la Hélade eran entonces por lo menos un poco más duros y prolongados que hoy. En cambio deja entender que los veranos son cortos, como que el mejor tiempo para navegar se registra solo «en los cincuenta días que siguen al solsticio del verano», entendamos más o menos de fines de junio a la primera quincena de agosto. Un dato anejo, que tal vez no tenga importancia, es el que nos transmite Tucídides, cuando, refiriéndose a las guerras del Peloponeso, cuenta que muchos soldados heridos, que no podían andar, «murieron de congelación». Todo puede suceder, incluso a orillas del Mediterráneo.

Los sabios griegos estudian las formas del tiempo, describen su evolución y tratan de explicar cómo y por qué se producen los fenómenos atmosféricos, aunque, como es inevitable, con frecuencia se equivocan y cometen ciertas ingenuidades. Menos datos nos proporcionan sobre cambios del clima, y esa carencia no es de extrañar, porque no pudieron disponer de una información suficiente para ello. Pero muchos están seguros de que el clima cambia: hubo tiempos más cálidos o más fríos, más secos o más lluviosos. Demócrito, el filósofo atomista, que entiende la existencia de unas partículas elementales que van formando los distintos cuerpos, se da cuenta de que el aire es un cuerpo más, que se mueve, que cuando lo hace con violencia azota el rostro: por tanto no es un espíritu, aunque sea invisible: es un fenómeno más de la naturaleza. Y Tales, el primero de los siete sabios, afirma que el viento no es más que el aire en movimiento. Una verdad que nos parece absolutamente obvia, pero que nadie hasta entonces había enunciado. Puede que tuviera buen conocimiento de la evolución del tiempo atmosférico, pues que se afirma de él que se hizo famoso por predecir una extraordinaria cosecha de aceituna. Pero no se conservan trabajos suyos referentes a la meteorología o el clima. También Anaximandro está seguro de que el viento no es más que el aire en movimiento, pero llega más lejos: la densidad o «condensación» del aire provoca los vientos, las nubes, la lluvia. No sabe explicar bien por qué, pero algo intuye. El rayo es provocado por la colisión entre nubes muy densas: ¡en algo se acerca a la verdad!; y cuando menos observa en qué condiciones se operan las tormentas. Otra observación de Anaximandro: el arco iris se forma por el efecto de la luz del sol sobre nubes también muy densas. No sabe ni puede saber qué es la refracción, pero acierta en la observación.

Anaxímenes cae en un grueso error cuando afirma que los terremotos se producen en momentos en que la tierra está muy seca (porque se resquebraja) o muy húmeda (porque se hunde). Busca explicaciones lógicas, pero evidentemente no acierta. En cambio afina más que Anaximandro cuando dice que la lluvia se produce por la condensación de las nubes, y el granizo cae cuando por efecto del frío las gotas se hielan. Empédocles, el sabio que elaboró la teoría, tantos siglos mantenida, de los cuatro elementos, tiene observaciones meteorológicas bastante acertadas, como cuando estima que el aire, calentado por el sol, tiende a subir a lo alto; de este movimiento del aire como resultado del calentamiento, derivan los vientos. Por el contrario, cuando es de noche y no actúa el sol, suele predominar la calma. Empédocles cae en el error, muy frecuente hoy en muchos lugares, de que el viento calma de noche: el fenómeno es frecuente en la zona mediterránea, no en aquellas regiones donde dominan borrascas y frentes. Pero acierta Empédocles al pensar que el aire ascendente empuja a las nubes hacia arriba, donde hace más frío: y allí la lluvia se hiela, en forma de granizo. (Efectivamente, el granizo suele caer de nubes muy altas). Y por eso un fuerte calor suele provocar paradójicamente granizo y con él tormentas (más o menos lo que nosotros conocemos como inestabilidad). De Empédocles se deduce también que las lluvias son frecuentes «durante todo el año»; no parece que haya una estación predominantemente seca. Solo a fines de julio se registra un «calor ardiente». Pero ya a mediados de septiembre «todo es otoño», y «desaparecen las golondrinas». Hoy las golondrinas llegan a Grecia a comienzos de marzo, y emigran hacia el sur por octubre o comienzos de noviembre. ¿Es este un testimonio más de que en la Grecia clásica el clima era más frío que hoy?

Aristóteles, uno de los grandes filósofos de la edad de oro ateniense (siglo –IV), escribió cuatro libros sobre *meteorología*, y de paso inventa la palabra; aunque los cuatro, sobre todo el último, son breves y con frecuencia se refieren a temas que aquí no nos interesan. Pero sus afirmaciones, basadas en la lógica y en el sentido común, son mucho más serias que las de sus predecesores. Respecto del clima en sí, es taxativo: el clima es variable: hubo tiempos en que llovía más, otros en que la lluvia era más escasa, como hubo épocas en que predominaba el calor y otras en que predominaba el frío. «Y siempre será así», concluye Aristóteles: no se basa en relatos legendarios, y piensa que el clima, «aunque con una gran lentitud» es por naturaleza variable. Es el primer científico que enuncia una verdad que hoy admitimos todos. Y acierta sorprendentemente cuando deduce que el desecamiento progresivo del desierto obligó a las poblaciones a acercarse al Nilo. También sorprende leer que «las tierras y mares no siempre fueron lo que son: hay tierras que en tiempos muy lejanos fueron mares, y mares que en tiempos muy lejanos fueron tierras». Aristóteles, con prodigiosa intuición, o tal vez por pruebas que encontró, se adelanta en muchos siglos a la ciencia de la geología. Y completa a los sabios anteriores cuando afirma que «el sol, moviéndose como lo hace, provoca movimientos en la atmósfera, la humedad de la tierra se evapora, de forma que el agua es elevada todos los días, y convertida en vapor, alcanza las regiones superiores, donde se condensa a causa del frío, y así regresa a la tierra [en forma de lluvia]». Aristóteles es el primero que expone de forma muy lógica el ciclo del agua, un tema del que no se hablará hasta los tiempos de la física moderna.

Para terminar: Teofrasto, discípulo de Aristóteles, difundió las teorías y las explayó en un libro del que se hicieron muchas copias: *Los signos del tiempo*. Es, más que un tratado de meteorología, un conjunto de reglas para predecir el tiempo que hará. No es demasiado disparatado suponer que fue Teofrasto el primer «hombre del tiempo». Explica cómo son los vientos los que empujan a las nubes (la dirección de las nubes es la misma dirección del viento; y cuando no es así, es que reinan otros vientos en regiones superiores). En total, proporciona doscientas reglas para acertar el futuro, según los vientos, las nubes y su aspecto. Por ejemplo, las auroras si son rojas, anuncian calor; los ocasos, si son muy arrebolados anuncian un cambio de tiempo, generalmente lluvia; si son amarillos anuncian viento. La progresiva abundancia de nubes altas puede predecir nubes más densas y lluviosas. La meteorología de Teofrasto ha trascendido de una forma u otra al refranero de toda Europa. Teofrasto es el primero en decir que un halo en la luna anuncia lluvia: hoy lo creen así millones de personas. En realidad, solo anuncia cirrus en el cielo nocturno: tal vez preceden a un frente de lluvias, tal vez no.

Los caprichos de los vientos

En Atenas, justo en el lugar que ocupaba la antigua ágora, se encuentra todavía, en gran parte reconstruida, la famosa Torre de los Vientos. Es un edificio octogonal de unos seis metros de ancho y ocho de alto —pudo tener más—, que servía de punto de orientación, de información y en cierto modo de garita meteorológica para los atenienses. El ágora era la plaza mayor de la ciudad, donde se encontraban edificios administrativos o de reunión de asambleas, de mercado y constituía también un punto de encuentro. Todos los filósofos, predicadores, publicistas, mercaderes, necesitaban aparecer en el ágora para darse a conocer. De ahí que aquella extensa plaza estuviese siempre concurrida, y a ella acudieran, por supuesto, muchos ciudadanos en sus horas libres para encontrarse o simplemente para verse o para curiosear, de acuerdo con una antigua costumbre en el soleado Mediterráneo, que todavía hoy se mantiene. La Torre de los Vientos mostraba en sus caras el símbolo de los vientos característicos de los cuatro puntos cardinales, y los intermedios. Bajorrelieves alusivos a cada uno ornaban cada cara de la torre, con los símbolos de los vientos, y en lo alto, el edificio ofrecía un remate piramidal sobre el cual un tritón de bronce giraba al soplo de los aires, haciendo de veleta. De modo que los atenienses sabían muy bien por dónde soplaban los vientos en la ciudad: y para eso nada mejor que acudir al ágora. La costumbre de colocar en lo alto de una torre una figura giratoria destinada a servir de veleta, se generalizó. En España se impuso el nombre de giralda. Bien sabido es que los sevillanos acabaron confundiendo el nombre de la veleta con el de la torre. En Molina de Aragón existe el Giraldo, y en La Habana la Giralda de la Fuerza, por estar sobre la torre de un edificio que sirvió de cuartel. (En varias ciudades de los Estados Unidos, y especialmente en Texas y Florida, hay varias giraldas, imitadas intencionadamente de la de Sevilla). Pero volvamos a la antigua Grecia. En el interior de la ateniense Torre de los Vientos había una clepsidra o reloj de agua, un instrumento que cualquier ciudadano podía entrar a ver, para conocer la hora. Solo en los tiempos romanos se añadieron al edificio varios relojes de sol.

Los vientos simbolizados en la torre ateniense son:

— El *Bóreas*, viento del Norte, frío y con frecuencia violento en el invierno, representado como un anciano de mal genio y de barba hirsuta, que sopla una caracola. El Bóreas es siempre desagradable y destemplado. Los romanos le llamaron después Aquilón, pero la palabra griega se mantiene en la «bora», llamada así en Croacia y Eslovenia, y hasta en la «boira», como se llama a los vientos del Norte con niebla o nubes bajas en zonas de Cataluña, Aragón y Navarra. El Bóreas gozaba de mala fama entre los griegos, hasta que una flota persa que pretendía invadir el país fue hundida por un temporal del Norte: desde entonces, algunos lo consideraron un viento «bienhechor».

Es de saber que el viento Norte es en Grecia más frecuente en verano que en invierno. Hoy los griegos lo conocen por *melteni*. Procede de una combinación entre una depresión térmica en Asia sudoccidental, a veces en Turquía, y un centro de altas presiones en el mar Jónico. El resultado es un viento racheado y molesto, antipático para mucha gente. Forma parte de otros muchos vientos del Norte y turbulentos frecuentes en el Mediterráneo, como el cierzo en el valle del Ebro, la tramontana en Cataluña, y Baleares, el Mistral en Provenza (en Italia, «maestrale»), en el Adriático la citada «bora», y en el Egeo los vientos etesios, odiados por los veraneantes. ¿Es que no existía este viento veraniego en la época clásica? Sí existía, como que la denominación «etesioi anemoi» se encuentra ya en algunos autores de la época. Pero el símbolo del Norte por excelencia es el viento frío del invierno, y así consta en la Torre de los Vientos, y en autores como Hesiodo o Teofrasto.

— El *Kaikios* es el viento del nordeste, también destemplado y turbulento, como todos los vientos de descenso adiabático que vienen de las tierras del interior. Se le representaba también como un viejo malhumorado, con una cesta de granizo o de hielo, dispuesto a derramarla sobre la tierra. Es una variedad del Bóreas, y tiene más o menos su mismo carácter.

— El *Euro* es el viento del Este. Traía calor, a veces tormentas al final del verano. Por eso se le presenta como símbolo del otoño. Aparece como un hombre sin barba, amable, cargado de frutos. Se entiende que el otoño es fructífero por la vendimia y la recogida de la aceituna. Por lo demás, el Euro era más bien seco, y de tiempo desigual. Difícilmente llueve si no es por inestabilidad —tormentas—, pero por las cosechas que aporta, era recibido más bien como un viento bienhechor. Existía la creencia —como en España respecto de su pariente el Levante— que amaina por las noches («se va a dormir a su casa»), lo que explica que Teofrasto aconseje a los marinos navegar de día y anclar de noche, costumbre que, efectivamente, se practicaba muchas veces, sobre todo cuando se bordeaba la costa: y el hecho era aconsejable por la falta de visibilidad nocturna en que lo recortado del litoral y la abundancia de las islas aconsejaba estar ojo avizor. Pero no siempre, ya lo hemos dicho, se dan estas calmas nocturnas, aunque son frecuentes en el Mediterráneo. En Andalucía, especialmente en el golfo de Cádiz, ocurre todo lo contrario: el Levante se despierta cuando cesa la «virazón» o poniente de la tarde.

— El *Apelotas o Apelotis* era el viento del sureste. A veces se le confunde con el Euro, hasta el punto de que muchos autores invierten el orden. La diferencia no es grande. Era un viento también tormentoso. En Atenas procede del mar, y proporciona más humedad que en el Jónico. Se le representa como un viejo con un jarro de agua, tal vez como símbolo de las lluvias del otoño.

— El *Noto* era el viento del Sur, al que se le daba la misma importancia que al Bóreas, aunque poseía un significado diametralmente opuesto: cálido, seco, molesto, con tormentas de verano que pueden echar a perder la cosecha. La culpa la tenían, por lo visto, los egipcios. Aparece como un hombre barbudo y bastante malintencionado, eso sí con una vasija llena de agua, por las tormentas, a veces desastrosas, que podía provocar. El noto era el viento que simbolizaba un verano fuerte y agobiante. Los latinos le llamarían *Volturnus*, de donde viene la palabra española «bochorno». Se explica perfectamente su significado.

— El *Lips* (de Libia) era el viento del suroeste. En el bajorrelieve aparece como un joven con alas que empuja los navíos. Parece como se si le relacionase con el «céfiro» que vendrá inmediatamente después. En Grecia el viento del suroeste no siempre significa un frente de lluvias procedente de una borrasca atlántica. Es más bien un viento de transición, que lo mismo trae altas temperaturas que, si procede del mar, refresca.

— El *Céfiro* o viento del Oeste, es el viento que más estimación gozaba de los griegos. Lo representaban como un joven sonriente y amable repartiendo flores. Es el viento suave y acariciador de la primavera. La palabra «céfiro» ha sido utilizada por los poetas de todos los siglos para expresar la amabilidad de una brisa limpia y llena de encanto. En Grecia, sobre todo la Grecia que da al mar Jónico, los vientos de poniente son suavemente húmedos. Traen lluvias oportunas y aires tibios.

— El *Skirion* aparece representado en el último lugar —si seguimos el orden de las agujas del reloj— es decir, el viento noroeste, como un viejo portando ascuas de carbón, invitando sin duda a preparar el fuego para el cercano invierno; entendamos: preludia a su inmediato, el Bóreas. No siempre en la Grecia actual el noroeste es un viento frío y seco, puede soplar en cualquier época del año, y ser grato al ambiente; pero también, y sobre todo en Epiro, puede ser una forma de «bora» procedente del Adriático, y azota el rostro con su turbulencia irregular. Como vemos (y esto obedece más que nada a un prejuicio), se relacionan los vientos con las estaciones del año: la primavera con el Oeste, el verano con el Sur, el invierno con el Norte, el otoño con el Este. Lo mismo en la Torre de los Vientos que en las descripciones de Hesiodo se mezclan supersticiones, creencias populares y experiencia real; no podemos hacer caso de todo lo que se cuenta sobre el carácter de los vientos y su influencia en la vida; pero muchas observaciones son ciertas y resultan útiles para comprender su influjo en la agricultura, en los trabajos, en la navegación y en las costumbres de la época.

En suma, los griegos de la época de Pericles, de Fidias, de Platón, vivieron un momento de tremenda vitalidad creadora, de sentido lógico que pretende indagarlo y explicarlo todo, y de razonar las cosas; y al mismo tiempo un clima amable, soleado, con lluvias suficientes para lo que es el cultivo mediterráneo: el cereal, el olivo, la vid, y unos vientos variables y por lo general predecibles. Podían emplear el tiempo libre en charlar o filosofar en el ágora, o pasear por los numerosos jardines —no olvidemos que Platón enseñaba filosofía paseando por el jardín de Academos— y navegar por todo el Mediterráneo aprovechando la combinación con frecuencia predecible de los vientos. Es el mismo Platón el que comenta: «el Mediterráneo es un charco, y los griegos son las ranas que se mueven alrededor del charco». Que la temperatura era un poco más baja que la actual nos lo apuntan el análisis de las semillas, los derrubios o terrazas de los ríos, o lo que los propios griegos nos cuentan de las nieves, el hielo, la relativa brevedad de los veranos y hasta las costumbres de las golondrinas. Por otra parte, el estudio de los glaciares alpinos nos demuestra que por los siglos –V o –IV estaban mucho más desarrollados que en el I o el III de nuestra era. Frío, pero suave en el Mediterráneo. Luego vendría todo lo contrario, pero también, a la manera clásica, sin exagerar.

El óptimo climático romano

«Érase que se era un pequeño pueblecito perdido en los marjales del Tíber, en que vivían unas cuantas familias de cazadores y pescadores. Pasan los años, y ese pueblecito se convierte en el más poderoso imperio que han contemplado los siglos. ¿Cuento de hadas? No. Pura historia. La historia de Roma». El comienzo de uno de los libros más famosos del siglo XX sobre el tema, escrito por León Homo, «ha pasado a la historia» tanto como la propia y bien documentada obra que escribió. Por supuesto, no nos corresponde aquí tratar de la difícilmente creíble, pero absolutamente cierta historia de Roma. Simplemente basta recordar que el imperio romano, en sus mejores momentos, dominó toda la orla mediterránea, de Marruecos a Egipto y del Estrecho al mar Negro, aparte de toda Francia, más de la mitad de Gran Bretaña, Bélgica, Holanda, la mitad de Alemania —hasta el Elba—, Suiza, Austria, parte de Hungría, Bulgaria, Rumania, con extensiones por Turquía hasta Mesopotamia y el mar Caspio. Sorprende encontrar un anfiteatro y un templo de Trajano en Xanten, la tierra de Sigfrido; un fuerte romano en Chamonix (Campus Munitus), en las heladas laderas del Mont Blanc; unas termas romanas en Bath, Inglaterra (que como indica su nombre sigue siendo un balneario), o un órgano de agua en Aquincum, en las afueras de Budapest. Por supuesto, no tiene sentido hablar, como se ha hecho para Grecia, del tiempo reinante en tan enorme espacio, expuesto a los fenómenos meteorológicos y climáticos más contrapuestos, desde el desierto de Libia hasta las selvas de Germania o desde las costas del Atlántico a las cuencas desérticas del Éufrates. Así era aquel espacio que dominaba un mismo poder y conocía, al menos en grado suficiente, la misma lengua. Sobre ese espacio se extendió también el cristianismo, ingrediente fundamental de la cultura europea, que, tras la caída de Roma, seguiría manteniendo una cohesión espiritual y cultural en el continente, que trascendería a la historia posterior.

Los romanos fueron grandes constructores. Inventaron el arco de medio punto, la cúpula, ese prodigio que por empujes laterales se sostiene a sí mismo, las calzadas, los acueductos y los grandes puentes sobre los ríos más caudalosos, que permiten comunicarse a Europa consigo misma; pero también fueron grandes constructores de códigos e instituciones. El Derecho Romano sería la base del Derecho europeo, todavía vigente. Se mantienen conceptos como Imperio, Estado, provincia, municipio. Los romanos conocieron, entre otras muchas, también la ciencia de la meteorología, aunque se preocuparon de construir más relojes de sol —algunos inmensos, del tamaño de una gran plaza— que de colocar veletas en lo alto de las torres. Plinio el Joven era hijo de un gran magistrado y general, (que murió, no por curiosidad, como a veces se dice, sino tratando de salvar vidas) cuando la tremenda erupción del Vesubio del año 79. Plinio hijo recuerda aquel fenómeno, aunque era entonces un muchacho, y describe muy bien el enorme hongo de humo y cenizas que se formó «empujado por la fuerza del volcán hasta formar como un tronco altísimo y luego allá en las regiones superiores se ensanchaba horizontalmente como un pino de amplias ramas, como si hubiera sido detenido por su propio peso o por otra fuerza superior, hasta alcanzar sorprendente amplitud». Su descripción nos recuerda de un modo vívido e inevitable los hongos que se forman tras la explosión de una bomba nuclear.

También los hemos visto en fotografías de alguna erupción volcánica muy potente. El hongo de materia volátil se forma por el empuje ascendente de la erupción, atraviesa la troposfera y choca con la barrera de la estratosfera, que con su capa de inversión constituye una dificultad para el ascenso. Entonces, la nube se desparrama hacia los costados. Plinio es el primero que nos describe el imponente fenómeno, y de forma muy exacta. Desde entonces decidió dedicarse al estudio de lo que ocurre en la naturaleza, y fruto de sus indagaciones es la monumental *Naturalis Historia*, o Historia Natural, en treinta y siete libros, de los que el segundo se ocupa de meteorología, resumiendo todo el saber de su tiempo, (cita nada menos que a 2.000 autores), procedente en su mayor parte de los griegos.

No volvamos, porque sería desviarnos en exceso del tema que justifica este libro, a los conocimientos meteorológicos, para centrarnos en el clima y sus cambios. Si los griegos, en los siglos de máxima expansión de su cultura, vivieron un clima algo más fresco que el actual, los tiempos de más alto esplendor del imperio romano transcurrieron en medio de un clima más cálido, no extremoso, pero con seguridad de temperaturas más altas en el Mediterráneo y por lo menos también en gran parte de Europa: se dice, aunque no se puede asegurar con certeza, muy parecidas a las que ahora disfrutamos. Para algunos, el clima de la época del imperio romano fue incluso más cálido que el actual. El naturalista y ambientalista canadiense Lawrence Solomon, en un libro interesante, aunque no necesariamente el más riguroso, *Historia de la temperatura* (2007), cree poder afirmar que «en tiempos de César y Cristo las temperaturas fueron gratamente cálidas, en algunos casos más que en los tiempos recientes». Fue el Periodo Cálido Romano «un tiempo de riquezas y logros, cuando el clima llenaba los graneros y extendía el área cultivada de las viñas y de los olivares». Pueden discutirse las afirmaciones de Solomon en cuanto que es un hombre, aunque entendido, un poco polemista; pero otros estudios rigurosos no desmienten sus palabras, y hasta llegan a conclusiones similares.

Hans Peter Holzhauser es uno de los más prestigiosos glaciólogos suizos. Ha estudiado con detalle la historia de los glaciares, y a través de sus huellas, sobre todo el el caso del más caudaloso de Europa, el glaciar de Aletsch, puede afirmar que en el siglo I era un poco más reducido que hoy, de lo que podría inferirse un clima ligeramente más cálido. R. Schmidt, C. Kamenik y M. Roth, analizando vestigios de algas silíceas y pólenes de vegetación arbórea, entienden que en la época romana el clima era similar o ligeramente más cálido que el nuestro. Aluden también al hecho, sea o no probatorio, de que los romanos usaban ropa ligera. (A título de curiosidad: fueron los irruptores germanos los que, ya bajo un clima más frío, importaron el pantalón). El relativo calor es un hecho extensible durante la época clásica romana a la mayor parte de Europa, y algunos lo atribuyen a la influencia de los ciclos solares, que pueden haber provocado un cambio en las corrientes marinas y el régimen de vientos. F. Mc Dermott y colaboradores, analizando la proporción de carbono 18 en las estalactitas de cuevas europeas, deducen que por lo menos entre los años 1 y 200 las temperaturas eran tan altas como en el Periodo Cálido Medieval, del que en su momento nos ocuparemos. Otros, como el alemán Niggermann, han llegado a la misma conclusión. Ian Plimer nos sorprende un poco cuando dice que el olivar crecía por entonces en la cuenca del Rin, y que los cítricos y los viñedos se cultivaban en Gran Bretaña hasta la Muralla de Adriano (que señalaba el límite con Escocia). Y añade que «buena parte de Europa disfrutaba de un clima mediterráneo». Parece que no cabe duda: la frontera meteorológico-climática Atlántico/Mediterráneo estaba más al norte de lo que está ahora.

Por lo que respecta a España, los estudios hoy disponibles no discrepan gran cosa de los realizados para otras regiones europeas. Por ejemplo, un trabajo sobre humedales publicado en la Universidad de Zaragoza por los profesores J.C. Rubio Dobón y J. del Valle Melendo, en 2005, concluye que por lo menos entre los años −100 y +400, «transcurre un periodo de temperaturas más suaves, veranos cálidos y secos, y falta de inviernos extremados; las condiciones climáticas eran similares a las actuales, pero con unos inviernos más suaves...». Este clima bastante amable sería sustituido en los siglos v, vi, vii y algunos dicen que el viii, por otro más frío. Los gallegos también se han esforzado en investigar, especialmente en la universidad de Vigo, el clima de hace dos mil años. Dos trabajos sin duda muy serios, publicado uno en 2003 y otro en 2005, son fruto de los análisis que realizaron sobre las terrazas y los sedimentos depositados frente a las Rías Bajas, y los pólenes que los ríos arrastraron, y en ambos confirman la misma tendencia. En definitiva, parece que más o menos entre los años –200 y +450 se registró un clima templado y húmedo, que contrasta con dos periodos fríos que se registraron antes y después. Un equipo dirigido por María José Gil en 2007, ha analizado los depósitos en las Tablas de Daimiel, y deduce que allá por el siglo v a. JC, la temperatura fue fría y árida; no se conservan más que pólenes de hierbas. Vino luego una época centrada más o menos entre los años –150 y +270 con un clima suave y más húmedo, en que crecían en la zona las encinas; luego vendría el frío otra vez. En suma, todo parece indicar que en los años del imperio romano el clima fue más agradable y templado; por lo menos diríase que en España también fue más húmedo que en las épocas frías que le precedieron y le siguieron. El Periodo Cálido Romano no es una invención caprichosa, sino un hecho constatado por la investigación más reciente, sea cual haya sido su alcance real.

Decadencia, frío y migraciones

La decadencia del imperio romano es un tema que ha estado siempre en el candelero, sobre todo en los dos últimos siglos, desde la obra fundamental y comentadísima de Edward Gibbon (1787) hasta la no menos comentada —por lo menos en el plazo de un año— de Adrian Goldsworthy (2009), un investigador de la baja romanidad que aún puede dar mucho de sí. El misterio consiste, según muchos historiadores, no en el hecho de la decadencia en sí, que siempre un pueblo tarde o temprano decae, sino en el de que Roma, en cuanto Estado o en cuanto Imperio estuvo decayendo desde 217, en que ocurrió el asesinato de Caracalla —cuántos emperadores efímeros le siguieron, aunque unos pocos fueron magníficos— hasta 476 en que un emperador niño, Rómulo Augústulo, que nunca llegó a ejercer, fue depuesto por Odoacro, caudillo de los hérulos. Fue una decadencia que, al menos desde nuestro punto de vista, se palpaba, se veía venir, pero fue un proceso interminable. Si tomamos esas fechas simbólicas, Roma estuvo en decadencia durante 260 años. Ello puede ser un exponente de la sólida arquitectura del Imperio, al fin vieja y ruinosa, pero capaz de resistir aún así los embates de dos siglos y medio. En absoluto tenemos por qué entrar en una cuestión histórica (en el sentido de que la consideremos absolutamente histórica); pero no podemos olvidar dos hechos muy distintos, relacionados sin embargo muy íntimamente entre sí. Por un lado, el anquilosamiento de las instituciones, cada vez más burocratizadas, menos eficaces y más tendentes a descoordinarse, y por otro la penetración progresiva de pueblos no romanos en los límites del Imperio. No parece que pueda hablarse en sentido estricto de la «invasión de los bárbaros» (los bárbaros, lo mismo para los griegos que para los romanos, no eran salvajes ni brutales, sino que hablaban *bar bar bar*, es decir, no sabían ni griego ni latín). Pero se fueron infiltrando en el «limes» del Imperio sin permiso, aunque casi nunca como enemigos. Compararlos sin más con los que hoy llamamos «sin papeles» es un disparate histórico y puede constituir una muy incorrecta interpretación, pero no dejan de existir algunas lejanas similitudes. Hoy suele sustituirse la expresión «invasión de los bárbaros» por la que han propuesto los historiadores alemanes, *Volkerwanderung*, migración de los pueblos.

Primero: decadencia. Efectivamente, no solo decayeron las clases dirigentes, sino los propios ciudadanos romanos. Las antiguas virtudes históricas se fueron perdiendo. No podemos dar un crédito fidedigno a los comentaristas de la baja latinidad que se quejan de la degradación de las costumbres, a la pérdida de los virtuosos hábitos de los primeros tiempos, el deseo de fiestas y diversiones o a la tendencia de las nuevas generaciones a trabajar menos y divertirse bailando al son de ruidosos instrumentos de metal y percusión. Siempre se ha tendido a alabar las virtudes de la «época dorada» y a criticar las nuevas costumbres. Pero tampoco puede negarse una evolución de las mentalidades y los hábitos. Segundo: al mismo tiempo, fue aumentando la inmigración de los pueblos que procedían de más allá de los límites del Rin y del Danubio. Los trabajos de la tierra o de los oficios que se negaban a practicar los romanos, los hacían los «bárbaros»; el servicio de las armas, que en otro tiempo se había considerado escuela de virtudes y de fortaleza, lo realizaban ahora guerreros de fuera pagados por los ciudadanos romanos. La famosa batalla de Mauriac o de los Campos Cataláunicos, que rechazó a los hunos de Atila fue dirigida por Aecio, a quien se llamó «el último romano», pero quienes participaron decisivamente en ella eran francos, visigodos y alanos.

Bien. ¿Qué movió a los pueblos germanos a penetrar en el territorio imperial y en cierto modo sustituir a los ciudadanos romanos? Las causas que se han esgrimido son muchas, y probablemente todas ellas cumplieron un determinado papel. En la causación histórica, los distintos argumentos no se contradicen necesariamente, sino que en determinados casos, y éste puede ser uno de ellos, se complementan y se coordinan. Cuenta la incapacidad de los romanos para sostener un imperio que poco a poco se venía abajo, la mayor vitalidad de los germanos, que desde siglos antes ya habían hostilizado las fronteras del Imperio, y hasta en algún momento habían puesto en peligro la misma Roma; las malas cosechas (¿qué las provocó?), las pestes que disminuyeron la población de las populosas aglomeraciones urbanas mediterráneas, y, aun sin considerar el hecho como necesariamente determinante, un cambio climático, bien perceptible por los siglos III, IV, V y hasta el VI. Joseph H. Reichoff, en una interesante *Historia natural del último milenio* (Frankfurt, 2007) considera que la oleada de frío que entonces padeció Europa fue, si no la causa única, uno de los motivos de la migración de los pueblos. Y añade la hipótesis de que no fueron los germanos quienes iniciaron el movimiento, sino los eslavos, empujados a su vez por pueblos de más allá de los Urales. Unos empujaron a otros, y entre todos provocaron el complejo fenómeno de la avalancha general.

Ya nos hemos referido a algunos estudiosos de las formaciones de estalactitas y estalagmitas en grutas europeas, que han confirmado lo mismo el calentamiento de la época romana como el enfriamiento que se operó a partir del siglo III para alcanzar su máximo en el V. Científicos del Instituto Geológico de Israel, en colaboración con el profesor Ian Orland de la universidad de Wisconsin, han estudiado las formaciones estalactíticas de grutas de aquel país del Cercano Oriente y han datado de forma bastante satisfactoria el proceso de enfriamiento de la atmósfera. «No podemos discernir con certeza —ha precisado Orland— que el cambio climático fuera la causa principal de la decadencia del imperio romano, pero sí es perfectamente claro que el avance del frío se produjo justamente entonces». Al mismo tiempo hubo en la mayor parte de la cuenca mediterránea un aumento de la sequía (como consecuencia de los vientos del Norte y del Este), que pudiera explicar de manera bastante satisfactoria (aunque tampoco podemos pretender que fuera la causa única) las malas cosechas y la escasez del trigo, que sabemos que provocó hambrunas. Jean-Pierre Devroey piensa que la sequía de los años de la decadencia romana provocó el bajo rendimiento de las tierras y pésimas cosechas, que, como suele ocurrir con frecuencia, coincidieron con brotes del peste bubónica que diezmaron a la población. Hoy tiende a creerse, contra lo que se admitía tradicionalmente, que no es la peste la causa de los males, sino la consecuencia. Los pueblos desnutridos disminuyen la capacidad de defensa de su organismo, y la peste adquiere una mayor trascendencia social. No sufren el hambre porque hay peste, sino que la peste ataca preferentemente a los pueblos hambrientos.

La sequía no se limitó al área mediterránea. Se sabe que afectó al norte de China, y también hay noticias de frío y sequía en Polonia y Ucrania. Un testimonio de Irlanda (entonces Hibernia) revela que «hacía tanto frío que los pájaros se podían coger con la mano». Puede tratarse de una mera anécdota, pero la cita del cronista pretende indicar la sensación de un frío anormal. Brian Fagan se refiere a la drástica disminución de las cosechas de trigo en las Galias, y de un régimen de penuria agraria del que se resintió también la ganadería. Otro conocido paleoclimatólogo, F. Ruddiman, relaciona igualmente la crisis agraria con la peste, y ambos fenómenos con el proceso de enfriamiento general. Casi todos los autores están de acuerdo con la idea de una «oscilación». Un anticiclón al Norte pudo cortar las corrientes templadas del Atlántico, y tal vez, si el fenómeno fue más amplio, en otros continentes. Una oscilación invierte los términos normales, y por lo general supone un tiempo más frío y seco en las regiones templadas.

Por si fuera poco, por los años 535-536 —ya con posterioridad a la caída del imperio romano, pero bajo el dominio todavía del frío—, se produjo un fenómeno de naturaleza distinta, pero que hizo bajar de forma brutal las temperaturas. El historiador bizantino Procopio, que residía entonces en Cartago, nos relata que «el sol daba su luz sin brillo, como si fuera la luna, o como cuando hay un eclipse; y el fenómeno duró casi un año». Y el obispo sirio Juan de Éfeso cuenta que por 535-536 «el sol se oscureció, y la oscuridad duró dieciocho meses. La gente pensó que el sol no se recuperaría nunca más». Se explica el terror de muchos que temieron que la semioscuridad y el frío que la acompañaban habían venido para quedarse. La vida se acabaría prontamente en el mundo. Se sabe que nevó en Mesopotamia. Y los analistas chinos hablan de una especie de nevada de «copos amarillos». Nos dan una pista sobre lo ocurrido, porque cabe suponer que lo que caía era nieve contaminada de polvo sulfuroso, o bien simplemente grumos de ese polvo. Aunque M. G. L. Baillie, de la universidad de Belfast, piensa en la colisión de un cometa con la Tierra, lo más probable es que se trate de una erupción volcánica de enorme magnitud. Baille añade que el crecimiento de los anillos de los árboles irlandeses fue prácticamente nulo en 536. También se puede observar un fenómeno parecido en los árboles de Suecia y Finlandia. Se han encontrado vestigios de depósitos sulfúricos en el hielo de Groenlandia y en la Antártida, correspondientes a esa época. Se sabe que Europa quedó envuelta en una «densa y persistente niebla». Según relatos encontrados en Gran Bretaña, el peor año parece que fue 542. Tal vez se trate de la gran peste que inmediatamente siguió, la famosa «plaga de Justiniano» en 542-43. E. Gibbon dice que el mal persistió durante cuarenta y dos años. Debe referirse a sucesivas catástrofes o epidemias; pero evidentemente la humanidad lo pasó muy mal, al menos en muchas regiones, en el siglo VI, sobre todo tras la erupción volcánica. El análisis de los anillos de los árboles sigue revelando una temporada francamente mala, fría y seca, por lo menos hasta mediados de aquella centuria. En cuanto al oscurecimiento del sol, apenas caben dudas sobre la incidencia de una tremenda irrupción de polvo volcánico en la atmósfera. Existen dos candidatos: El Chichón, en Chiapas, que habría acabado con la civilización mochica, y habría dejado profundamente herida la cultura maya; o, como apunta Wohletz, el «proto-Krakatoa» en Indonesia, el cual, como Krakatoa, ya nos dio serios disgustos en 1883, y, tal como van las cosas, puede que como Anak Krakatoa o «hijo de Krakatoa» (que ya ha surgido del mar y en 2008 y 2010 ha entrado en erupción), vuelva a dárnoslos en un futuro no demasiado lejano. El libro de David Keys, *Catastrophe*, estudia todas las posibilidades.

Fueron los que los historiadores han llamado «los siglos oscuros». Durante el VII se registraron todavía sequías, malas cosechas y pestes. La situación fue mejorando en el VIII, y poco a poco se iría restableciendo la normalidad. Una nueva edad, la Edad Media, empezaba a florecer en Europa.

El clima en la Edad Media

Se habla de los «años oscuros», sobre todo pensando en los que transcurren más o menos entre el 500 y el 800. El nombre procede, más que nada, de las escasas referencias que tenemos de ellos. Con la caída del imperio romano sobrevino una etapa de escasa altura intelectual. Faltó un poder unificado capaz de comunicar o de asegurar una sociedad culta. Los saberes de la antigüedad, la facultad de leer y escribir, de fomentar los conocimientos y la filosofía, tendió a constreñirse a los monasterios religiosos, donde se conservaron y ordenaron cuidadosamente los libros escritos anteriormente. Es de saber que justo en los albores de la Edad Media aparece el *libro* tal como lo entendemos, es decir, el «tomo». Los textos ya no se escriben en un largo rollo que se envuelve en una especie de canuto que es preciso desenrollar cada vez que se lee. Ahora se escribe en hojas que se cosen unas a otras y se encuadernan para conservarlas todas juntas en un estante. Sobre la primera página puede enunciarse el autor y el título, o el contenido, y sobre el lomo alguna anotación que permita distinguirlo en una librería respecto de los demás. Para P. Chaunu, dos descubrimientos, el «tomo» escrito y el uso del pantalón en vez de la túnica, que favorece los movimientos y el trabajo, fueron avances de la «era oscura» que en absoluto podemos despreciar. La «oscuridad» no quiere significar que los seres humanos, al menos en aquella sociedad europea que sucedió al imperio romano fueran más desgraciados o vivieran a un nivel inferior, sino más bien que la cultura se restringe a ámbitos más limitados. No existe un poder unificador, la población no vive en su mayoría en grandes núcleos urbanos, sino en aldeas donde cultiva la tierra, separadas unas de otras por terrenos prácticamente incultos.

La falta de un monarca indiscutible en vastos territorios y un complejo sistema de gobierno y administración facilitan la atomización de espacios y el desarrollo del sistema feudal. No tenemos por qué ocuparnos del asunto en cuanto realidad histórica. ¿Tiene ello algo que ver con una época fría, de escasa facilidad de comunicaciones y desarrollo, o de parvas cosechas, que pueden ser el resultado de un clima seco, como es frecuente en tiempos de bajas temperaturas? No es posible encontrar una respuesta clara al interrogante sin exponerse a una equivocación histórica. Probablemente basta la consideración de la desintegración del Imperio para comprender esta diversidad de pueblos y esta falta de articulación entre los miembros de una sociedad confinada al terruño y a las pequeñas labores artesanas. Eso sí, resulta necesario advertirlo: toda aquella sociedad posee un común denominador en la fe cristiana, difundida ya por la mayor parte de Europa, y un recuerdo respetuoso al pasado «ecúmene» grecolatino, que, a pesar de la diversidad de pueblos y de los pequeños núcleos de población, se entienden entre sí en un latín degenerado y poseen una herencia cultural relativamente común en sus ideas más fundamentales sobre el hombre, el mundo y la vida. Todo ello fructificaría con los siglos en una civilización europea común y en el prurito de reconstruir de una manera u otra el viejo Imperio. Como es sabido, el Imperio de Oriente, producto de la división de Teodosio en 395 —consciente de que un imperio unificado tan vasto, que planteaba infinitos problemas, no podía ser gobernado por un solo hombre— perduró durante siglos, concretamente hasta el XV, como un importante foco de cultura, más griego que romano.

Que el clima era más bien frío en los primeros tiempos de los reinos medievales nos lo demuestran los «testigos» vegetales, como los anillos de los árboles o los pólenes que pueden relacionarse con la época del crecimiento de cada especie, pero también los testimonios de los pocos textos de aquellos tiempos, que nos hablan de los duros inviernos, de la necesidad de permanecer en casa durante días enteros, a ser posible refugiados junto al fuego de leña o de carbón vegetal, o el uso de pieles de abrigo en los bastos sayales de los campesinos que han de arrostrar la intemperie. (Cierto también, y es preciso reconocerlo, que el centro de gravedad de la civilización a que pertenecemos se corrió a países más al Norte que el Mediterráneo). En España, donde se alcanzó un cierto nivel cultural bajo el reino visigodo, se habla no solo del frío, sino de una fuerte sequía, sobre todo en la Meseta, que redujo las cosechas, y provocó, a lo que parece, una notable despoblación en algunas zonas. Nasif Nahle, que dirige un equipo de investigación sobre los cambios climáticos en el Biology Cabinet establecido en Texas y San Nicolás de los Garza (Nuevo León, México) —una escuela con frecuencia combatida por estimar que todos los cambios son naturales y no debidos al hombre—, ha realizado un estudio que para la época altomedieval no parece muy desacertado. Establece los siguientes periodos:

a) Uno frío, subsiguiente a la desaparición del imperio romano (e iniciado, como ya sabemos, durante los años de la decadencia), que se mantiene en términos generales hasta el año 800. Por el año 800 se puede predicar, por primera vez en dos o tres siglos, que la temperatura es sensiblemente «normal», es decir, de acuerdo con la media de la Era Cristiana en los últimos dos mil años.
b) Un rápido incremento a partir de 800-810, que alcanzará un notable, casi espectacular máximo hacia 825.
c) Un descenso momentáneo por 850-870, sin que lleguen a alcanzarse niveles francamente fríos.
d) Un rápido ascenso desde 870 hasta 980. Los anillos de los árboles parecen indicar un máximo absoluto por estas fechas, con valores que posiblemente no han sido igualados desde entonces. Es casi seguro que la curva de elevación de las temperaturas no registra vaivenes negativos en este espacio de cien años.
e) Las temperaturas seguirán manteniéndose altas, aunque con valores más modestos, y con fluctuaciones escalonadas hasta la «Pequeña Edad del Hielo», que se insinúa en el siglo XIII, y se desarrollará en el XIV y siglos sucesivos, con avances y retrocesos, hasta el siglo XIX.

Los valores son, como todo lo referente a los cambios climáticos, un tanto discutibles, así como la cronología, que varía de acuerdo con los distintos criterios y sobre todo con el tipo de «testigos» que se utilicen; pero estas fluctuaciones aparecen ratificadas por los autores más diversos, y no hay inconveniente en aceptarlas en sus líneas generales. A las más notables vamos a referirnos en los siguientes apartados.

El «Largo Verano»

La expresión es de uno de los más conocidos y prolíficos paleoclimátólogos (cuatro libros de 2005 a 2010), Brian Fagan, y merece ser reproducida, sin el menor ánimo de plagio, sino en todo caso de reconocimiento, en este apartado. Fagan se refiere a todo el milenario periodo que va del Holoceno a nuestros días, pero se detiene especialmente en el Periodo Cálido Medieval, al cual en este apartado vamos a referirnos. A él también aluden, a veces con muy interesantes estudios, otros paleoclimatólogos ya mencionados, como Pascal Acot, o investigadores como D'Arrigo (2004 y 2005), C. Silveri (2004), H. Lamb (1995, reed. póst. 2005), Sallie Baliunas y otros muchos, cuyos datos, si bien no coinciden de forma precisa, contribuyen a darnos una idea lo suficientemente clara del calentamiento que se produjo a partir del año 800 y alcanzó al parecer su ápice entre 1000 y 1100. Durante los siglos IX y X «el crecimiento de las temperaturas fue progresivo y persistente». Y Fagan, aunque teme que el reconocimiento oscurezca nuestra alarma ante el calentamiento actual, no cree que el calor haya sido un episodio dañino, sino todo lo contrario: «En Europa, el clima relativamente estable del Periodo Cálido Medieval fue una gran bendición para los pequeños granjeros y los campesinos». Y reconoce que la temperatura fue entonces de medio a un grado más alta que la media del siglo XX. Otros investigadores apuntan que en Europa central fue 1,4 grados más alta; y recientemente un grupo de climatólogos gallegos, estudiando depósitos en turberas, han señalado una media de calentamiento de 1,5°, y hasta un periodo de unos 80 años en que pudo alcanzar valores de 3°. Este último dato obedece a una estimación puntual, y es de suponer que muchos puedan calificarla de improbable por excesiva; simplemente, el dato del registro está ahí. Ray G. Richards opina por su parte que el calentamiento fue en líneas generales benéfico, y no estuvo plagado de catástrofes provocadas por el mal tiempo, como lo estaría siglos más tarde la llamada «Pequeña Edad del Hielo». Algo por el estilo añade H. Lamb, a quien se atribuye la expresión «periodo cálido medieval». Se sabe que en muchos valles de Europa donde el hecho es hoy casi imposible, se producían dos cosechas anuales, y se explotaban minas en el Hohe Tauern austriaco, que hasta hace poco estuvieron cubiertas por el hielo. (Por cierto, quizá convenga recordarlo: hace no muchos años, gracias al calentamiento actual, se encontró debajo de un glaciar en Austria una capilla del siglo XI; existen motivos bastante razonables para suponer que cuando se construyó esa edificación el clima tenía que ser similar o un poco más cálido que el de ahora.)

Acot deduce del estudio de los restos vegetales que grandes extensiones de bosque llano y pantanoso de Europa Central fueron transformadas, con el cambio climático, en tierras de cultivo. Se vio así un paisaje distinto, alternaban, en manchones, el bosque abierto y los campos cultivados. Resultaba más fácil trazar caminos, mejoraron los intercambios, y tal vez como consecuencia de todo ello, apunta Acot, hubo un notable desarrollo demográfico, bien visible sobre todo desde el año 1000. Es una falsa tradición, al parecer, la idea de que el hombre de los «siglos oscuros» no se molestaba mucho por su futuro y el de sus hijos, ya que el mundo tenía sus días contados; y es que según una profecía apocalíptica interpretada demasiado literalmente, Satanás permanecería encerrado «durante mil años». Por consiguiente, el año 1000 sobrevendría el fin del mundo: ¡lo que es por otra parte una suposición demasiado gratuita! Ese temor difícilmente puede haber ocurrido, desde el momento en que por el siglo IX la vigencia de la Era Cristiana apenas era conocida de la gente corriente, y lo normal era contar por los años del reinado de cada monarca. No es cierto que en el año 1000 hubiese un movimiento primero de pánico, luego de júbilo, al comprobarse que el mundo seguía alegremente su camino: al menos no constan testimonios de la época en tal sentido; pero sí está constatado el incremento demográfico —que se prolongaría hasta el siglo XIII—, que parece indicar una era de prosperidad cuando menos en la abundancia de recursos para la vida. Según se estima, la población de Europa pasó, entre el año 1000, y 1347, de 35 a 80 millones de habitantes (William Jordan, 2001). Un incremento demográfico tan fuerte no es fácilmente imaginable en plena Edad Media, y hay que suponer que obedece o a un optimismo desbordado, o a unas condiciones muy favorables para la vida humana. No hay por entonces noticias de heladas en mayo —tan dañinas para la agricultura—, de las cuales sí se hablaría frecuentemente en los siglos más fríos que siguieron. El viñedo se cultivó en el Sur de Gran Bretaña, e incluso en el centro. S. Baliunas encuentra vestigios de viñedo, sorprendentemente, hasta en Escocia. Guillermo de Malmesbury alaba los viñedos de Gloucester, de uva dulce y vinos casi tan buenos como los franceses (y se sabe que los franceses se enfadaron mucho con la competencia del vino británico). También se afirma que el límite de las viñas en Alemania se corrió 500 kilómetros más al Norte; hay referencias, por ejemplo, de viñedos en Prusia Oriental y hasta en el Sur de Suecia. Por los restos de árboles se ha averiguado que determinadas especies arbóreas crecían en los Alpes en niveles donde hoy no existen. El Mediterráneo occidental era más lluvioso que ahora (en cambio, todo parece indicar que el Mediterráneo oriental era más seco). Y el nivel del mar era en Holanda medio metro más alto que en la actualidad. He ahí un inconveniente del calor: mareas más crecidas, y rotura de diques. Fue el que los holandeses siguen llamando Grote Mandrenke, o Gran Inundación. Así llegó a formarse el Zuiderzee, hoy casi por completo rellenado otra vez con la aportación de tierras y la construcción de diques más altos. En suma, existen testimonios más que suficientes para creer en un fenómeno de calentamiento, aunque debemos distinguir, ¡como siempre!, entre el clima y el tiempo. Pueden registrarse inviernos fríos, fuertes nevadas en algún lugar concreto. En el curso caprichoso de los vaivenes de la atmósfera hay siempre excepciones, en un punto determinado o en un momento determinado. Pero que las temperaturas fueron durante los siglos del corazón de la Edad Media más elevadas que antes y después, parece un hecho que no se puede discutir.

Eso es lo que se sabe de Europa. ¿Fue un fenómeno general? Es lo que, en cambio, se discute. Hay datos contradictorios, aunque nada impide que cada uno de esos datos pueda ser aceptable en el lugar de referencia. Evidentemente se calentaron Islandia, Groenlandia y la península de Labrador: enseguida no habrá más remedio que insistir en ello. En Alaska se han detectado tres pulsaciones cálidas entre los años 890 y 1200, intercaladas entre otros periodos más fríos. El frío y la sequía fueron evidentes en el Oeste de Estados Unidos, y especialmente en California. En cambio, hubo lluvias veraniegas en lo que hoy son Texas y Nuevo México: evidentemente, cabe pensar en una «oscilación» relacionada casi seguro con el fenómeno de El Niño, y esto parece significar más calor. Sin duda hubo fuertes fluctuaciones. Scott Stine ha encontrado indicios de que el lago Owen era por el año 1100 más extenso que ahora. Sin duda llovía con frecuencia en aquella región seca. Los japoneses también han creído detectar una temperatura más alta en su país por los siglos X y XI. Por ejemplo, son característicos los estudios sobre sedimentos en el lago Nakatasuna, realizados por Adikhari y Kumon. En Sudamérica parecen más frecuentes los episodios de sequía, y probablemente de frío. Ello no impidió el desarrollo de la interesante cultura de Tiahuanaco, hacia el año 650, con la construcción de obras de irrigación en las altiplanicies cercanas al lago Titicaca, entre Perú y Bolivia, donde parece haber existido una abundante población. ¿Desarrollo a pesar del clima, gracias al clima o con indiferencia del clima? Esta es una pregunta que, lejos de toda ingenuidad o de cualquier determinismo, hemos de formularnos honradamente una y otra vez. África aporta los más diversos testimonios. Marruecos parece haber disfrutado de un clima propicio, afín al del Mediterráneo occidental. Los depósitos en el lago Tanganyka, en África centrosur, parecen reflejar un periodo cálido entre los años 1100 y 1400, es decir, algo más tardío que en Europa, y los glaciares del monte Kenya experimentan un máximo por los años 650-850 y 1350-1550; se infiere que en el periodo intermedio las temperaturas fueron más altas. Estudios sobre sedimentos en la zona del lago Tchad y de pólenes fósiles revelan que en los siglos IX y X el clima fue lo suficientemente húmedo en el Sahel africano como para que aumentaran los pastizales, la población, y con ella la ganadería. No fue un periodo tan próspero como en la edad cálida de los años 4.000 a.C., que convirtió gran parte del Sahara en una pradera; pero una vez más se demostró que un incremento del calor puede tener un efecto beneficioso en países que hoy tienen que sufrir una continuada sequía. El Sahel volvería a ser una región seca y difícil a partir del año 1100. Egipto sufrió entre los años 700 y 1000: en ese periodo de 300 años hubo más de cien en que la crecida del Nilo fue insuficiente: ¡nunca se había conocido una serie tan larga de falta angustiosa de agua! El drama no fue tan espantoso como en la época de –2.100, que quizá no volvió a repetirse; pero en cambio fue más duradero. Al mismo tiempo se sabe que hubo una escasa incidencia del monzón en la India, con sus no menos trágicas consecuencias. Todo ello está relacionado, sin duda con el fenómeno de El Niño. Es probable que todos estos fenómenos tengan algo o bastante que ver con el que se llama periodo cálido medieval. Lo que en unas partes del mundo puede considerarse beneficioso, en otras provoca consecuencias mucho menos agradables.

De los árabes a los vikingos

Afirma Ellworth Huntington en un libro, *Civilization and climate*, que fue acogido en su tiempo (1915-1924) con gran sensación, francamente desacreditado en nuestro tiempo..., que la progresiva aridificación de Arabia movió a Mahoma a promover la conquista de nuevas tierras más fértiles. La tesis parece ciertamente exagerada, y la expansión árabe puede ser explicada por motivos absolutamente diversos. Es cierto que Arabia, en otro tiempo relativamente fértil, era ya en el siglo VII un territorio desértico, donde la vida sedentaria era solo posible en algunas zonas en las que se encontraba agua suficiente, en un área más o menos amplia; por demás, muchos árabes practicaban una vida nómada, encargados del comercio y el tráfico, acompañando a las caravanas de camellos, o participando en la navegación por el mar Rojo o el mar de Oman, una actividad en que fueron durante siglos muy hábiles. La afirmación de Huntington no es rechazable de un modo absoluto, pero parece ocupar un puesto secundario en el conjunto de causas de la impresionante expansión árabe en la segunda mitad del siglo VII y durante todo el VIII. En el espacio de solo tres generaciones, los árabes, como despertados de un sueño por el islamismo, ocuparon territorios inmensos, desde la India hasta España, y tal vez hubieran mantenido su meteórica expansión si Carlos Martel no los hubiera detenido en Poitiers (732). Entre 650 y 730 aproximadamente, conquistaron toda Arabia, la costa oriental mediterránea, Mesopotamia, el Norte de África, España, Persia, el Cáucaso, Sicilia y otras tierras anejas. Jamás se había visto una expansión tan fulminante. Cuentan en ello el fervor islámico, que prendió en un pueblo guerrero y les inspiró la idea de la conquista del mundo: quizá más que por obra de Mahoma, por la de sus inmediatos sucesores, sobre todo Omar. Cuenta también la decadencia de otros imperios, como el persa y el bizantino (Bizancio-Constantinopla, con todo, aunque en continua disminución, resistió la embestida durante casi ochocientos años; después de haber perdido todos sus territorios en África y gran parte de ellos en Oriente Próximo). En ningún punto encontraron los árabes una resistencia fuerte y organizada, y bien sabido es que la ocupación de España estuvo provocada por una guerra civil entre los magnates visigodos.

No es del caso profundizar en el misterio de la fulgurante expansión del islamismo por una región del mundo situada al Sur de lo que había sido el imperio romano; y que por tanto solo en parte significó una huida de las regiones más cálidas y secas del mundo de entonces. Sí conviene tal vez recordar que la llamada cultura árabe no tiene mucho de árabe, en el sentido de que apenas tomó elementos de la tradición propia, sino de los pueblos conquistados, que los árabes supieron recoger y combinar con singular talento. El cristal y el alfabeto (alifat en árabe) los tomaron de los fenicios; la astronomía de los mesopotámicos y los persas, el cero de los hindúes, la brújula y la pólvora de los chinos, la filosofía como un saber estructurado y lógico, de los griegos. Los árabes, refundieron todas estas aportaciones en un admirable conglomerado cultural, y en algunos casos lo perfeccionaron; pero sobre todo lo propagaron: curiosamente hacia el Occidente cristiano, que se aprovecharía de aquel legado de culturas antiguas difundido por los árabes y lo perfeccionaría hasta un grado jamás alcanzado por otras culturas.

Es posible que otra gran corriente, el movimiento de los pueblos eslavos —los húngaros, emparentados hasta en el nombre con los hunos; los checos, los moravos, los jázaros, los búlgaros, los ávaros—, que recorren partes de Europa y se establecen generalmente en el siglo IX, para conformar el mapa étnico y cultural del la zona oriental del continente, tengan que ver de alguna manera con la evolución del clima; pero este extremo es casi tan difícil de demostrar como el de la expansión árabe. Puestos a buscar coincidencias, es posible que la grandeza de los francos a partir de la victoria merovingia que tal vez salvó a Europa de la conquista árabe, hasta el imperio de Carlomagno (el año 800), el primer gran imperio europeo después del romano, tenga algo que ver con la dulcificación del clima; pero pretenderlo es tan pretencioso y arbitrario como en todos los demás extremos.

Un caso, para terminar, se ha dicho que tiene una clara relación con el cambio climático, y este punto sí que resulta históricamente sostenible. Se trata de la expansión de los pueblos vikingos por las tierras de Islandia y Groenlandia, tal vez también por la península de Labrador y quién sabe si por otras tierras de la América continental. Fue aquella una aventura que todavía hoy no conocemos muy bien ni podemos explicar del todo, pero que no hubiera sido posible sin un calentamiento del clima. Los vikingos —llamados también en su tiempo normandos, hombres del Norte— se expandieron por otros lugares más acogedores como Francia, Inglaterra o las islas mediterráneas, como Sicilia (que conquistaron a su vez a los árabes). No todo, fácil es inferirlo, tiene que ver con el clima. L. Musset considera tres posibles causas de la expansión normanda-vikinga: *a)* un fenómeno de superpoblación en Escandinavia; *b)* la mejora de las técnicas náuticas (los barcos vikingos fueron de los primeros en ser construidos con sólidas quillas, que ayudan a sortear los vientos, y poseían extraordinarias condiciones marineras); *c)* una mejora del clima en las tierras y los mares del Norte. Nos detendremos exclusivamente en las sorprendentes correrías árticas, que hoy podemos conocer por las sagas o cantares nórdicos, algunas crónicas breves y los restos que aún hoy se conservan en tierras que por espacio de siglos se han considerado inhabitables. Vale la pena hacerlo.

A Islandia (la Thule de los romanos) llegaron primero (hacia el año 700) los monjes irlandeses, o en todo caso celtas, que procedían de las islas Feroe. La legendaria historia de san Brandán, el fraile navegante que habría llegado a islas y tierras desconocidas, debe ser un relato de ficción, aunque puede estar basado en aquellas audaces navegaciones; la leyenda se mantuvo hasta los tiempos del Renacimiento, y parece haber influido en las ideas de Colón. Lo cierto es que los monjes irlandeses fundaron en Islandia nuevos conventos, conforme menudeaban las expediciones y el clima se iba haciendo más agradable. Por 775 llegaron los vikingos, cuando los hielos apenas alcanzaban la costa Norte; y algunos llegaron a navegar hasta 90 o 100 km al norte de la isla. El año 825, el monje Dicuil navegó más allá, sin encontrar hielos: su curioso viaje lo relata en una breve crónica, titulada *Mensura de Orbis Terrae*, la primera historia en latín de los mares glaciales. En 870, un aventurero vikingo, Ottar, llegó a 200 kilómetros por encima del círculo polar, dio la vuelta al cabo Norte y encontró el mar de Kola. Decididamente, el peligro de los hielos iba retrocediendo.

Y así fue como Erik el Rojo, aventurero y gran navegante, que en una pendencia había matado a un hombre, huyó de la justicia con un pequeño grupo de amigos, y en 981 o 982 se lanzó a navegar por mares de los que se decía que bañaban tierras desconocidas, y encontró una isla enorme, en realidad un continente, al que pronto bautizó como Grünland, Groenlandia, Tierra Verde. En el nombre hay que imaginar, qué duda cabe, un reclamo publicitario; pero en aquel territorio existían tierras habitables y aun cultivables, según se comprobó muy poco después. Erik regresó en cuanto pudo, logró que le perdonaran, y hacia 985 organizó una expedición de veintitantos barcos, pequeños y muy ágiles en alta mar, como los que sabían construir los vikingos, dispuesto a colonizar la nueva tierra. Dos días y tres noches bastaban, según los relatos, para llegar de Islandia a Groenlandia. Siglos más tarde la aventura hubiera sido imposible. ¡No olvidemos que en latitudes mucho más bajas en 1912 se hundió el *Titanic* al chocar con un banco de hielo! Erik, de todas formas, no se estableció en la costa Este, bañada por la corriente fría de Groenlandia, sino en la Oeste, más protegida del frío y mucho más acogedora. Nuevos viajes llevaron hasta aquella «Tierra Verde» a varios miles de colonos, que subsistieron y se reprodujeron durante tres siglos.

Conviene recordar que Groenlandia estuvo habitada anteriormente en épocas de buen clima, la última de ellas coincidiendo con el periodo cálido romano (la llamada «cultura Dorset»). Desde mucho tiempo antes de que llegara Erik el Rojo estaba deshabitada. Sin embargo, a partir del siglo x, aunque no llegaba a ser un vergel, resultaba perfectamente habitable. No era tan inhóspita como hoy podemos imaginarnos. Había praderas con pastos muy prometedores y pequeños bosques de abedules. Se podía cazar y pescar. Los vikingos llevaron una buena cantidad de vacas y ovejas, que utilizaron para obtener carne, leche y cueros. Los colonos no se enriquecieron precisamente, pero pudieron llevar una vida soportable, comerciando con Islandia e incluso con Escandinavia: enviaban cueros, aceite de foca, marfil de morsa y lana de oveja. Las vacas se multiplicaron: había quizá más vacas que colonos, aunque los restos que hoy se conservan hacen ver que eran más pequeñas que las actuales. Se han encontrado muchos corrales, uno de los cuales estaba acondicionado para 400 vacas. La Iglesia llegó pronto a Groenlandia, se establecieron parroquias y un obispado. Se construyó luego una catedral, todo lo modesta que se quiera, pero con una campana de bronce, que se conserva, y ventanas adornadas con vidrieras de colores. Y con su obispo, naturalmente.

Más o menos en el año 1000, el hijo de Erik el Rojo, Leif Eriksson, navegó hacia el Oeste, en busca de nuevas tierras: a veces desde las costas occidentales de Groenlandia se divisaban lejanas manchas que parecían pertenecer a una tierra firme. Y Leif encontró efectivamente la tierra: era la península de Labrador, a la que puso el nombre de Markland, país boscoso: probablemente otro nombre publicitario, aunque no faltaban árboles. Era la primera tierra americana a la que llegaba el hombre europeo. Más tarde, el mismo Leif, o tal vez Thorsin Karlsefni, llegaron a otra tierra, que llevó el nombre de Vinland. Si lo que esto quiere significar es «tierra del vino» o «tierra de viñas», su significado como reclamo es ya más que escandaloso. Ni siquiera en las zonas más templadas del Nuevo Mundo existían viñas, que hubieron de llevar los europeos. Hay quien pretende que los colonos encontraron arbustos que recordaban a viñas silvestres. La palabra puede tener también otras interpretaciones. Lo cierto es que la tierra de Vinland parece corresponder al golfo de San Lorenzo, y hasta es posible que los vikingos se adentraran por el gran río, sin llegar a los Grandes Lagos. Todas las leyendas, (muy caras, y se comprende, a los norteamericanos, que pretenden que los vikingos alcanzaron las costas de lo que hoy son los Estados Unidos) carecen de fundamento. Las sagas nos hablan de un pueblo indígena, los *Skraelinger* (extranjeros), que les hostilizaban continuamente y les hacían muy difícil la vida. Tal vez se trataba de esquimales, o bien, en estos primeros tiempos, de indios americanos. Historiadores recientes como A. Seaver (1997) o W. W. Fitzhugh y E. Ward (2000) tratan la cuestión con prudencia e interés al mismo tiempo.

Recientemente, J. Arneborg y J. Berglund han desenterrado la que llaman «la Pompeya del Norte», un poblado vikingo en Groenlandia, en el cual se han encontrado casas de piedra (durante mucho tiempo se dijo que las casas eran siempre de madera, y solo las iglesias se construían de piedra), fragmentos de telares que estaban en pleno funcionamiento, tejidos diversos, cuchillos de hierro, un peine y otros objetos domésticos de uso común, que han hecho pensar en una huida precipitada. ¿Qué es lo que obligó a los colonos a abandonar su poblado, incluso sus armas? ¿Un ataque por sorpresa de los «skraelinger»? ¿Una catástrofe de origen desconocido? No lo sabemos, pero aquel poblado no fue abandonado poco a poco, como los demás que conocemos. También hace poco (2008) K. E. Solberg ha encontrado un puerto construido con grandes piedras, capaz para varios barcos, y situado mucho más al Norte de todas las ruinas vikingas hasta ahora conocidas. Parece que fue utilizado para el servicio de un puesto de caza. «Si esto es así —comenta Solberg— el clima tenía que ser todavía más cálido de lo que hasta ahora suponíamos».

La presencia de los pueblos escandinavos en Groenlandia se fue reduciendo conforme las condiciones climáticas se hacían más ingratas. Las temperaturas, a fines del siglo XIII, descendieron, y la navegación se hacía más dificultosa, por obra de los temporales y los hielos, de suerte que el comercio con la metrópoli disminuía progresivamente. Llegó un momento en que los colonos hubieron de mantenerse con sus propios recursos, y se encontraron, por ejemplo sin hierro, e imposibilitados de fabricar armas e instrumentos de trabajo, e incluso de construir barcos. Su aislamiento se hacía cada vez más angustioso. Por si fuera poco, los «skraelinger», en este caso sin duda «inuit», esquimales, emigraron, tal vez empujados por el mismo frío, e invadieron el Sur de Groenlandia, sin que los escandinavos que habitaban aquella zona tuvieran apenas medios para defenderse. No poseemos noticias de que regresaran a sus países de origen, pero la población se iba reduciendo sin remedio. En el siglo XIV, con el inicio de la llamada «pequeña edad del hielo», vino el colapso definitivo. Cuando en 1345 Ivar Bardasen, sorteando dificultosamente los hielos flotantes, y dando un largo rodeo por el sur, consiguió llegar a una de las colonias del Oeste de Groenlandia, solo encontró cadáveres, pocas ovejas y restos de vacas. Algunas de ellas parecían haber sido comidas por los famélicos habitantes, que no habían tenido otra cosa que llevarse a la boca. Aquella tierra helada no volvió a tener población de origen europeo hasta que los daneses crearon algunos establecimientos (Gothaab) en el siglo XVIII.

La decadencia de los mayas

Mucho se ha hablado de la civilización maya como protagonista de la más alta manifestación cultural que hubo nunca en la América precolombina. No se conocen muy bien sus orígenes, pero se sabe que ya por el año 1000 a.C. poblaban la península de Yucatán, al SE de México, y territorios que hoy son Guatemala u Honduras. Sobre todo llegaron a un gran esplendor entre los años

–200 y +800. Construyeron grandes edificios, como los majestuosos templos de pirámides escalonadas en Tikal, Copán, Palenque, Chichen-Itzá; grandes palacios, obras de irrigación, fortalezas. Apenas se conservan, en cambio, ruinas de casas, que debieron ser más endebles, aunque se sabe que constituyeron una población numerosa. Sabemos también que tuvieron una escritura muy avanzada, para lo que era usual en la América de entonces, que fueron formidables arquitectos, astrónomos y calculistas. Su calendario figura entre los más perfectos logrados por el hombre hasta la reforma gregoriana realizada en el mundo cristiano en 1583. Quizá les perjudicó la especial importancia que concedieron al ciclo de Venus, que entorpeció la aplicación de este calendario o algunos aspectos de sus cálculos matemáticos. Quizá convenga recordar que esta perfección en el cálculo estaba reservada a los sacerdotes y a unas clases muy privilegiadas. La inmensa mayoría de los mayas no sabían escribir, ni manejar valores con soltura: eran simples campesinos que trabajaban la tierra con esmero, a costa de un gran esfuerzo porque, eso, sí, Yucatán es una zona de tierras de escasa profundidad, en la que enseguida se encuentra una placa caliza infecunda. Para encontrar más agua era preciso excavar profundos pozos, en cuya tarea fueron los mayas también excelentes maestros. La grandeza y perfecta orientación —de acuerdo con los puntos por donde sale y se pone Venus— la belleza de las esculturas, pinturas murales, y los motivos decorativos; y un especial refinamiento de su arte han contribuido a magnificar la leyenda de los mayas como un pueblo altamente civilizado. No parece, en cambio, que hayan llegado a articular un gran imperio, sino una serie de ciudades-estado con territorios anejos. Por eso tampoco parece que fueran nunca un pueblo conquistador.

La decadencia de los mayas a partir del siglo VIII fue y sigue siendo objeto de múltiples discusiones. Unos factores pudieron estar relacionados con otros. Se habla de guerras civiles, de revoluciones, de invasiones extranjeras, de un excesivo aumento de la población en un espacio cuya agricultura no podía sostener a mucha gente, o bien de un afán por aumentar la producción de maíz, que en parte se exportaba: de una forma u otra, y como consecuencia de esta sobreexplotación se agotó la tierra. Yucatán es una zona en que resulta precisa la rotación de cultivos, dejando descansar el terreno por temporadas. Cuando esto dejó de hacerse, el rendimiento de las cosechas disminuyó. También se habla de largas sequías que redujeron la producción de la tierra y causaron grandes hambrunas: y esto tiene que ver más claramente con el clima. En Yucatán llueve con frecuencia, aunque las lluvias son más bien estacionales. Si las lluvias no vienen a tiempo, escasea el agua, porque la tierra caliza se la traga fácilmente. La ruina se trasladó de Sur a Norte, tal vez porque en la región septentrional de aquella península la capa freática está más cerca de la superficie y es más fácil obtener agua mediante pozos. Sabemos que Palenque fue abandonada por el año 810, en 860 lo fue Copán, en 900, Tikal; Chichen-Itzá aguantó más, aunque ya en plena decadencia, hasta cerca de 1200. Hoy todas aquellas esplendideces, con sus prodigiosos templos, sus palacios, sus lugares ceremoniales, hasta los espacios en que se practicaba el curioso y mortal juego de pelota (porque el que perdía perdía también la vida), solo están llenos de turistas. Los mayas son un pueblo humilde y sencillo, repartido por lugarejos que ya no recuerdan su glorioso pasado.

Los trabajos de David Hodell y su equipo en las revistas «Nature» (1995) y «Science» (2002); G. Haugh en 2003, o del arqueólogo T. Sever en 2008, han aclarado algunos puntos, aunque el misterio de la desaparición de la civilización maya todavía en gran parte continúa sin resolver. Los científicos citados hablan de una oscilación de «El Niño» (ENSO), que dejó al Yucatán fuera de las lluvias monzónicas y a merced de los vientos alisios. También se ha especulado con un desplazamiento de la «Zona de Convergencia Intertropical». Los alisios son vientos secos, pero allí donde convergen entre sí, al Norte o al Sur del ecuador, según las estaciones, provocan una elevación del aire, que al ganar altura se enfría, y con ello se forman nubes que descargan en frecuentes lluvias. En las fotos de satélite vemos fácilmente estas grandes franjas nubosas, como anillos que circundan gran parte de la Tierra, al norte del ecuador en mayo-septiembre, al sur en noviembre-marzo. Pero la zona de convergencia del verano septentrional, es decir, la que favorecía al Yucatán, se desplazó entonces más al Sur, hacia América central. Por su parte, el alisio puede hacer llover cuando el viento se encuentra con una tierra que obliga al aire a elevarse; así pasa en las zonas montañosas, como la propia América Central o Brasil; pero Yucatán es una tierra llana y monótona, donde el alisio no se ve obligado a elevarse, y resulta casi siempre seco, de suerte que solo llueve en abundancia durante la época de las tormentas tropicales. Sever ha destacado también la posibilidad de un cambio climático provocado por el hombre: la deforestación masiva del Yucatán, para incrementar el área de cultivos. Así aumentó la sequía, como que hubo temporadas de hasta diez años secos consecutivos. Fue, dice Sever, «el suicidio inconsciente de un pueblo». La sequía arruinó a los mayas. Más tarde, volvería a llover. El pueblo sobrevivió, la cultura, no.

Simultáneamente, o quizá un poco antes (siglos VI-VII), se vino abajo la cultura mochica, que había florecido en la costa de Perú, y con aquella caída cambió la historia. Los mochas o mochicas habitaban la costa seca del norte de Perú, más o menos donde se ubica la actual ciudad de Trujillo, y alcanzaron gran esplendor entre los años 100 y 800. Cultivaban con esmero los valles fluviales con el agua, no abundante, pero suficiente, que descendía de los Andes. Realizaron obras de irrigación, para llevar el agua a donde la necesitaban, canales y pequeñas presas. Producían algodón de buena calidad, y fueron excelentes tejedores, muy por encima de otras culturas sudamericanas. También practicaban la alfarería. Elaboraron magníficas piezas, especialmente los huacos, recipientes cerrados de agua —digamos botijos—, pintados y vidriados de vivos colores, que al mismo tiempo que cumplían su función de conservar el agua fresca, eran verdaderas obras de arte, en que representaban caras o animales con una perfección que jamás alcanzó otra cultura americana. Especialmente famosos son los huaco-retratos, de un realismo sorprendente, que casi recuerda a la escultura romana. Los mochicas eran también buenos pescadores, en una zona en que gracias a la corriente de Humboldt abundan los peces. En ciudades como Sipan, los jefes hacían construir magníficas pirámides en donde moraban o adoraban a sus dioses. La cultura mochica pudo ser el eje del desarrollo de Perú, hasta que por el año 800 comenzó a decaer. Los jefes decidieron trasladar la capital aguas arriba para buscar zonas donde las lluvias eran más frecuentes, pero la persistencia de la sequía provocó su descrédito, y la falta de confianza de una sociedad en sus dirigentes puede conducir al ocaso de una civilización altamente organizada y jerárquica. Esta vez parece claro que la prolongada sequía inducida por el fenómeno La Niña fue mucho más operativa históricamente que las inundaciones esporádicas, pero no tan desastrosas entonces, propias de El Niño. La falta angustiosa de agua provocó la casi total desaparición de la cultura mochica, convertida en un lánguido subsistir de pequeñas sociedades incapaces de mantener su antigua civilización. Luego vendrían a edificar la futura grandeza de Perú otros pueblos venidos de más al sur. Entre ellos, siglos más tarde, por el XIII o XIV, los incas descenderían de las montañas y crearían una avanzada civilización. Casualidad o no, en dos siglos de meteorología anormal cayeron cuatro imperios: el romano, el persa sasánida, el maya, el mochica.

La época de las catedrales

Hubo un tiempo en que todo parecía marchar bien en Europa Como si hubiese advenido una era feliz, llena de belleza y encanto. No nos dejemos llevar, sin embargo, por la sugerencia del tópico generalizado. Si pudiéramos viajar virtualmente a los siglos XII o XIII, la realidad no nos presentaría en todo caso ese país de leyenda, en que los reyes son santos, las ciudades se hermosean con nobles edificios, en el prado hermosas pastoras de cabellos blondos cuidan primorosas los rebaños, o tras los ventanales góticos las dueñas hilan entre dulces canciones. Siempre hubo pobreza, enfermedad, desigualdades, guerras, pestes. La faz de la historia, por hermosa que sea, siempre nos presenta lunares y arrugas. Pero un llamativo signo optimista brilla en aquellos lejanos horizontes. Por más que no haya existido al parecer un sentimiento general de júbilo por la superación del temido año 1000, lo cierto es que a partir de entonces la población aumenta a un ritmo mucho más rápido que en los siglos anteriores, y especialmente en el XI, el XII y el XIII alcanza niveles de ascenso desconocidos hasta aquel momento. Los historiadores hablan del perfeccionamiento de las técnicas de cultivo, de un nuevo equilibrio social, de una mayor facilidad en los aprovisionamientos, de la posibilidad de mutuos auxilios en un mundo menos ruralizado, y todo eso es cierto. También cabe hablar de una cultura más extendida, de la mejora de las comunicaciones, de la formación de reinos más estables y menos discutidos, de la escasez de guerras y epidemias. No parece que quepa hablar de un clima más agradable que el de los siglos IX y X; en todo caso, lo que se registra es —dentro de unos valores que no parecen haber cambiado ostentosamente— un descenso suave y nada agresivo de las temperaturas, que disfrutaron de suaves primaveras y tibios veranos. De modo que con respecto a las condiciones climáticas, la época que abre la Baja Edad Media nos ofrece a su vez un panorama lleno de amabilidad y de equilibrio, al menos si la comparamos con los siglos que la preceden y que la siguen.

Se ha hablado de «la época de las catedrales», una expresión que ha pasado casi a la leyenda y hasta a la novela. Es cierto: las más bellas catedrales de Europa se construyen en el siglo XII o en el XIII. El románico nos ofrece una sensación de solidez y aplomo, con sus poderosos pilares de recia cantería que sostienen fuertes bóvedas de cañón, que parecen indestructibles. Los grandes templos románicos, algunos de cien metros de longitud en su nave central, no solo nos inspiran solidez, sino que con sus pequeñas ventanas y sus muros macizos, mueven al recogimiento y a la meditación. Vendrá luego el arte gótico, con sus finas columnas, sus arcos apuntados, sus portentosas bóvedas de crucería y sus bellísimas vidrieras policromadas: el gótico es un arte de honda espiritualidad que sugiere elevación a las alturas, limpieza de líneas, aprovechamiento de los espacios con un mínimo de materia, como si se quisiera que todo fuera espíritu. En las grandes catedrales góticas ocupan más espacio los vanos que los macizos: jamás se había conseguido este milagro del equilibrio y la altura con la menor cantidad posible de peso. Un delicado y sabio juego de contrarrestos —con el aditamento exterior de los contrafuertes y arbotantes— convierte a aquellos edificios en una «máquina» en que cada pieza sostiene increíblemente a la otra. El gótico, a diferencia del románico, mueve a la elevación y a una espiritualidad que aspira a la excelsitud.

Las catedrales son un símbolo de la Baja Edad Media, y nos ayudan a comprender las cosas de entonces. Pero también, en la misma plaza central de la ciudad está el palacio comunal, las casas de los primeros regidores y la sede de los principales gremios. El gremio, aquella forma de trabajo agrupado y de acuerdo con reglas escritas para el ingreso y el ascenso, fue una unidad de producción característica de una edad en que ya no privaba el trabajo individual, sino el trabajo en equipo; pero en que los laborantes de cada taller se conocían y tuteaban unos a otros, y las diferencias de salarios entre maestros, operarios y aprendices eran mucho más reducidas que las que iban a existir en épocas posteriores, y no digamos ya en la era del capitalismo. Aquel mundo de artesanos, mercaderes, marineros, pequeños funcionarios, campesinos, tiene para nosotros un encanto sencillo que no nos ofrecen otras épocas históricas. Es el triunfo de la división del trabajo y de las funciones. Es el triunfo de la ciudad, con sus murallas, sus calles, sus plazas y sus edificios, donde se aloja el centro de la vida. Los habitantes de la ciudad —entonces «burgueses» en el más elemental y cándido sentido de la palabra— llevan la dirección de las actividades y de los saberes, por más que la mayoría de la población sigue siendo campesina. Las nuevas órdenes religiosas, como los agustinos, los dominicos, los franciscanos, ya no construyen sus monasterios en lugares apartados, lo más lejos posible del mundanal ruido, como en los tiempos cenobíticos; sino que viven, enseñan y predican en la ciudad. Un papel importante en la difusión de la cultura tienen la Universidades, donde explican maestros de todos los países de Europa, que dictan sus «lecciones» en esa lengua franca que es el latín, y educan no solo a hijos de la nobleza, sino también de la burguesía. Los artífices tenían buen cuidado de que cuando menos un hijo suyo se ilustrara en la Universidad. y llegara a ser jurista, médico o escribano. La clase media —los «medianos»— vivió así un ambiente cultural que forjaría profesiones libres, que exigían una cierta cultura, o cubrirían los puestos de funcionarios.

Uno de aquellos maestros de la Universidad, Alberto de Bollstadt, más conocido como san Alberto Magno (1193-1280) cultivó todas las ciencias y se preocupó muy especialmente por los fenómenos atmosféricos. Uno de sus tratados más interesantes en la materia es «Sobre los meteoros». Trata de explicarse un hecho que siempre le llamó la atención: las montañas europeas están cubiertas de nieve. En cordilleras como los Alpes la nieve se mantiene en las cumbres todo el año, incluso bajo el sol ardiente. ¿Cómo puede ser eso, si las montañas están más cerca del sol que los valles y las extensas llanuras? Alberto rebate la creencia popular. El sol está enormemente lejos, y una distancia de miles de pasos en más o en menos no influye para nada en la cantidad de luz y calor que reciben las tierras. Lo que ocurre es que el sol calienta las tierras, y el aire en gran parte es calentado por el contacto de esas mismas tierras. Conforme subimos, la influencia del suelo en el aire es cada vez menor, y las temperaturas bajan. Las montañas están rodeadas de aire más alto y por consiguiente más frío: de aquí que sean más frías también. Particularmente ingeniosas son sus reflexiones sobre los vientos y las fuerzas que los provocan, y cómo los vientos arrastran las nubes que se forman en lugares húmedos para regalar el don de la lluvia en otros tal vez lejanos y más secos. Se advierte la lectura de Aristóteles y de Teofrasto, pero Alberto Magno supo también obtener sus propias deducciones, uniendo una lógica impecable con una detenida y curiosa observación. Tanto interesaban sus lecciones, que en París se llenaban sus aulas, hasta el punto de que Alberto hubo de enseñar al aire libre, ante un auditorio numeroso en la que hoy se llama Place Maubert (de «Magnus Albertus»), muy cerca de La Sorbona.

No debe extrañarnos que un historiador del clima que casi siempre nos cuenta catástrofes y calamidades —que son, eso es cierto, aquellos accidentes que más llaman la atención—, como es nuestro ya conocido Brian Fagan, cuando llega a los siglos XI, XII y XIII, apenas comenta más que esto: «comparados con los anteriores y los posteriores, estos siglos fueron una edad dorada en lo que a clima se refiere».

Sin noticias, buenas noticias. Y la falta de testimonios, en una época en que ya abundan los cronistas, no puede menos de transmitirnos una cierta sensación de normalidad. Existen, ciertamente, algunos testimonios de veranos calurosos, primaveras lluviosas, inviernos fríos... es decir, lo normal. Nunca llueve a gusto de todos, y el tiempo muestra una y otra vez sus caprichos: es un gaje inevitable. Pero las quejas son aisladas, concretas en cada caso, y de ellas no puede deducirse una situación «climática», es decir, una tendencia continuada del tiempo atmosférico al calor, al frío, a las lluvias excesivas o a una larga y ruinosa sequía repetida de año en año. Es evidente que el máximo térmico medieval alcanzó su ápice en el siglo X, más o menos, y a partir de entonces comenzó a declinar lentamente: fue como un otoño duradero, con frecuencia dorado, que no degeneró en invierno hasta el siglo XIV. Los análisis dendrológicos nos revelan que los árboles se extendieron hacia el norte de Europa más o menos hasta 1150; luego empezaron a retroceder. Por lo que se refiere a España, puede deducirse que los años 1204 a 1223 fueron algo más fríos que lo normal, hubo una tendencia al temple entre 1224 y 1272, y una tendencia de nuevo al frío en 1273-1300. Parece que en 1258 se produjo un bajón brusco en las temperaturas, provocado conjeturalmente por una erupción volcánica en algún lugar lejano, hoy todavía no identificado. El evento se superó, y volvieron años de normalidad; pero es casi seguro que la tendencia lenta, pero progresiva al frío se mantuvo en términos generales, provocada ya por fenómenos cósmicos, ya por oscilaciones de masas de aire o de corrientes marinas. Se sabe que el frío fue aumentando en Groenlandia, y hay noticias, en la segunda mitad del siglo XIII, de malas cosechas en Polonia y Rusia, causadas, se supone, por la sequía. Pero el clima, en sus líneas generales, se mantuvo en niveles de normalidad en la mayor parte de Europa. Hasta que la tempestad y el frío se desencadenaron con todas sus consecuencias en el mismo umbral del siglo XIV.

El siglo del fin del mundo

Es cierto: ya la segunda mitad del siglo XIII señala una tendencia al frío en muchas regiones, y no faltan noticias puntuales de ello; pero el mal tiempo se desató a comienzos del siglo XIV, y ya no había de cesar, en forma de fríos pertinaces, de lluvias inoportunas o de otras calamidades naturales, a lo largo de toda la centuria. El invierno 1309-1310 fue extraordinariamente frío, por lo menos en casi toda Europa. Sabemos que se congeló el Támesis, que se podía atravesar a pie, sin necesidad de utilizar los puentes. También se heló el mar Báltico, haciendo por unos meses imposible la navegación, e incluso en el más templado mar del Norte, frente a las costas británicas y alemanas aparecieron peligrosos bloques de hielo. Según J. Blasche, las heladas del Báltico se produjeron ya en 1303, y se repitieron en 1306 y 1307. El frío y las heladas perdurarían por mucho tiempo, entreverados —y esta coincidencia no es frecuente en épocas frías— con temporadas de grandes lluvias. El tiempo parecía haberse vuelto loco. Después de un invierno duro y seco, la primavera y el verano de 1315 fueron muy lluviosos. Las aguas torrenciales cayeron en abril, y siguió lloviendo en mayo, junio y julio, solo con pequeñas mejorías. La gente estaba asustada. Campos y calles se vieron anegados, y el cereal apenas granó, o se echó a perder con el agua. No fue mejor el año 1316, con un invierno de gran crudeza y fuertes lluvias en verano, cuando menos falta hacían. La gente empezó a pasar hambre, por la escasez de subsistencias, y la situación se hizo difícilmente sostenible en la primavera de 1317, cuando se vio que la cosecha se perdía, y hubo que sacrificar animales, incluso los más útiles, para el sustento humano, y guardar el poco grano que quedaba para la siembra del año siguiente. Se cuenta que en Francia las familias tuvieron que comer perros y gatos, cuando ya no quedaba otra carne que consumir. Y en Inglaterra relatan las crónicas que algunas aldeas fueron abandonadas por los campesinos indigentes que hubieron de pedir limosnas por los caminos o emigrar a otros lugares. El invierno 1317-18 acabó con el poco pienso que quedaba, las bestias fueron soltadas de sus establos, para que buscaran en los campos abiertos su sustento, pero sometidas a la intemperie, murieron de hambre o de frío. Por si fuera poco, en el verano de 1318 de desató una peste bovina que causó estragos y no finalizó hasta 1320. Las crónicas cuentan también que muchos hambrientos cometieron atracos, y que hasta se vieron escenas de canibalismo. Es preciso mantener un poco de precaución ante estos relatos espantosos, porque hay cronistas propensos a cometer exageraciones por el morbo de la noticia, pero la coincidencia de todas las versiones en su afán de contarnos males por las mismas fechas nos aconseja creer que el frío y el mal tiempo fueron frecuentes y llamativos en la mayor parte de Europa

En 1319 hubo una buena cosecha, pero por 1320-22 volvieron las adversas circunstancias meteorológicas. Con todo, parece que la década 1320-1330 fue mejor que la anterior, a veces con veranos cálidos y secos, e inviernos muy ventosos y crudos, pero siempre con un clima soportable. Tampoco España se libró de la mala racha. La Crónica de los Reyes de Castilla nos cuenta de 1301: «este año fue en toda la tierra muy grand fambre, e los omes moríanse por las plazas e por las calles de fambre, e fue tan grande la mortandad en la gente que bien cuidaron (temieron) que muriera toda la gente de la tierra...». Todos los testimonios castellanos de la primera mitad del siglo XIV hablan de malas cosechas y de hielos. Hacia 1325 hubo otra gran hambruna. Y las Cortes de Burgos de 1345 se quejan de «una simiente muy tardía, por muy fuerte temporal e grandes nieves e yelos». Muchas viñas hubieron de ser abandonadas después de varios años de miserables cosechas. De acuerdo con la documentación conservada en el obispado de Winchester, Inglaterra, por 1335-36 el clima volvió a ser seco o muy seco, con los consiguientes fríos y malas cosechas. Nieves y hielos en el norte y centro de Europa; sequías, frío, alternando con grandes inundaciones en el Mediterráneo. Todo ello nos sugiere una «oscilación atlántica» con anticiclón muy al Norte, y vientos helados del este o nordeste, con entrada de borrascas por latitudes más bajas, desde las Azores o las Canarias. En Italia se quejan lo mismo de hielos que de inundaciones; sobre todo en la cuenca del Po fueron frecuentísimas y algunas terribles: como que varias veces se habló de «la inundación del siglo»: con la consiguiente exageración, tal vez, de los campesinos desesperados por el desastre, pero no sin cierta razón puesto que fue aquel un siglo anormal. Todavía en 1407-1408 Florencia se vio cubierta por la nieve durante mes y medio, un episodio que hoy consideraríamos imposible.

El mal no solo se produjo en Europa. Tenemos noticias de que en 1331-1332 se registraron excepcionales inundaciones en los dos grandes ríos de China, que provocaron, se dice, siete millones de muertos. Y también a mediados del siglo XIV, en 1344 y 1345, ocurrió una anormal ausencia del monzón en la India y lo que hoy es Pakistán, con la consiguiente incidencia de hambres terribles, que pudieron causar también millones de víctimas. Ya es sabido que el monzón de verano, que viene a regar abundantemente las tierras sedientas, es en aquel país una absoluta necesidad. Como es sabido, el clima frío afectó también, como no podía ser menos, a Groenlandia. Como en su lugar hemos indicado, en 1340 se organizó una expedición destinada a socorrer a los colonos vikingos, a los que ya se sabía en penosas condiciones. Los navíos hubieron de costear muy al Sur, para evitar los hielos, dando un gran rodeo hasta encontrar una vía de penetración posible hacia el sudoeste de la isla-continente, donde estaban defendiéndose a duras penas las antiguas colonias; y encontraron un campo de ruinas. Quedaron unos cuantos, hasta que en 1347 los marinos nórdicos decidieron abandonar Groenlandia definitivamente. Y por lo que se refiere a Islandia, permanecieron las colonias escandinavas, pero en precario. Por los datos que podemos colegir, la población de Islandia se redujo en el siglo XIV aproximadamente a la mitad. Los cultivos hubieron de ser abandonados, y los isleños tuvieron que dedicarse casi exclusivamente a la pesca.

Son justamente los hielos de Groenlandia los que mejor han permitido hoy una reconstrucción objetiva de la ofensiva del frío en el siglo XIV. Las muestras recogidas por Richard B. Alley denuncian que se produjo por entonces un episodio de formación de masas glaciales como no había ocurrido en los siete siglos anteriores, es decir, desde fines del siglo VII. Por su parte, Holzbauer, examinando (2005) los glaciares alpinos, encontró señales objetivas de un mínimo térmico entre 1370 y 1400. Tal vez las fechas encontradas aquí son un poco posteriores a los picos fríos que señalan los investigadores del hielo ártico; pero no hay que olvidar que los glaciares marchan un poco «atrasados»: tardan en adquirir su máximo caudal, y siguen fluyendo abundantemente, si no hace un calor excesivo, bastantes años después del mayor enfriamiento. Hay quien coloca a mediados del siglo XIV el «Mínimo de Wolf», el primero de los capítulos de la «Pequeña Edad del Hielo» a que nos referiremos páginas más adelante; pero la datación exacta de este primer mínimo es muy dudosa por el momento. Lo único claro es que el siglo XIV fue más frío que los anteriores. En general, puede afirmarse que en la época a que nos estamos refiriendo fueron especialmente crudos los inviernos, y cortos, a veces muy frescos, los veranos, esos «veranos podridos» de que hablaba Duncan Johnson, en que no maduraban las mieses: pero no dejaron de presentarse también veranos calurosos. Hay motivos para pensar que el clima fue más extremado que lo «normal» en los últimos siglos, con una alternancia no menos llamativa de largas sequías con episodios de riadas torrenciales que erosionaron la tierra, descubriendo en ocasiones la roca, o cuando menos llevándose por delante lo mejor y más productivo de los suelos. Probablemente no es esta degradación la causa exclusiva de las hambrunas de la época, pero es preciso contar también con este descenso de calidad de la tierra como uno de los factores de las malas cosechas de aquel siglo de dificultades.

Existe un factor, al que tal vez algunos no han concedido demasiada importancia, que podría contribuir a explicarnos el cambio climático del siglo XIV. Hubo, ya lo sabemos, un crecimiento demográfico sorprendente, en el periodo que transcurre entre el año 1000 y el 1300. Solo en este último parecen haberse iniciado las calamidades en un grado tal de pertinacia y sucesión de unas a otras, que parece probable que la tendencia a la despoblación, o por lo menos al estancamiento se produjo ya desde el mismo comienzo de la centuria, sin esperar a los estragos todavía más terribles de la peste. Sin duda el aumento de la cantidad de habitantes exigió un aumento de la producción, y pudo llegar un momento en que la producción de bienes necesarios ya no pudo soportar este aumento de la demanda; sobre todo si tenemos en cuenta que la búsqueda de nuevos terrenos de cultivo obligó a roturar tierras de menor calidad, o más difíciles de alcanzar desde el hogar de los cultivadores. Es lo que se llama, en agronomía, la ley de los rendimientos decrecientes. Este argumento se ha repetido casi hasta la saciedad, y puede contribuir, qué duda cabe, a explicarnos los orígenes de la crisis. De todas formas, podríamos preguntarnos qué casualidad provocó su estallido justo en el punto exacto del cambio de siglo. Hasta entonces, la sociedad había conseguido soportar bien el crecimiento demográfico, sin experimentar síntomas de una grave crisis: que se hizo visible de pronto, con sus hambrunas y demás, casi justo en la misma raya de las dos centurias. Pensar en un brusco cambio climático no dejaría también de ofrecernos una explicación satisfactoria. Ahora bien, y a esto íbamos: la roturación de nuevas tierras, hoy lo sabemos de sobra, significa arrancar superficies enormes al bosque. Hoy se cree que entre los años 1000 y 1300, los bosques europeos quedaron reducidos a menos de la mitad, por la necesidad de nuevos cultivos o por el mismo desarrollo de la ganadería. ¿Qué pudo ocurrir? Que la desaparición de bosques, capaces de absorber una buena parte de la radiación solar, y la existencia de áreas cada vez mayores provistas de un más alto albedo, es decir, reflectividad, pudo provocar un fenómeno de enfriamiento. Empezó con lluvias, terminó con un descenso térmico generalizado. No pueden sentarse conclusiones definitivas; pero quién sabe si lo ocurrido en Europa en el siglo XIV tiene algo que ver con lo ocurrido pocos siglos antes con la decadencia extrema del país de los mayas, a que nos referíamos hace no muchas páginas. También, por lo que se refiere a territorios norteamericanos, hay noticias de sequías y fríos, desaparición de zonas arboladas, y emigración de los pueblos nativos hacia otras regiones menos castigadas por el clima. El asunto, aunque por los datos constatados no ofrece dudas en sus términos generales, queda pendiente de una más completa y amplia investigación.

En el difícil siglo XIV, en amplias regiones de Europa y Asia vino una nueva calamidad, la Peste, la espantosa Peste Negra, una de las catástrofes naturales más terribles que recuerda la historia. Según se afirma por la mayor parte de los historiadores, la peste se inició en las mesetas del Asia Central, por 1337-38. Era una zona poco poblada, pero frecuentada por caravanas de mercaderes que la llevaron a Oriente y Occidente. Asoló India y China por 1346, causando una enorme cantidad de víctimas. Tal vez no hubiera alcanzado las tierras de Occidente si no se hubiera producido un hecho concreto: en 1347 los tártaros de la Horda de Oro asediaban la ciudad de Kaffa, en Crimea, colonia genovesa. Se dice, aunque puede ser una leyenda, que los tártaros lanzaban con sus catapultas cadáveres infestados por encima de las murallas, con las consecuencias que ya eran de suponer. La peste cundió en la ciudad sitiada, los genoveses, ya enfermos, la evacuaron, y con sus naves, en medio de la dificultad y de las bajas, trataron de regresar a Italia. Se dieron los primeros contagios en Messina y Génova. De Génova navegaron los gérmenes a Marsella, y por tierra viajaron a París; en tanto que de Messina la epidemia se trasladó pronto a la península italiana. Todo en 1347. Luego el mal siguió viajando: un barco con vino de Burdeos lo transportó a Londres. De Francia pasó a la Corona de Aragón en 1348 y de aquí a Castilla y Portugal en 1349. También sufrieron en Países Bajos y Alemania. La peste pasó a Rusia por 1350-51, ya algo disminuida, ya fuera por haber perdido su mayor virulencia, ya por la más difícil transmisión en grandes espacios poco poblados.

¿Qué germen la originó? Se habla generalizadamente de peste bubónica, por las «bubas» o bultos con llagas que producía; pero todavía se duda si fue producto de un cruce de distintas cepas. El asunto no merece aquí mayor atención. Sí el hecho de que parece seguro que se transmitía por picadura de mosquitos previamente infectados —tras picar a las ratas, que son el agente transmisor más activo—, y que se agravaba todos los veranos, para remitir en invierno: es un hecho que se puede comprobar tanto en Inglaterra como en Francia. Efectivamente, el verano es la época de mayor proliferación del mosquito. Y se ha dicho que la transmisión del mal es más fácil en veranos suaves, con máximas que raramente superan los veinte grados, tal vez en aquellos «veranos podridos» tan propios de la época. Tampoco hace falta en este caso describir las escenas, a veces desgarradoras, que entonces se presenciaron. Nos basta saber que la peste de 1347-1351 fue tal vez la mayor catástrofe momentánea y de origen natural que ha sufrido el hombre. El famoso cronista Jean Froissart nos cuenta que en aquel desastre murió la tercera parte de la humanidad. Durante un tiempo se consideró aquella afirmación exagerada; trabajos realizados en Francia y Gran Bretaña sobre datos bien conocidos muestran una mortandad del 35 por 100, en algunos casos mayor. ¡Parece que Froissart se quedó corto! Las consecuencias de la Peste Negra, al menos en Occidente, fueron tremendas y en alto grado operativas, lo mismo en los ámbitos político, social y económico como en el espiritual y el de las mentalidades: es un episodio que he tenido ocasión de estudiar en otro libro[4], pero del que no cabe aquí mayor referencia.

---

[4] *Páginas de la Historia*. Rialp, 2008.

Algunos paleoclimatólogos relacionan la peste con el frío. La hipótesis solo puede aceptarse con reservas y de forma muy indirecta. Los largos y helados inviernos pudieron entorpecer la siembra, las malas primaveras y veranos echaron a perder las cosechas; las malas cosechas generaron hambre, el hambre debilidad, y la debilidad nunca es causa de una epidemia, pero puede serlo de su más fácil propagación y del aumento de la tasa de víctimas mortales. Si admitimos la teoría sobre la más fácil propagación de la peste bubónica en los veranos frescos y húmedos, tendremos otro dato no demostrativo, pero sí también digno de tenerse en cuenta. Una vez más, y no fue la primera ni la última, el hambre precede a la peste, y no al contrario. La Peste Negra tuvo, decimos, inmensas e inesperadas consecuencias. Y lo malo es que se repitió, aunque mitigada, gracias al «efecto vacuna», varias veces en aquel desgraciado siglo.

La Pequeña Edad del Hielo

El término se debe al glaciólogo François C. Matthes, que trabajó preferentemente en Estados Unidos (Sierra Nevada de California y otras cordilleras contiguas). Encontró huellas de glaciares extendidos en los siglos XV, XVI, XVII, XVIII, e incluso un poco más, y aplicó este apelativo a la época en general, aquella que estamos acostumbrados a denominar Edad Moderna, hasta los comienzos de la Contemporánea en el siglo XIX. Es decir, que aquella edad fría transcurre más o menos de 1450 a 1850. Es cierto que Matthes emplea el término en minúscula, y sin intención de generalizar, y la culpa —si es culpa— de la fama de esta expresión la tienen otros historiadores del clima a quienes estas palabras resultaron por demás sugestivas. Incluso, por poco lógico que parezca, este nombre ha sido adoptado por un grupo musical para una serie de discos, de modo que cuando se menciona la pequeña edad del hielo, algunas personas se ponen a cantar cancioncillas. Bien, hablando en serio, ¿existe de verdad una «Pequeña Edad del Hielo»? Por de pronto, utilicemos de ahora en adelante las palabras de Matthes, tal como él las escribió: con minúsculas. No merecen una consideración mayor. Y la segunda pregunta se impone con la misma fuerza que la primera: ¿se trata realmente de una edad fría, o de diversas etapas de frío separadas por otras relativamente «normales»? También esta pregunta tiene cierta razón de ser. Si pudiéramos determinar con precisión las temperaturas medias de los siglos IX, X, XI y XII, y las comparásemos con las de los siglos XIV, XV, XVI, XVII y XVIII, encontraríamos que el segundo periodo tiende visiblemente más al frío que el primero. Por otra parte, ese segundo periodo registra unas temperaturas más bajas que las que —esas sí, ya se han medido de modo convincente en muchos países desarrollados— se anotaron en la segunda mitad del siglo XIX, el XX, y lo que llevamos vivido del XXI. Hay, por tanto, un largo periodo frío, flanqueado por otros dos más calientes, en uno de los cuales nos encontramos ahora mismo.

Ahora bien: no hay seguridad de que se trate de una época fría en su integridad. Parece que hubo periodos intermedios más templados, aunque nunca se puede encontrar en ese largo tramo cronológico una época particularmente calurosa de cierta duración. Los expertos en actividad solar han señalado unos cuantos «mínimos», de los cuales hoy se sigue hablando todavía, aunque sin mucha convicción: el «mínimo de Oort», el «mínimo de Wolf», el «mínimo de Maunder». Existen motivos para aceptar esos mínimos en la actividad del sol, pero las repercusiones de esa actividad en las manifestaciones del tiempo atmosférico, y concretamente en los cambios del clima es una cuestión que, aunque apasionante, está todavía por precisar. Primero: sabemos que la actividad solar influye sobre el clima de la Tierra, pero aún no sabemos exactamente cómo y en qué grado. Segundo: contamos con muy buena información sobre la actividad solar en los siglos XIX, XX, y XXI, y una idea muy aceptable para el XVIII (no tanto para el XVII, en que se inventó el telescopio, pero las observaciones solares fueron poco continuadas). Para épocas anteriores, se han recogido todos los datos, que no son muchos, de observación de manchas solares a simple vista (los anales chinos recogen unas cuantas versiones de «agujeros en el sol»), o referencias de auroras polares, que se hacen más frecuentes y espectaculares en momentos de máxima actividad en el sol. Una aurora polar es un fenómeno tan llamativo, que pocas veces deja de ser relatado por quienes, en Suecia, en Rusia, hasta en Gran Bretaña o el norte de Alemania, la presenciaron. En ocasiones, una aurora puede ser vista desde Francia o desde China. Es bien sabido que los chinos nos han dejado cumplida constancia, desde hace miles de años, de todos los fenómenos anómalos que vieron en el cielo.

De acuerdo con estas suposiciones, se ha hablado de un «mínimo de Oort», que coincide justamente con el periodo de máximo medieval. En ese momento es evidente que lo que preponderaba en el mundo conocido era el calor, tuviera que ver ello o no con el sol; concretamente ese «mínimo de Oort» habría tenido lugar en los años 1010 a 1050, o para otros entre 1050 a 1080; en cualquier caso no parece que esa supuesta inactividad del sol esté relacionada con un periodo de enfriamiento, siquiera transitorio, sino más bien con todo lo contrario. Luego viene el mínimo de Spörer, en los años 1450 a 1550 —para otros en 1420-1530—, años que sí pudieron ser más fríos, aunque los testimonios de la época no sean unánimes. El mínimo de Maunder, en los años 1645-1715, o bien para otros 1640-1730, es, en lo que se refiere a la actividad solar, un fenómeno ya suficientemente documentado por observaciones astronómicas fehacientes, aunque no disponemos de todas las que quisiéramos. Aquel periodo es, evidentemente, y para nuestra sorpresa, una época de muy escasa o nula actividad solar, y ¡en este caso sí que coincide con un periodo declaradamente frío! Y finalmente se habla del mínimo de Dalton, entre 1790 y 1820, que ciertamente coincidió con fríos bien documentados, pero no circunscritos solamente a esas fechas. Esto es todo lo que sabemos; y pasar de lo que sabemos para suponer cosas que todavía no podemos demostrar es una actitud todo lo sensacionalista que se quiera, pero carente de rigor científico.

En definitiva, hay periodos de inactividad solar, que no siempre coinciden con arremetidas del frío, ni se extienden cronológicamente por las mismas fechas, pero que tampoco podemos despreciar en absoluto para negar la influencia del sol sobre el clima. Pudieron influir de una manera que aún no hemos terminado de comprobar, o bien los indicios históricos de que disponemos son poco expresivos, y habría que modificar su ubicación cronológica. Podemos admitir como posible cualquier cosa menos negar la influencia del sol sobre el clima, porque esa negación sería probablemente un disparate. Pero tampoco nos es posible formular una tasa de influencia estricta. Si la civilización hubiera dispuesto de telescopios desde diez siglos antes de Galileo, otro gallo nos hubiera cantado. Pero hemos de atenernos a noticias inconexas, y esas noticias no nos son suficientes para establecer una relación segura. Al mínimo de Maunder, el más importante y aquel en que esa relación parece que no ofrece duda, nos referiremos en su momento. Aparte de la cuestión de la actividad solar, hoy corren teorías a montones, quizá porque el tema es apasionante y además está de moda; pero tampoco es cuestión de aceptarlas a pies juntillas. Expertos de la NASA han señalado picos de frío en años bastante parecidos a los citados: alrededor de 1650, 1770 y 1850. Quizá sean más ajustados a los testimonios históricos los periodos que nos da el glaciólogo Holzhauer, tras sus estudios en los hielos de los Alpes: hubo sobre todo tres picos fríos: uno a fines del siglo XIV, en torno a 1370, otro de 1670 a 1700, y un tercero por 1850-1860. Teniendo en cuenta el «retraso» con que marchan los glaciares, las fechas parecen bastante correctas. Entonces... ¿los periodos fríos fueron uno o tres? En fin: hay razones para suponer que las hipótesis no se contraponen si suponemos que todo el lapso que transcurrió entre el siglo XIV y mediados del XIX tendió al frío; pero hubo por lo menos tres picos de máximo frío en esa época.

Bien: no podemos precisar al máximo sin pecar de imprudencia, pero no cabe duda de que durante el largo periodo que va de 1300 a 1850 son abundantes los episodios fríos, algunos de ellos bastante duraderos. ¡Vale la pena que los tengamos en cuenta! ¿Por qué entonces, nos sentimos obligados a obrar con reservas? La razón es muy sencilla: porque los contrastes son suaves, raras veces llegan a extremos espectaculares, y no podemos compararlos con otros periodos de evidencia aplastante y larguísima duración, como por ejemplo, fueron los de las glaciaciones. Se habla de «pequeña edad del hielo» en sentido figurado por seguir la sugestiva expresión de Matthes; pero entre los siglos XIV y XIX no parece que las temperaturas hayan sido más bajas que en el «frío homérico» o de la Edad del Hierro, allá por los siglos IX a V antes de Cristo, o de aquel otro que se relaciona con la caída del imperio romano: dos eventos a los que en su momento nos hemos referido. Pero la «pequeña edad del hielo», en su conjunto, aun sin merecer ese nombre, fue más fría que la que le precede y la que le sigue, aunque con fluctuaciones, y sin que faltaran episodios de calor. Existe, sin duda alguna, y sin necesidad de exagerar sus rigores. El alemán Pfister, que utiliza documentos de la época, pretende que la «pequeña edad del hielo» se caracteriza por inviernos muy fríos, no tanto por veranos frescos, puesto que algunos de ellos fueron bastante calurosos. Ya hemos observado algo de esto durante el siglo XIV. Frío, pero no durante todo el año, o por lo menos no a lo largo de todos los años. ¿Podemos destacar determinados picos de frío? Naturalmente que sí. Es probable que la pequeña edad de hielo se caracterice por episodios fríos de varios años más que por la media de todos los siglos en que se dice que duró.

Bien, terminemos la discusión: hubo un periodo relativamente frío, en ocasiones bastante frío, entre los siglos XIV y XIX. Subsiste un punto que nos interesa, para saber ahora mismo a qué atenernos. ¿Por qué? Para explicar estas sucesiones no parece que se pueda recurrir a los ciclos de Milankovich, porque los intervalos que éstos suponen son más largos, por lo general de miles de años. Y es más: si atendemos a esos ciclos, debiéramos estar sufriendo desde hace cuarenta o cincuenta siglos un periodo de enfriamiento, como ha dejado en claro W. F. Ruddiman. ¡Lo ha dejado en claro, pero no es esto lo que se verifica! Hemos tenido, desde los tiempos de los caldeos y de los faraones siglos cálidos y siglos fríos. Una sucesión tan «rápida» a escala geológica tiene que obedecer a otras causas. Por otra parte, el ciclo solar, de aproximadamente once años, se nos queda demasiado corto. Ahora se habla bastante del ciclo de Gleissberg, que se repite cada 80 o 90 años —el promedio parece que es de 87—, que sufre también el sol. A él se atribuye, por ejemplo, el «Mínimo de Maunder», del que vamos a hablar muy pronto. Pero parece que necesitaríamos echar mano de un ciclo de unos pocos siglos para explicarnos bien las cosas. Recientemente Theodor Landscheidt ha teorizado la posibilidad de un ciclo solar de algo más de 200 años. ¡Tal vez este gran ciclo nos sirva para explicarnos las variaciones seculares! Pero ¿no empiezan a marearnos un poco las teorías cíclicas, como en su día marearon a Le Roy Ladurie? Hay ciclos en el sol, como los hay en la naturaleza, pero tal vez tratar de forzarlos para aquilatar al máximo no nos aclare los caprichos del clima.

Hoy tiende a darse cada vez más importancia a las «oscilaciones». De vez en cuando, y sobre todo durante el invierno, el anticiclón ocupa el lugar de las borrascas, y éstas vienen por una vía abierta en el lugar que solía ocupar el anticiclón. En lo que va del siglo XXI ya hemos presenciado dos oscilaciones del Atlántico Norte (NAO) en el invierno 2009-2010 y primera mitad de 2010-2011. En Europa han soplado vientos fríos, y buena parte del continente ha estado cubierto durante buenas temporadas por una espesa capa de nieve. En tanto, las borrascas, formadas en la zona de frontogénesis de Terranova-Labrador, eran empujadas por la corriente fría hasta muy al Sur, y se deslizaban como por una autopista por Azores, Canarias, Madeira, hasta entrar por el sur de España, donde provocaron frecuentes inundaciones. El mundo al revés, comentábamos al contemplar los mapas del tiempo o al sufrir las consecuencias. Pero ese mundo al revés es un fenómeno que se ha repetido muchas veces en la historia, y si se prolonga por largo tiempo, digamos que se repite durante un buen número de años, da pie para hablar de un «pequeño cambio climático». La NAO afecta a Europa y al Este de Estados Unidos, donde las consecuencias han sido también evidentes en los últimos años. La NAO no es, por supuesto la única oscilación posible. También existe la Oscilación del Pacífico Norte, que afecta especialmente a California y Oregon, no tanto a las costas japonesas, muy protegidas por el Kuro Shivo. Por razones que desconozco, se habla allí de una «oscilación decenal», aunque no queda abonada la existencia de un ciclo de diez años. El Niño, por supuesto, es también una forma de oscilación, de dimensiones casi planetarias, por la enorme masa de agua y de humedad atmosférica que queda implicada y por la importancia que tiene en el sur y sureste de Asia el régimen monzónico. Si algo está claro en los primeros años del siglo XXI es que hemos presenciado importantes oscilaciones del Atlántico Norte, y en cambio ha faltado a la cita El Niño: al contrario, predomina «La Niña», que es por su naturaleza el fenómeno normal, por más que el monzón fuerte haya provocado tremendas inundaciones en parte de la India y Pakistán, o a comienzos de 2011 en la zona NE de Australia. No parece, a juzgar por estos hechos, que haya sincronía: se da una oscilación, no se da la otra. ¿Es que cada cual tiene su ritmo, si de ritmo siquiera puede hablarse? ¿Y hay un fenómeno cósmico de mayor amplitud que rige las oscilaciones?

De todo esto deberíamos saber un poco más a la hora de explicar cómo fue la «pequeña edad del hielo», y también a la de determinar sus alcances en el clima terrestre. Sabemos que afectó, sin duda alguna, a Europa, América del Norte, China. Que hubo una oscilación atlántica es un extremo que no ofrece dudas. Los fríos batieron especialmente Islandia, las Islas Británicas, Alemania, la Francia del Norte, los Países Bajos. Los canales de Holanda se helaban casi la mitad del año, al punto —dice R. Alley—, de que se podía caminar y patinar por ellos. Se alude también al pintor Brueghel «el Viejo» (siglo XVI), tan aficionado a pintar paisajes nevados, y a gente que se mueve por ellos como si fuese algo habitual; naturalmente, el testimonio no aporta gran cosa, aunque puede indicar algo... y por supuesto, vale la pena contemplar aquellos cuadros tan deliciosos y costumbristas. En los mismos países tenemos testimonios en los anillos de los árboles, o conocemos, gracias a Le Roy Ladurie, fechas de vendimias tardías, o el retraso en la floración de los cerezos. El mismo Le Roy, tan reacio a admitir ciclos climáticos, confiesa que fueron aquellos «unos siglos particularmente fríos». Para el caso de España, contamos con referencias, gracias a un estudio de J. Pereda Sala y colaboradores, de que el Ebro se heló ocho veces entre 1505 y 1789, siendo la helada del invierno 1788-89 la más prolongada de todas: duró quince días. Bien, anticiclón generalmente en altas latitudes, la frontogénesis atacando desde la corriente fría de Groenlandia, las borrascas abriéndose paso más abajo (hay estudios sobre lluvias en Canarias en la «pequeña edad del hielo»): tal es el cuadro típico de una oscilación del Atlántico Norte, como las que hemos disfrutado o padecido, según se quiera entender, en los inviernos 2009-2010 y 2010-2011, pero en aquella época con la persistencia propia de quien viene para quedarse. No fue aquella una glaciación ni mucho menos, pero en algunas partes tuvo mucho de glacial, como en la canadiense bahía de Baffin, que, según Ruddiman permanecía helada la mayor parte del año.

Ahora bien ¿solo en Europa y Norteamérica? El paleoclimatólogo C. Wang estima que por entonces los monzones se debilitaron y castigaron con sequías y vientos fríos el sur de Asia y China. Es decir, hubo un fenómeno «El Niño» en que las corrientes tropicales se movieron hacia el este, y dificultaron el paso del agua caliente y el aire caliente a la zona del Índico. También se deduce lo mismo por testigos de polen y restos de plancton en el mar de Oman. Incluso existen indicios sobre una época de frío en Nueva Zelanda. Y esto proporciona una nueva dimensión al asunto, porque puede indicar, contra lo que otros piensan, un fenómeno global. Un problema en el mecanismo de los monzones está íntimamente relacionado con el fenómeno ENSO, es decir, con el Pacífico Sur y el movimiento de la «Gran Piscina Caliente» hacia el este o hacia el oeste. Tal vez, a lo que parece, fue allí la incidencia menos decisiva que en el Atlántico, y se piensa que se desarrolló con más intermitencias, pero tampoco dejó de registrarse. Estudios de Thomas Crowley, K. J. Kreuz y otros tienden a certificar esta presencia del frío en el otro hemisferio, idea que también admite como buena Brian Fagan. Tal vez una perturbación importante en el ritmo de la circulación atmosférica en una zona del globo influye de alguna forma en otras zonas: conviene seguir estudiándolo. Para terminar, los expertos han descubierto una disminución de la tasa de CO_2 en la atmósfera para la segunda mitad del siglo XIV, e incluso para siglos siguientes. Es lógico y esperable que una baja en el dióxido de carbono suponga una disminución del efecto invernadero, y por consiguiente una época fría. Algunos, sobre todo aquellos que dan por supuesto que el incremento del CO_2 es producto de la presencia humana, llegan a una conclusión bastante macabra: la causa de la «pequeña edad del hielo» fue la tremenda peste de 1347-51. Es decir, que hubo más frío porque hubo menos hombres. La tesis no es demostrable, como que los periodos más cálidos de la historia de este planeta se produjeron mucho antes de la aparición de la especie humana. Y como que en el siglo XVIII y o primera mitad del XIX aumentó espectacularmente la población, y sin embargo se mantuvo el frío. La verdad es que la idea de que para remediar el calentamiento actual la solución es que muchos de nosotros debemos dejar de existir produce, si no frío real, sí una buena dosis de escalofríos.

El frío del siglo XV y otras incidencias

Bien, retornando al proceso histórico, parece claro que el siglo XV, después de un relativo calentamiento inicial, encierra un pico del frío. El americano John Eddy, basándose en datos sobre auroras polares —o más bien en la falta de testimonios sobre ellas— deduce que ese pico se operó entre 1420 y 1480. El análisis de los anillos de los árboles, aunque no coincidente en todas las regiones, hace pensar en un periodo frío a mediados del siglo XV. Ello no impidió la prosperidad del Renacimiento flamenco, ni la navegación por el Báltico, ni la recuperación británica después de la guerra de los Cien Años, ni la consagración del principado de Moscú, declarado por el monje Filoteo como «la Tercera Roma». Lo cierto es que se apreció una ofensiva del frío por 1430, y que los viñedos franceses se helaron en el invierno 1432-33, con las pérdidas consiguientes. También está constatado por aquellos años un retraso frecuente de la época de la vendimia. Si el viñedo británico se había rehecho en parte, desapareció definitivamente por los años 30 y 40 el siglo. El análisis de los anillos de los árboles en Inglaterra revela inviernos muy fríos y primaveras frías por lo menos entre 1420 y 1440. Los irlandeses aseguraron haber visto esquimales remando en canoas cerca de las costas de su isla. El hecho quizá —solo quizá— pueda insinuar el advenimiento de un clima más frío que haya aconsejado a los inuits a buscar zonas más propicias, pero no dejó de tener consecuencias históricas: años más tarde un marino inquieto y soñador, que se llamaba Cristóbal Colón, y al cual entonces casi nadie conocía, navegó por aquellas aguas y recaló en el puerto irlandés de Galway, donde se contaban historias extraordinarias sobre aquellos hombres del norte que navegaban en piraguas. El futuro descubridor, prendado siempre de una idea fija que le atraía como una obsesión, tuvo la certeza de que aquellos navegantes no eran esquimales, (menos aún indios americanos, de cuya existencia no tenía la menor idea), sino habitantes de Catay —China— que Colón situaba en la otra orilla del Atlántico, y no muy lejos. La supuesta y equivocada identificación de aquellos extranjeros sería uno de los argumentos que iban a conducirle a su empresa descubridora.

Los mismos viajes de Colón, a fines del siglo XV y comienzos del XVI, permiten deducir algunas conclusiones, todas ellas puntuales. En su primera aventura pudo navegar en popa más tiempo del normal por una elevación del anticiclón de las Azores que se mantuvo en su posición de verano más tiempo de lo corriente, y solo llegó a la zona de las calmas bastante más allá de donde se las hubiera encontrado en un clima como el del siglo XX. A su regreso tuvo que sufrir borrascas muy duras a la altura de las Azores y Madeira, como si se hubiera registrado una «oscilación» del Atlántico Norte. En el tercer viaje supo prever con genial intuición una tormenta tropical, y en el cuarto se vio sorprendido por una serie ininterrumpida de tormentas en América Central, que parecen haber sido —si no hay exageración en el relato— un evento anormal para aquellas fechas.

Por lo que se refiere al siglo XVI, los historiadores encuentran noticias de que en Francia tuvieron que sufrir un invierno gélido en 1506, hasta el punto de que el mar se heló en las cercanías de Marsella: una circunstancia que, de ser cierta, nos obligaría a creer en un clima mediterráneo absolutamente anómalo: diríamos que casi increíble... En 1540 se habló de heladas que echaron a perder todas las viñas en el Sur de Francia. El Ródano se heló cerca de Arles en 1571, 1573 y 1575, esta vez «hasta la mar»: otro hecho que también nos deja perplejos; y el fenómeno se repitió en 1590. Le Roy Ladurie cree poder deducir «un largo periodo glaciar» a partir de 1590, eso sí, no sin excepciones, y sin que la tendencia fría se haya prolongado durante muchos inviernos seguidos: nunca por series de más de una década. También reconoce que por entonces «no hay épocas prolongadas de calor». Los japoneses tienen noticias de que el lago Suwa se helaba todos los años entre 1560 y 1680; desde aquel momento, las heladas se hicieron mucho menos frecuentes. Bien; también se han argüido referencias a hechos históricos concretos. Pueden resultar curiosas y atractivas, si se quiere, pero hay que reconocer que por su carácter puntual son mucho menos demostrativas. Sabemos que el retraso de la batalla de Lepanto —que muchos quieren atribuir a la meticulosidad de Felipe II— se debe en parte a la complejidad enorme de aquella operación, pero en parte también a una serie temprana de temporales que se desataron por el Mediterráneo en septiembre de 1571. El hecho es menos de extrañar de lo que puede suponer un centroeuropeo, porque el otoño es la estación más inestable en el viejo mar. La batalla se libró al fin un poco tarde, el 7 de octubre. Fue una colosal victoria de las naves cristianas en un momento en que los turcos habían desembarcado en Chipre y amenazaban dominar todo el Mediterráneo, con las consecuencias que ello hubiera acarreado. La batalla de Lepanto fue decisiva. ¿Era posible explotar la coyuntura? Don Juan de Austria, impetuoso como siempre, quiso lanzarse al asalto de Constantinopla; los entendidos le aconsejaron desistir y retirarse cuanto antes, porque se aproximaba una nueva tempestad. Y acertaron. Las naves salieron a zona abierta, más segura que en las angosturas del golfo de Corinto, pero aun así el temporal fue tan fuerte que, según Cabrera de Córdoba, «los soldados temieron más a los vientos desatados que antes a la artillería de los turcos».

También ha tratado de explicarse el fracaso de la Armada Invencible por el borrascoso verano de 1588. Ya frente a las costas de Galicia tuvieron los barcos que detenerse ante una fuerte borrasca. Muchos de ellos se refugiaron en La Coruña. Luego la armada sufrió otra galerna en el Cantábrico, que dispersó a los navíos, que tardaron varios días preciosos en poder reagruparse. Cuando finalmente llegaron frente a las costas británicas, hubieron de sufrir continuos temporales —tampoco los ingleses pudieron zarpar a tiempo de Plymouth— y los combates se desarrollaron sin apenas avistarse los navíos unos a otros en el canal de La Mancha, entre nubes y cortinas de agua. Un famoso climatólogo británico, Hubert Lamb, calcula que hubo una sucesión de siete borrascas distintas en el plazo de un mes, un hecho que representaría un régimen de circulación atmosférica francamente anormal, especialmente para el ritmo del verano. Sin embargo, es posible que buena parte de la «responsabilidad» del fracaso haya que atribuírsela a la luna. No olvidemos que el propósito de la Armada era, más que un combate naval, el transporte de los famosos Tercios de Flandes de las costas de los Países Bajos a las de la Gran Bretaña, en una travesía rápida. Una vez en tierra, la victoria de los españoles estaba prácticamente asegurada. Por los días en que los navíos temporizaban frente a las costas de Flandes, hostigados de lejos por los ingleses, se registraban mareas de cuadratura o «mareas muertas», que impedían a los buques pesados, encargados de transportar a los ejércitos de Alejandro Farnesio —unos 40.000 hombres—, franquear las barras de los puertos flamencos. Sin aquellas tropas no era posible invadir Inglaterra. Y la expedición no tenía otra finalidad. Cuando el régimen de mareas mejoró, los galeones españoles habían sido arrojados por los vientos hacia el mar del Norte. El plan, desde entonces, se había hecho inviable. El tiempo atmosférico, con un régimen anormal de borrascas, no lo explica todo, con explicar bastante. Pero pensar que aquel régimen de borrascas tuvo alguna relación con el estado de oscilación atlántica propio de la «pequeña edad del hielo» no deja de ser arriesgado y hasta un tanto contradictorio.

La anécdota histórica no deja de tener un cierto interés, pero no nos proporciona datos generales acerca de la evolución del clima. Y hasta tenemos derecho a preguntarnos si el siglo XVI, un siglo de plenitud en casi todas partes y de largos viajes por el mundo fue realmente una época en que abundó el mal tiempo. Y no resulta aventurado sentir una sospecha. El buen tiempo no es noticia, el malo sí la es. Una temporada en que no se registran eventos notables —sequías, malas cosechas, heladas, temporales— no pasa a la historia, no existe un cronista que se sienta tentado a relatar la normalidad. Resulta muy probable que el siglo XVI forme parte de esa larga época que comúnmente se conoce como pequeña edad el hielo, un nombre que parece exagerado, excepto en casos como el del hielo tapizando el puerto de Marsella a que aludíamos hace un momento. Nada nos demuestra que el siglo XVI fue excepcionalmente tempestuoso y frío, aunque en ocasiones se hayan registrado tempestades fuera de serie y fríos excepcionales. Quizá si un verano fue francamente caluroso, los encargados de contárnoslo no se sintieron obligados a reflejarlo, como en cambio no pudieron resistir a la tentación de darnos a conocer las heladas en un puerto mediterráneo o las tempestades que perjudicaron gravemente la navegación. Probablemente el siglo XVI fue un poco más fresco que el XX, pero si entonces existieran termómetros capaces de proporcionarnos las temperaturas medias, los datos «estándar» no nos llamarían la atención. El frío propio de parte del XIV y el XV volvería en el XVII, y, quizá con menos fuerza, en el XVIII.

El Mínimo de Maunder

Edward Maunder (1881-1928) fue un astrónomo especializado en heliofísica que trabajó en el observatorio de Greenwich. Conoció la teoría de Spörer sobre la existencia de épocas en que inesperadamente faltan manchas en el sol, y se propuso investigar sobre el asunto. Ya en 1843 Schwabe había descubierto que la actividad solar oscila entre épocas de máximo y de mínimo, en un periodo aproximado de 11 años. En los mínimos escasean las manchas, pero raras veces transcurre un mes, o a lo sumo dos, en que no sea visible ninguna. En los máximos se pueden observar muchísimas manchas, a veces enormes, capaces de distinguirse, a horas en que el sol no deslumbra, a simple vista. Y Maunder llegó a conclusiones que le parecieron sorprendentes. Es curioso que en la década 1610-1620, la primera en que el hombre pudo disponer de telescopios (¡pero poquísimos!), hubiera una referencia a diez manchas distintas; el número, sin embargo, fue disminuyendo, conforme se multiplicaban los medios de observación, hasta disminuir a 2 o 3 en las décadas centrales del siglo. Qué hecho más extraño. ¡Y en la década 1660-1670, pese al trabajo de los más importantes astrónomos de entonces, no se pudo encontrar ninguna! Era extraño: incluso en las épocas en que se esperaba un máximo de actividad solar, no aparecían manchas. Y el hecho no se debía a falta de interés por parte de los observadores. Astrónomos tan asiduos al uso del telescopio como Domenico Cassini o Jean Picard reflejaron en 1671 su júbilo por haber visto una mancha en el sol, ¡por primera vez en veinte años!

John Flamsteed, astrónomo real en Greenwich, expresaba su extrañeza por no conseguir distinguir ni una sola durante más de dos lustros. Tampoco los chinos, los primeros en descubrir los «pájaros que vuelan sobre el sol», vieron ninguna por entonces. Tampoco hay noticias de auroras polares, tan frecuentes en épocas de actividad solar. Halley, que observó tan asiduamente, describe una en 1710, como si fuera un hecho absolutamente insólito. Solo a partir de 1720 empezaron a verse más manchas, aunque su frecuencia no se hizo normal hasta 1730 o 1740. El Mínimo de Maunder fue, no cabe duda, un fenómeno extraordinario, que nadie hasta ahora ha conseguido explicar.

El trabajo de Maunder pasó casi completamente inadvertido durante cerca de un siglo. Lo dio a conocer Jack Eddy en 1976, y solo más tarde se empezó a relacionar la extraña ausencia de manchas solares con la pequeña edad del hielo. Desde tiempo antes se había relacionado la actividad de nuestro sol con manifestaciones meteorológicas, especialmente la frecuencia de borrascas o temporales importantes; y hasta con indicativos climáticos, como el florecimiento de los cerezos en Bremen e incluso creyó descubrirse una coincidencia asombrosa entre la curva de actividad solar y las variaciones de nivel del lago Victoria, en África. A mediados del siglo XX ya no cabía duda alguna: a mayor actividad solar, más calor y más lluvias; a menor actividad, más frío y un clima más seco. Felices tiempos aquellos ¡Ya quisiéramos estar ahora tan seguros! No dudamos de la relación entre la tasa de energía liberada por el sol y las variaciones climáticas; pero no conocemos el mecanismo ni el grado exacto de influencia que opera a lo largo del tiempo. Sabemos muy bien que la actividad solar oscila en un periodo de unos once años, aproximadamente; pero ese periodo es demasiado corto para influir sobre el clima: haría falta conocer oscilaciones a un plazo mucho más largo. Y resulta que ni el nivel de los lagos africanos, ni el de floración de las cerezas depende exclusivamente del sol, sino de muchos otros factores.

El Mínimo de Maunder es otra cosa. Se trata de una ausencia de manchas (atención: de *manchas* en el sol, no de actividad solar) que duró aproximadamente ochenta años: es un fenómeno de larga duración como no hemos conocido otro en los últimos siglos. Pudo haber tenido consecuencias importantes en el clima de la Tierra; pero el hecho se presta todavía a discusión. Es cierto: coincide más o menos con el pico más importante de la pequeña edad del hielo, ¡pero no exactamente! El frío empezó antes y terminó después, a no ser que estemos radicalmente equivocados. Si hubo una influencia directa, no parece que haya sido la única influencia. Seguiremos hablando del Mínimo de Maunder, porque fue un fenómeno llamativamente extraño; y seguiremos hablando de la pequeña edad del hielo, porque realmente existió, por muchas dudas que nos ofrezca su cronología y por variados que puedan ser sus subperiodos.

El descenso de las temperaturas se operó ya a comienzos del siglo XVII, por un fenómeno no propiamente climático. El 19 de febrero del año 1600 explotó el volcán Huaynaputina, de unos 5.000 metros de altura, situado 70 km al este de Arequipa, al sur de Perú. La explosión fue tan fuerte, que decapitó materialmente la montaña. Treinta kilómetros cúbicos de piedras fueron lanzados a la atmósfera, aparte de las cenizas y humos que cubrieron los cielos. Días más tarde, el 2 de marzo, se produjo una segunda explosión, que abrió una brecha enorme en la falda oriental del volcán. Murieron millares de personas, a pesar de que la comarca, excepto la propia Arequipa, y Moquegua, no era muy poblada, y perecieron también una buena cantidad de cabezas de ganado, en tanto una enorme nube de polvo y cenizas cubría una extensión casi tan grande como la Península Ibérica. El cronista Huaman Poma relata que la nube «cubrió más de doscientas leguas», y llegaron a caer cenizas hasta en Chuquisaca (hoy Sucre, Bolivia). La ciudad de Arequipa permaneció en una tenebrosa semioscuridad durante treinta días. También se oscurecieron Lima, La Paz, Arica y otras ciudades. En la mar, algunos barcos fueron alcanzados por piedras de unos dos kilos de peso, que batieron como proyectiles de artillería. Como consecuencia de los temblores de tierra, se desbordó el río Tambo, e inundó vastas regiones. El polvo se extendió, aunque menos denso, por todas las regiones del mundo. En la Antártida se han recogido muestras de polvo volcánico que ha sido posible fechar entre 1599 y 1604: no cabe la menor duda de que proceden del volcán peruano. En Europa, aunque no hay testimonios de lluvias de ceniza, se registraron fenómenos de oscurecimiento, como que las gentes afirmaban que «el sol casi no brillaba», por más que fuesen incapaces de descubrir la causa. También tenemos fuentes que hablan del oscurecimiento de la luz solar en China. Las temperaturas bajaron como no lo habían hecho por lo menos desde 1400, y el invierno fue particularmente frío en Escandinavia. Los efectos de este desastre han sido estudiados especialmente por el profesor Andreas Thompson que detecta fríos extremos en Europa, especialmente en el norte, en Suiza, y sobre todo en Rusia, donde hubo tres tres inviernos terribles y una incidencia de hambre continuada entre 1601 y1603. En China hubo también un episodio de frío muy superior al normal, y en Japón los estudios sobre el lago Suwa demuestran que por entonces las aguas permanecieron heladas más tiempo que en los 500 años anteriores, o en los 400 posteriores.

Aparte de esta incidencia provocada por la erupción de un volcán, hay noticias de lluvias y fríos desde comienzos del siglo XVII. Le Roy Ladurie detecta dos periodos de vendimias tardías hacia 1602 y otro en 1639-44. Los estudios realizados en los glaciares de los Alpes demuestran que gran parte de los valles hoy habitados quedaron invadidos por los hielos, de suerte que muchos pueblos hubieron de ser abandonados. Los relatos de los viajeros nos cuentan los rodeos que tenían que dar para evitar glaciares como el de Furka o el de Aletsch, entonces mucho más extensos de lo que hoy podemos imaginar. Varias aldeas del valle de Chamonix quedaron cubiertas por el hielo y obligaron a suspender los cultivos en su entorno. En el Gründenwald, el hermoso e impresionante valle cercano a Interlaken, la capilla de Santa Petronila quedó sepultada por los aludes, y aseguran que durante mucho tiempo continuó siendo visible a través del hielo. En 1617 se heló el Ebro, y en Cataluña se quejaba la gente de que había llegado «el año del diluvio». Se sabe que en 1607 los hielos permanecieron en el lago Superior (hoy entre Estados Unidos y Canadá) hasta el 8 de junio, una anomalía como hasta entonces no se había recordado. A mediados de siglo se produjo una nueva ofensiva del frío, y a lo que parece los testimonios resultan todavía más convincentes. Por 1646-1650, los inviernos fueron muy crudos en Francia, a veces verdaderamente glaciales; las primaveras registraban heladas tardías, y los veranos, muy lluviosos, dificultaban la recogida de unas cosechas ya menguadas por las heladas de meses antes. Las hambrunas fueron frecuentes desde la tan temida de 1643, y por aquel periodo se registraron saqueos y revueltas.

De Inglaterra o de Alemania tenemos también noticias impresionantes. Todos los inviernos, durante un buen número de años, se helaba el Támesis en Londres. Primero la gente atravesaba el río sin necesidad de utilizar los puentes, luego dio en patinar por las aguas heladas, y más tarde, consagrada la costumbre, se instalaron tenderetes y hasta se organizaron fiestas sobre aquella superficie lisa. Consta también que se transportaban mercancías en trineos sobre el mismo espacio que en otros meses surcaban los barcos. Al mismo tiempo, bandadas de lobos procedentes de Escandinavia atravesaban el Báltico helado y asolaban los campos de Alemania, causando gran temor en las gentes y estragos en los rebaños. Nunca se recordaba un frío como aquél. Como que llegó a nevar en Alicante.

Probablemente, las ofensivas del frío (sin que los intermedios fueran cálidos) fueron tres. Por los años ochenta del siglo XVII volvemos a oír referencias del Támesis helado, y hasta así lo pintó en 1676 Abraham Hondius, en una escena en que se ven cazadores bien abrigados, armados de escopetas y acompañados por perros, que se deslizan sobre la superficie sólida del río, en una escena bien pintoresca. B. Fagan recoge noticias de que en Inglaterra se registraban, en el siglo XVII, de 20 a 30 días de nieve, cuando en el siglo XX solo ocurrieron de 2 a 10, según los inviernos. ¿Qué duda cabe de que entonces el clima era francamente más frío? También se vieron láminas de hielo en la mar, en el litoral de Francia, y los hielos flotantes se presentaban durante los inviernos frente a las costas holandesas. En 1695 Islandia quedó totalmente aislada por el hielo durante nueve meses, un periodo como no se recordaba desde bastantes siglos antes. Durante años, en las montañas de Escocia se veía nieve permanente, otro hecho del que no se conocen precedentes históricos. Y los retrasos en la recogida de la uva batieron todas las marcas en Francia, como que hubo años en que no pudo hacerse la vendimia hasta noviembre (¿Exageración? El mismo Le Roy Ladurie, aunque extrañado, recoge el dato). También el mismo autor ha encontrado noticias de inviernos largos, con retrasos en las faenas de la siembra por culpa de los hielos. En 1693, el trigo solo germinó en agosto, y hubo que recogerlo mal y tarde en otoño.

En las regiones del sur de España, como siempre que se produce una oscilación del Atlántico Norte, alternaron los fríos con lluvias torrenciales. En Córdoba se registraron hasta once riadas del Guadalquivir en el siglo XVII, frente a solo dos en el XVI, cinco en el XVIII, dos en el XIX y otras dos en el XX. En Sevilla las riadas no solo fueron frecuentes sino desastrosas. En 1626 la avenida duró dos meses, y quedaron inundadas 8.000 casas; otras riadas famosas se produjeron en 1635, 1646, 1658, y ocho consecutivas en el invierno 1683-84, «en que se temió el fin del mundo». También el frío alcanzó niveles no recordados: nevó en Sevilla el 3 de enero de 1622, el 31 de enero de 1634, en que también se helaron las fuentes, y en 1641 heló el 20 de abril. Lo mismo ocurrió en abril de 1649, en que hizo «un frío como en enero», hasta el punto de que no pudieron salir las procesiones de Semana Santa. Semanas después —qué año calamitoso— se desencadenó la peste más espantosa que se recuerda en la historia de la ciudad.

Otro testigo claro del frío. Por entonces eran muy buscados los helados, o más exactamente, se llamaba así a los granizados con zumo de frutas. El hielo se traía de pozos excavados en zonas frías, donde se conservaba, a ser posible hasta el verano, cuando el regalo se hacía más apetitoso que nunca. Sin salir de Sevilla, tenemos noticias de que la nieve se traía de la Serranía de Ronda —concretamente de la así denominada Sierra de las Nieves, a casi 2.000 metros de altura, donde era posible recogerla durante el invierno— (Ahora nieva, si lo hace, escasas veces, y no es fácil recogerla en cantidad suficiente). La nieve era transportada a Sevilla en carros cubiertos de paja, y a su vez se depositaba en otros pozos para conservarla todo lo posible. Pues bien, a fines del siglo XVII, ya no hacía falta traerla de Ronda, sino de Cazalla y Constantina, mucho más cerca y a solo 800 metros de altitud. Ahora no nieva en Constantina casi nunca, y por lo general apenas cuaja. Por lo que se refiere a la nieve en la zona de Valencia y Alicante, J. Cruz Orozco y J. M. Segura han localizado hasta 290 «pozos de nieve» situados entre 600 y 1400 metros de altura. Un negocio fructífero que se podía practicar con éxito seguro en el siglo XVII y aun durante el XVIII. Un trabajo de Paula Andrea Quijada presenta a Ibi como «ciudad pionera del helado», ya en el siglo XVII: esta condición se mantendría, ya por procedimientos industriales, hasta hoy (Seguro que casi nadie imagina que cerca de Benidorm existió un depósito de nieve). Si ahora no tuviéramos frigoríficos, aquel tipo de negocio sería desastroso, por falta de nieve. Otra noticia: en 1677 se heló el Bósforo, de tal modo que se podía caminar por el estrecho que separa a Europa de Asía. El frío de fines del siglo XVII afectó también a los glaciares del Himalaya, que están siendo estudiados hoy especialmente por los chinos, y por supuesto a los de los Alpes, con los resultados de abandono de tierras que ya conocemos. La lucha entre el hielo y el hombre se resuelve entonces siempre a favor del primero. Si en el paleolítico nuestros ancestros eran capaces de cazar en campos helados y refugiarse en la primera cueva que encontraban, en los tiempos de la agricultura y la ganadería estante no es posible vivir sin la cosecha y sin lo que nos proporcionan los animales que poseemos para nuestro sustento. Cuanto más desarrollo hemos alcanzado, mayores son nuestras necesidades y más difícil nos resulta adaptarnos a las circunstancias que los elementos nos imponen. Una pregunta que es fácil que surja como consecuencia de estas reflexiones: ¿no llegaremos de ninguna manera a adaptarnos a condiciones que un día se nos pueden exigir?

Geoffey Parker, que conoce algunos de los hechos a que acabamos de hacer referencia estima que «aquel cambio climático tuvo la mayor importancia histórica». A Parker le gusta estudiar el auge y la decadencia de los grandes imperios —entre ellos el español—, y es posible que tenga algo de razón. Los auges y las decadencias tienen lugar por una serie de circunstancias históricas, entre las cuales, qué duda cabe, figura el clima; pero no se pueden explicar íntegramente por el clima. Algo extremada puede parecer también la afirmación del geólogo y planetólogo Francisco Anguita, que, con referencia al Mínimo de Maunder, comenta que «si hoy se repitiese el mismo fenómeno, la actual densidad de población lo convertiría automáticamente en una catástrofe global: una larga serie de inviernos rigurosos cambiaría la historia (y la política) del planeta». Tampoco se le puede negar toda la razón. Pero es evidente que en el largo periodo conocido como el Mínimo de Maunder no se produjeron larguísimas series de años de inviernos rigurosos. Hubo inviernos muy fríos, primaveras tardías, veranos lluviosos, pero no siempre. Aquellos fenómenos alternaron con años relativamente normales, hasta en ocasiones calurosos. Como siempre, el tiempo se superpone al clima. Se registran excepciones, aunque no cabe duda de que en el siglo XVII y en momentos del XVIII y hasta mediados del XIX hubo episodios de fríos terribles.

El Mínimo de Maunder no terminó con el siglo XVII. Bien es sabido que las observaciones de la actividad solar no mostraron una tendencia a la normalidad hasta 1730. Tanto para Le Roy Ladurie como para P. Acot, los últimos años del XVII y los treinta primeros del XVIII fueron particularmente fríos y los glaciares alpinos fueron por entonces más largos que nunca. Para Fagan, el pico del frío se registró precisamente entre 1680 y 1730. Se basa, entre otros datos, en el desplazamiento de los bancos de pesca. El arenque, que recogían los escandinavos cerca de las costas noruegas, se desplazó al Mar del Norte, para beneficio de los británicos; y lo mismo ocurrió con el bacalao, que emigró de la zona de Terranova e Islandia a las islas Feroe e incluso más al sur. El autor deduce un enfriamiento de las aguas, que habría provocado una emigración de los peces. Por otra parte, los analistas de restos orgánicos encuentran un mínimo de la tasa del Carbono 14 alrededor del año 1700, y concretamente entre 1690 y 1710. Los franceses denunciaron un invierno extraordinariamente frío en 1708, con tantas nieves que los pájaros no encontraban alimento «y caían en pleno vuelo». Noticias por el estilo no faltan por aquellos tiempos, haya sido aquel treintenio el más frío de todos, o simplemente el último del Mínimo de Maunder propiamente dicho. Todo el siglo XVII fue de temperaturas más bajas que el XX, por más que pudiera tener —¡recordémoslo siempre!— años templados o algún que otro verano caluroso. Pero, en esa centuria de temperaturas predominantemente bajas, existen, bastante bien dibujadas, tres ofensivas del frío, la primera a comienzos de siglo, la segunda por los años cuarenta o cincuenta, y la tercera fue una larga temporada invernal que se extiende desde los años ochenta hasta entrado el siglo XVIII. Tres ofensivas del frío y «tres ofensivas de la muerte», como llama justamente A. Domínguez Ortiz a las epidemias que justo por los mismos años asolaron sobre todo la cuenca mediterránea y muy principalmente España. La más terrible fue la de 1648-50. (Hubo otras pestes en el norte y centro de Europa, no siempre en esas mismas fechas. La más terrible fue la peste de Londres, o «Gran Plaga», en 1665-66, que asoló gran parte de Inglaterra y provocó unas 100.000 víctimas. Como las desgracias nunca vienen solas, pocas semanas después estalló el espantoso incendio que devastó Londres y obligó a replantear la estructura de la gran ciudad). ¿Existe alguna relación entre la inclemencia climática y la incidencia epidémica? Vale la pregunta. Es discutible la respuesta, por más que ya sabemos —recuérdese lo dicho acerca del siglo XIV—, que algunos historiadores han buscado alguna forma de explicación.

Y otra pregunta que lógicamente se nos ocurre formular: la incidencia del Mínimo de Maunder, ¿es un fenómeno europeo o puede extenderse al resto del mundo? Es opinión bastante generalizada la de que afectó tan solo a nuestro continente; pero también existen testimonios que nos sugieren un ámbito más amplio, incluso planetario, aunque tal vez no tan intenso como en nuestras latitudes. Roberto G. Herrera y María del Rosario Prieto, utilizando datos de los navegantes españoles de la época, deducen un clima muy frío en Sudamérica y especialmente en la zona cercana al estrecho de Magallanes, porque pueden encontrarse numerosas referencias de glaciares y hielos flotantes en lugares donde hoy no son comunes. En la India fallaron los monzones en dos años consecutivos, 1629 y 1630. Si el primer verano sin apenas lluvias ya fue una calamidad, el segundo, cuando se habían agotado las reservas y falló de nuevo la cosecha, representó una catástrofe sin precedentes. La gente huía de un lado a otro, buscando lo que en ninguna parte encontraba. El hambre se generalizó, hasta el punto de que, en palabras de Fagan, «regiones enteras quedaron despobladas». También murieron millones de cabezas de ganado. El fallo del monzón, un hecho anómalo que raras veces ocurre, se debe a una oscilación oceánica y atmosférica generalmente asociada con «El Niño», que supone por de pronto una falta del calentamiento necesario en verano. Otra sequía espantosa, aunque tal vez no de la misma proporción, se registró en el bienio 1685-86. También sabemos que en los siglos XVII y XVIII el glaciar Franz Josef, en Nueva Zelanda, llegaba casi al mar, cuando desde el XIX, y más ahora, se queda a bastantes kilómetros de la orilla. Tenemos noticias de que en Perú se registraron por lo menos cinco episodios fríos en el siglo XVII. Las formaciones estalactíticas en algunas cuevas de Sudáfrica apuntan a un enfriamiento por entonces. Y por si fuera poco, estudios de B. K. Khim y colaboradores en los hielos de la Antártida han constatado para la misma época episodios más fríos de lo corriente, aunque alternados con otros más o menos templados, reveladores de «oscilaciones inestables». Estas constataciones han sido confirmadas más tarde por K. J. Kreutz y otros, del Proyecto GISP 2, que ha llevado los métodos e instrumentos de Groenlandia a la Antártida. Kreutz cree probar que la pequeña edad del hielo, con distintas versiones en un escenario u otro, tuvo un carácter de «fenómeno global». ¿Cósmico entonces? Si tiene alguna relación con la falta de manchas solares, la globalidad sería justamente lo esperado. También el examen de formación de corales en los atolones del Pacifico ha estimado un pico del frío a mediados del siglo XVII.

El fenómeno es más claro y terminante en el área del Atlántico, pero dejó también rastros visibles, más o menos por la misma época, en todas las regiones del mundo.

Ahora bien, el Mínimo de Maunder, por lo que se refiere a las manchas solares observables, terminó hacia 1730. Los episodios de frío duraron bastante más, por lo menos hasta 1750. Y se reprodujo a fines del siglo, y a comienzos del XIX, cuando el ritmo del sol estaba completamente normalizado. Aquí radica uno de los principales problemas de aquellos que relacionan el fenómeno solar con el fenómeno climático. Hay explicaciones, por supuesto, y entre ellas está la de que un clima, una vez establecido, sufre una suerte de inercia, que le hace perdurar más que la causa que lo ha provocado. Las temperaturas se recuperaron, y hubo una generación o algo más de bonanza. Pero la terquedad del frío condujo a nuevas insistencias.

Frío, revolución y otros sobresaltos

La pequeña edad del hielo duró siglos, pero no todos los años, ni siquiera todos los decenios fueron fríos. Hubo momentos de calor. Eso sí, las temperaturas pocas veces llegaron a niveles similares a los de fines del siglo XX o comienzos del XXI. A mediados del siglo XVIII, aproximadamente entre los años 1740 y 1780, el clima fue en líneas generales benigno y amable, con todas las incidencias con que suele sorprendernos el devenir de los comportamientos atmosféricos, pero con un sabor de «normalidad» que debió hacer de aquellos años una época más bien amable. Podemos imaginar, cuando pensamos en aquella época, más bien pacifica y equilibrada, hermosas ciudades en las que se construyen magníficos edificios neoclásicos y cuidados jardines de trazado geométrico, tan del gusto de la época; tertulias de gentes cultas y curiosas, en las que se permite hablar con libertad, pero en las que está prohibido discutir; un notable afán de conocer la naturaleza, que da lugar a expediciones científicas, una de las cuales se destinó expresamente a medir las dimensiones exactas de nuestro planeta; un ambiente educado en que prevalecen las normas del «buen gusto», y todo ello a un ritmo amable de minué. Pero, como es común en la vida, no todo es prosperidad en aquellos núcleos de población, y mucho menos en el campo, donde habita la mayor parte de la gente, y en que, a pesar de la mejora en las técnicas de cultivo —muy especialmente en Holanda— la producción apenas compensa el crecimiento demográfico, y cualquier alteración atmosférica puede abocar a una mala cosecha. No nos debe extrañar que los agricultores viviesen pendientes de los temporales de lluvia, de las tormentas de primavera, de los calores y los fríos, de las mieses agostadas o podridas por las lluvias tardías. Entonces no había hombres del tiempo, pero aquellos cultivadores que se lo jugaban todo ante una tormenta inoportuna, entendían más de nubes y de vientos que muchas personas de hoy. Siempre se ha comentado que los campesinos se quejan del tiempo, y puede ser verdad: incluso lo es cuando una cosecha abundante obliga a trabajar más días y a vender más barato. Hay que comprenderles, porque sin sus labores no sería posible la vida; ni la suya ni la de los habitantes de la ciudad, con independencia de su riqueza o de sus profesiones. Por todo ello, aunque en el siglo XVIII aumenta el interés de las gentes en dar cuenta de los estados del tiempo (hay ya quien apunta los datos en sus diarios, y empiezan a darse valores tomados de los termómetros, de los barómetros, de los vientos que soplan y de los días de lluvia), es perfectamente explicable que tengamos muchas más noticias de sucesos adversos que de sucesos favorables. No hay tormenta, no hay inundación, no hay sequía prolongada, no hay mala cosecha de que no se hable. Por eso, y quizá más en un momento del que tenemos muchas más noticias sobre el comportamiento del tiempo, hemos de obrar con cierta prudencia a la hora de determinar la marcha de los eventos atmosféricos simplemente por las referencias que han llegado hasta nosotros. En este terreno vale el adagio «sin noticias, buenas noticias». Cabe suponer que el año del que no conocemos quejas, fue un año normal... o incluso francamente favorable.

Parece que por 1735-1740, después de una serie de años de buen temple, se registró la última ofensiva del frío. Hubo inviernos helados, primaveras tardías e inconstantes, veranos frescos y otoños prematuros. La cosecha de cereales no granaba bien, y la de los viñedos se retrasaba o rendía bien poco. Se habla de muchas personas que murieron de frío en el norte y centro de Europa. Tenemos muchas más referencias de sequías pertinaces que de lluvias demasiado copiosas. Los glaciares se extendían de nuevo por los valles de Suiza, Austria, Francia. Pero cuando las nubes precipitaban, lo hacían de forma torrencial, y se registraron frecuentes inundaciones. La malas noticias llegan sobre todo de Francia y Países Bajos, pero la impresión es la de que el tiempo irregular y predominantemente frío azotó a la mayor parte de Europa. A partir de 1740 escasean las noticias de desastres meteorológicos, y cabe suponer que durante varias décadas el tiempo se hizo más benigno. Hubo, como siempre, veranos calurosos o inviernos fríos, pero cada evento se registraba más o menos a su tiempo, y las buenas o simplemente regulares cosechas no daban grandes motivos de queja. Incluso hay más referencias que hasta entonces de calores veraniegos, aunque su rigor no parece haber sido excesivo. Los años cuarenta, cincuenta y sesenta del siglo XVIII, parecen haber sido tan amables como el tópico ha pretendido de los años dorados de la Ilustración. Parece que el tiempo no fue noticia hasta los años 80, en que el frío atacó de nuevo, y con ímpetu inusitado. La primera referencia concreta nos llega de América, y procede del propio año 1780. Parece increíble: el puerto de Nueva York se heló, hasta el punto de que se podía caminar sin dificultad desde Manhattan a Staten Island. Entonces no existían ferrys, pero aquel invierno tampoco hicieron falta. De la misma época son las referencias que nos cuentan que durante varios meses Islandia quedó rodeada totalmente por los hielos, de suerte que no se podía llegar a ella, ni tampoco los naturales eran capaces de comunicarse con el resto del mundo. Además de todo esto, en 1783 se produjo una catástrofe terrestre de consecuencias incalculables. Fue, una vez más la erupción explosiva de un volcán, en este caso el Laki, en Islandia. El Laki se encuentra en la misma fractura que el Hekla, y que otro volcán, el Eyjafalla, que en abril de 2010 lanzó una enorme nube de gases y cenizas que obligó a suspender los vuelos en la mayoría de los aeropuertos europeos durante un buen número de días. La erupción explosiva del Laki fue incomparablemente más fuerte, y hasta cambió la orografía de Islandia, al abrir una enorme falla que todavía existe y puede provocar nuevos fenómenos sísmicos. Millones de toneladas de gases, humo y polvo fueron lanzadas a la atmósfera, nublaron parcialmente el sol, y provocaron el enfriamiento. Siempre hemos creído que explosiones de esta clase alteran el clima y provocan una fase de frío espectacular; pero su duración parece ser breve, porque el efecto desaparece en cuanto la nube de humo y cenizas desciende y los restos se depositan sobre la tierra. La coincidencia entre explosiones volcánicas y fases prolongadas de frío debe ser una casualidad, pero son varias las ocasiones en que esta causalidad se repite.

Veamos. ¿O no es del todo casualidad? Recientemente (2008), Richard Keen, profesor de Ciencias Atmosféricas y Oceanográficas de la Universidad de Colorado, ha sostenido que cuando las nubes de una erupción volcánica muy violenta traspasan las fronteras de la estratosfera, permanecen allí muchos años y, aunque no podamos verlas, detienen una pequeña parte de la radiación solar, que no llega así a la superficie de nuestro planeta. Son por otra parte nubes de partículas muy ligeras, capaces de permanecer en suspensión mucho tiempo. ¿Ha visto alguien en su vida una luna azul?[5]. Casi nunca, ¿verdad? La luna por lo general nos presenta una coloración de grises claros y oscuros, lo que llamamos «tierras» y «mares», de acuerdo con una vieja costumbre, impuesta cuando no se conocía la composición de nuestro satélite. Todavía hoy seguimos hablando del «Mare Serenitatis» o de los «Appenini Montes». Los supuestos mares son llanuras de polvo lunar, los montes son rocas más claras y prominentes. A veces la luna, sobre todo cuando está a poca altura sobre el horizonte, puede parecernos anaranjada, hasta rojiza. Este efecto es frecuente sobre todo en verano, y se debe al polvo atmosférico, a veces también al vapor de agua en capas altas. ¿Quién no ha visto, desde los tiempos de Homero una aurora rosada, o un anochecer casi sangriento? De modo que al fin y al cabo nosotros respiramos polvo, sobre todo en las regiones secas o en las ciudades contaminadas. Qué más quisiéramos que poder respirar aire puro. Solo en la montaña o en alta mar estamos libres o casi libres.

Pero cuando ocurre una erupción volcánica de gran potencia, el polvo traspasa el límite entre la troposfera y la estratosfera, a doce o quince kilómetros de altura, e invade capas más altas. Entonces podemos ver una luna azul. La vieron muchas personas de 1883 y en años sucesivos, después de la explosión del volcán Krakatoa, e incluso un buen número pudieron presenciar el espectáculo en 1991, tras la tremenda erupción del Pinatubo. Los gases volcánicos y las partículas muy finas de polvo pueden provocar ese curioso

[5] Los anglosajones suelen llamar «blue moon», luna azul, a la segunda luna llena que se produce en un mismo mes. Es una forma popular o quizá supersticiosa de decir las cosas. La expresión nada tiene que ver con el color de la luna.

efecto. Richard Keen supone a este respecto que el color aparentemente azul de la luna puede desvanecerse al cabo de pocos años, pero se sigue observando en los eclipses lunares. Un eclipse de luna es menos espectacular que un eclipse de sol, pero se ve con relativa frecuencia por la sencilla razón de que es visible en regiones muy extensas de la Tierra, concretamente allí donde es de noche: siempre, naturalmente, que las nubes nos permitan ver el fenómeno. La atmósfera de la Tierra refracta los rayos solares, de modo que, es curioso, un hipotético habitante de la luna (ya que no hay selenitas, supongamos un astronauta) no quedaría totalmente a oscuras, sino que vería alrededor de la negra mancha de la Tierra oscura una cenefa coloreada, amarillenta, anaranjada o rojiza, la misma que nosotros vemos en un crepúsculo. Hay eclipses de luna muy rojizos, «sangrientos», dicen los observadores, y ese tono depende de las condiciones de la atmósfera. Pero cuando hay polvo volcánico en la estratosfera, trasciende también el tono azulado, y así es como se producen los «eclipses azules», que indican que las altas capas del aire siguen empañadas por polvo. De este modo, pretende Keen, el efecto enfriamiento provocado por intensas erupciones volcánicas puede perdurar muchos años, más de lo que hasta ahora habíamos supuesto.

¿Es posible, entonces, que una erupción volcánica de tipo explosivo pueda durar un lapso de tiempo suficiente como para que pueda hablarse no de una temporada de frío, sino de un cambio climático? Todavía no podemos asegurarlo, pero nunca está de más que sigamos atentos a la acción de los volcanes: sobre todo, como vamos a ver enseguida, cuando se operan dos o más grandes erupciones consecutivas separadas por unos cuantos años. Ahí están las hipótesis que hace bastantes páginas hemos expuesto sobre la relación que existió entre el gran volcán de la costa china o los famosos «siberian traps», y la tierra blanca o la gran extinción del Pérmico. Seguramente es infundado atribuir a un fenómeno volcánico una larga era helada, a no ser que esta erupción se repita, por alguna suerte de inestabilidad en la corteza terrestre, durante muchos siglos. En pasadas épocas geológicas existió esa inestabilidad, y es seguro que entonces la continuada acción de gigantescos volcanes o fisuras en la superficie de la Tierra modificaron el clima. Ahora no parece que pueda registrarse ninguna catástrofe de semejante magnitud. De todas formas, y por lo que pudiera tronar, estemos atentos ante la posibilidad de que en algún momento nos sorprenda el espectáculo de una luna azulada.

Volvamos a la ofensiva del frío por los años 80 del siglo XVIII. No cabe duda de que influyó, aunque tal vez no fuera la única causa, aquella enorme masa de humo eyectada por el volcán Laki. Sabemos que el oscurecimiento de la luz solar fue apreciado en Japón (donde se produjo un fenómeno de hambre, provocado por la sequía) y en India, donde apenas llegó el monzón de 1784. Benjamin Franklin, el inventor del pararrayos, que entonces se encontraba en Francia, habla de «crepúsculos rojizos» y «frescos veraniegos»; y nos cuenta más tarde que «durante el verano de 1783, cuando los rayos del sol deberían alcanzar su máxima potencia en estas regiones, una constante niebla se cernió sobre Europa y parte de Norteamérica. Era una niebla seca, y los rayos del sol no tenían potencia para disiparla: tanto, que cuando se recogían en el foco de una lente, no llegaban a quemar un papel. Su efecto provocó el frío en aquel verano, y el invierno de 1783-84 fue el más riguroso que se recordaba en mucho tiempo. Las primeras nieves cayeron pronto, y por culpa de las continuas heladas ya no se fundieron...». Y sugiere con aguda intuición que la nube seca que debilita los rayos del sol procede de un volcán, «como el Hekla, en Islandia, u otro que parece haber surgido del mar». Algo había oído tal vez, pero Franklin es el primero que establece genialmente la relación entre las nubes volcánicas y la baja temperatura reinante. Y termina advirtiendo que vale la pena seguir estudiando el fenómeno cada vez que un gran volcán entre en actividad. La coincidencia del polvo procedente del Laki con una nueva época fría no ofrece hoy la menor duda. ¿Pero es esta la única causa? Por 1790 se ha detectado una ENSO (oscilación de El Niño) también sin precedentes. Y no faltan climatólogos que opinen que casi al mismo tiempo —o quien sabe si algo antes— se operó una oscilación del Atlántico Norte, que pudo provocar parecidas consecuencias. A veces nos marean estas coincidencias, como si pretendieran obligarnos a admitir que un fenómeno conocido tuvo causas diversas: el oceanógrafo tira por su lado, el dendrólogo por el suyo, el vulcanólogo piensa en el volcán, y el glaciólogo también se siente inclinado a lanzar una hipótesis propia de su especialidad. ¿Quién tiene razón?, sentimos derecho a preguntarnos nosotros, a veces un poco molestos por tantas teorías distintas. Y con frecuencia pensamos que si tiene razón uno, no la tienen los demás. Esa tendencia a la disyuntiva es propia de una mentalidad dialéctica, como puede serlo, por ejemplo, la de los discutidores, los filósofos o los políticos. Qué duda cabe de que lo que no es cierto es falso, o de que la suma de dos valores constantes es siempre la misma. Pero por lo que se refiere a las causas de un fenómeno determinado, pueden confluir varias de distinta especie a provocar la misma consecuencia. ¡No siempre, pero a veces pueden!

Los historiadores están dispuestos a admitir que los motivos de la decadencia del imperio romano fueron varios, todos ellos operativos, aunque en diverso grado: y lo mismo podría suponerse respecto de los orígenes del Renacimiento o de las guerras mundiales. Para que llueva sobre Chicago pueden operar, y de hecho operan, miles de causas distintas, y afirmarlo así no escandaliza a ningún científico. No hace falta llegar a tanto en nuestras reflexiones de este momento, pero suponer que un cambio climático está determinado por varios factores tampoco se opone a ninguna tesis sensata. Otra cosa es comprender la intercausación de los factores. ¿Puede una erupción volcánica poner en marcha otros mecanismos capaces de alterar el clima, como la distinta proporción de los componentes de la atmósfera, las corrientes de aire, las oscilaciones de los centros de acción? Es este un tema en que aún no hemos profundizado, pero cuyas posibles consecuencias no podemos rechazar de plano.

Más arriesgado parece, y preciso resulta repetirlo una vez más, extraer de las incidencias climáticas consecuencias históricas. Cada vez que un climatólogo aventura que un cambio en las condiciones del tiempo, y por ende las de la misma vida, puede provocar migraciones de pueblos, auges o decadencias, revoluciones o guerras, es tachado sistemáticamente de intruso o de determinista. Y, la verdad: es preciso moverse con muchísima prudencia. Pero insinuar que un determinado proceso climatológico fue «una de las posibles causas» —¡en modo alguno la única!— de un hecho histórico no tiene por qué ser un disparate. Hay sucedidos ciertos: entre 1782 y 1788 se produjeron en Europa varios inviernos extraordinariamente fríos, seguidos de heladas tardías, que redujeron el rendimiento de las cosechas. Hubo más hambre que en años anteriores, y el problema agrícola influyó también, al encarecerse el precio de los artículos de primera necesidad, en otras formas de producción. El dinero que una persona hubiera destinado a comprarse unos zapatos hubo de emplearlo en adquirir pan. Lo sintieron los zapateros, y así sucesivamente. En Francia, el verano de 1788 fue extraordinariamente seco, y las cosechas se agostaron antes de tiempo. El invierno

1788-89 fue crudo como pocos. Una de las noticias que se nos transmiten desde Tortosa es que el Ebro permaneció helado durante quince días. El río se había helado por lo menos ocho veces durante los siglos XVI, XVII y XVIII; pero nunca pudo imaginarse que permaneciera como una capa sólida durante medio mes. Nevó en París en noviembre, diciembre, enero, febrero, incluso en varios días de marzo. El Sena también se heló por una temporada. El hecho, en un caso aislado, no es de extrañar; su repetición y su persistencia, aunque son en sí posibles, pueden llamar la atención.

Como consecuencia de la conjunción entre el frío y la sequía, hubo una crisis económica en gran parte de Europa, y la falta de subsistencias se hizo evidente en Francia, tal vez, se ha apuntado, porque era entonces el país más poblado del continente, y con un nivel de producción de artículos de primera necesidad que no se había incrementado en los últimos años. En un ambiente agitado como pocas veces, se registraron varias revueltas en París, algunas tan sangrientas como la de Reveillon, en abril de 1789 (provocada por una bajada de salarios), de la que resultaron 300 muertos. Aparecieron bandas de saqueadores en los campos, que obligaron a los campesinos a armarse (meses más tarde, observa J. Godechot, utilizarían aquellas armas contra los nobles). Ernest Labrousse ha calculado casi sin posible discusión que el precio del pan alcanzó, en la primera quincena de julio de 1789, el precio más alto de todo el siglo. El 14 de julio estalló la Revolución francesa. Es absolutamente desproporcionado suponer que esta revolución, que tanto influyó en el destino del mundo, fue provocada por un cambio climático. La Revolución francesa admite muchísimas causas, y probablemente la mayoría de las teorías que se han invocado tienen un poco o un mucho de razón. El clima o la carestía del pan pueden ser alineados entre ellas, aunque no precisamente en primer lugar. Pero tal vez no sería, aunque pueda parecerlo, un disparate absolutamente insigne incluir entre esos motivos un desconocido volcán de Islandia.

El mínimo de Dalton y el Tambora

El último de los mínimos de actividad solar es el llamado «mínimo de Dalton», que tiene su centro hacia el año 1810. No es tan sorprendente como el de Maunder, ni tampoco tan duradero; pero de aquellos años conservamos un número suficiente de observaciones solares para que no nos pueda caber la menor duda de su existencia. Las manchas del sol no desaparecen, pero son mucho menos frecuentes que de ordinario, incluso en los periodos en que debieran alcanzar un máximo. El Mínimo de Dalton coincide también con otra etapa fría. La temperatura había marcado valores más o menos normales hacia el límite de los siglos XVIII y XIX, pero volvió a enfriarse antes de que concluyese la primera década de este último. No hay inconveniente en hablar de un «frío napoleónico», en el mismo sentido que se emplea para hablar del «frío homérico». Ni Homero ni Napoleón provocaron el frío, aunque tal vez el segundo lo aprovechó o lo sufrió de un modo especial. Cuando menos en una ocasión histórica, Napoleón se valió de las bajas temperaturas en la batalla de Austerlitz, el 2 de diciembre de 1805, que se libró sobre un paisaje nevado. Napoleón descuidó intencionadamente su flanco derecho, para atacar por la izquierda. Los rusos quisieron aprovechar su superioridad por aquel lado, y su caballería se lanzó a todo galope sobre el lago helado. El francés, que ya lo tenía previsto, hizo bombardear el lago con su artillería, el hielo se fragmentó y los jinetes moscovitas se ahogaron en aquel tremendo laberinto de témpanos blancos llenos de agujeros y canales. Fue un recurso genial, aunque podemos pensar que cruel —con toda la crueldad que suele existir en una guerra—, en que el corso aprovechó una coyuntura climática para obtener la más famosa de sus victorias. En la época del mínimo del Dalton era normal que las aguas permaneciesen heladas a comienzos de diciembre.

En cambio, Napoleón se equivocó trágicamente en el invierno de 1812. Cuántas veces se ha relacionado la campaña de Rusia con millares de soldados que mueren atrapados por la nieve en una de las retiradas más espantosas de la historia. Es cierto que el invierno 1812-1813 no solo llegó anticipado, sino que fue particularmente duro; incluso dado el bajo nivel térmico propio de la época; pero el desastre napoleónico tiene que ver más con una operación mal calculada que con una oscilación climática concreta. La invasión de la gigantesca Rusia con un ejército multinacional numerosísimo (unos 750.000 hombres: jamás se había visto nada igual), pero heterogéneo, mal unido y muy difícil de mover, era por de pronto una temeridad. El emperador francés quiso hacer de la campaña de Rusia un símbolo del «Sistema Continental», una Europa unida que lucha contra los peligros que la amenazan por el este. Pero la colaboración que encontró fue tibia, y acabaría volviéndose contra él. La mayor parte de las bajas se produjeron por las interminables marchas, las deserciones, un pésimo abastecimiento, la hostilidad del pueblo ruso, que practicó la táctica de la tierra quemada, y la astucia del zar Alejandro y el mariscal Kutuzov, que no rechazaron el combate en casos aislados, pero evitaron un encuentro de grandes masas... Hizo más la enormidad del terreno y la falta de buenas comunicaciones que el clima. Como que casi toda esta erosión de fuerzas se produjo antes del invierno. Cuando Napoleón, desalentado por el incendio de Moscú y por la imposibilidad de llegar a una batalla decisiva, ordenó la retirada, le siguieron menos de 200.000 soldados. El resto andaban dispersos o habían desaparecido. El famoso «General Invierno» pudo segar 50.000 vidas más, pero la derrota estaba cantada ya desde antes. La épica y desastrosa retirada fue un cuadro que sedujo a muchos narradores y a muchos pintores, pero la relación de la campaña de Rusia con el clima fue relativamente modesta.

El frío de verdad llegó cuando Napoleón ya se encontraba, humillado y enfermo, en la tropical y templada isla de Santa Elena. El de 1816 fue conocido como «el año sin verano». Justamente durante aquel verano que no lo fue, el gran poeta romántico inglés Percy Shelley, acompañado de su prometida, pronto esposa, la escritora Mary Godwin, acudió a Suiza, donde entonces se encontraba su amigo, el más grande poeta de su tiempo e insigne viajero, lord Byron. En Villa Diodati, una quinta a orillas del lago Leman, no lejos del castillo de Chillon, alquilada por medio de un rico judío, apellidado Frankestein, se reunieron los esposos Shelley con Byron y su médico, el doctor Polidori. El ambiente era sombrío, el cielo parecía cubierto de una bruma anaranjada, el sol lucía débilmente como si estuviera aquejado de una extraña enfermedad, los anocheceres parecían teñidos de sangre, como si un monstruo enorme hubiera sido herido. Lloviznaba con frecuencia, los vientos eran desapacibles, tanto que parecía vivirse un invierno fuera de tiempo. Influidos por aquella atmósfera tan especial, como si todos se encontraran en un planeta distinto, los cuatro poetas reunidos se invitaron mutuamente a escribir relatos lúgubres de indefinibles misterios. Byron compuso un sugestivo poema titulado *Oscuridad*: «tuve un sueño que no fue un sueño. El sol se había apagado, y las estrellas yacían oscuras en el espacio eterno..., llegó el alba sin traer el día..., y el hombre olvidó sus pasiones en el abismo de la desolación...» Otras situaciones atmosféricas similares habían obligado a las gentes a preguntarse si había llegado el fin del mundo. Byron supo expresar este sentimiento con toda su potencia poética. Polidori compuso un relato fantástico y tétrico, *El Vampiro*; y Mary Shelley creó un personaje siniestro, demoniaco, *Frankestein*, destinado a pasar a la historia. Naturalmente, el encargado del alquiler de la finca no lo leyó nunca. El primer relato sobre Frankestein fue publicado en Londres en 1818. No serían los reunidos en Montreux los únicos en reflejar los lúgubres sentimientos del «año sin verano». Un gran pintor romántico, William Turner, quedó tan impresionado por aquella atmósfera sombría, que durante el resto de su vida pintaría paisajes de nubes extrañas y cielos amenazadores, teñidos de una suerte de media luz irreal y fantasmagórica. Turner fue así otro genial testigo de aquel fenómeno que alarmó a sus contemporáneos. Otra forma de arte, la música, quedó también implicada por el brusco enfriamiento. La anécdota es bien conocida, aunque casi nadie la relaciona con el fenómeno atmosférico. Las bajas temperaturas inutilizaron el órgano de la iglesia de san Nicolás en Oberndorf, Austria. Cuando llegó la Navidad, nadie había querido ir a las montañas nevadas del este de Salzburgo para reparar el instrumento, de modo que el párroco, Josef Mohr, escribió un villancico y recurrió a su amigo Franz Xaver Gruber para que le pusiera música, capaz de ser cantada sin acompañamiento por un coro. Así nació *Stille Nacht* (que nosotros conocemos como «Noche de Paz»), sin duda la canción de Navidad más conocida en el mundo entero. Lo que casi nadie sabe es que también fue hija de aquel frío extraordinario.

Franklin había supuesto con aguda intuición que el oscuro verano de 1783 fue el resultado de una inmensa erupción volcánica. Nadie llegó a saber, en cambio, por qué 1816 fue un año sin verano, seguido de un crudísimo invierno. Hoy conocemos muy bien cuál fue la causa, aunque el hecho se fue descubriendo poco a poco, excepto por parte de sus víctimas más directas, en Indonesia. El volcán Tambora, en la isla de Sumbawa, al este de Java, estaba inactivo desde hacía cinco mil años. Nadie podía suponer que llegara a provocar una gran catástrofe. En febrero de 1815 comenzó a salir de su cráter una larga columna de humo, pero durante dos meses la erupción no causó daño alguno. El 5 de abril se iniciaron las explosiones, que fueron espantosas a partir del 11 de abril. Pero la catástrofe suprema su produjo el día 14, cuando la enorme caldera de casi diez kilómetros de diámetro reventó con un ruido espantoso, que fue ensordecedor en una extensión de cientos de kilómetros. Luego se averiguó que el sonido fue percibido a 4.000 kilómetros de distancia. La montaña, de más de 4.100 metros de altura, fue cercenada, y hoy solo tiene 2.800, con un enorme cráter de 8.500 metros de diámetro y kilómetro y medio de profundidad. Hoy se piensa que fue la mayor explosión volcánica sucedida jamás en tiempos históricos. La isla quedó desolada, murieron todos sus habitantes, y las piedras lanzadas a la atmósfera cayeron en un ámbito tan extenso como la Península Ibérica. Hoy existen pequeñas islas en el archipiélago de La Sonda, formadas por acumulación de aquellas piedras volcánicas. En la zona se formaron enormes depósitos de cenizas de hasta tres metros de espesor. Bajo aquellas cenizas quedó sepultada la ciudad de Tambora. Hoy se la conoce como «la Pompeya de Oriente», después de que una expedición de la universidad de Rhode Island, en 2004, consiguiera desenterrarla[6].

Desapareció la población de la isla, primero por la explosión, luego por los depósitos de ceniza que hicieron infecunda la tierra. Pasarían muchos años antes de que pudiera ser de nuevo habitada. Perecieron también muchos pobladores de Lombok, de Bali y de la misma Java, no por la explosión en sí, sino por culpa de aquella gruesa capa de cenizas, que hizo infecunda la tierra. En el resto del mundo es difícil evaluar el número de víctimas, puesto que no sufrieron directamente los efectos de la explosión, pero pudo haberlas por la caída de cenizas (en Francia se midieron espesores de un centímetro), el frío, el hambre provocada por las malas cosechas u otras calamidades atribuibles (o no) a aquella catástrofe. Las evaluaciones que estiman un total de 88.000 muertos no parecen del todo desacertadas, aunque la cifra exacta no se determinará jamás. Sí parece que fue la de Tambora la explosión volcánica más destructiva por lo menos de los últimos 8.000 años.

El tremendo suceso se produjo en la primavera y verano del año 1815. Sin embargo, bien sabido es que el «año sin verano» fue el de 1816, y que los fríos, tanto en Europa como en América, no se produjeron sino con posterioridad. Fue un retraso difícil de

---

[6] Otra universidad americana, la de North Dakota, ha publicado un interesante estudio sobre los resultados de la exploración, en 2005.

explicar, pero la diferencia entre la catástrofe y sus más visibles consecuencias en los países de que tenemos las referencias más concretas es de un año o más. Existen varias teorías para explicar ese retraso. Una de ellas pretende que el monzón de verano no permitió la llegada de la nube a Europa hasta meses más tarde; el monzón de invierno, con vientos del este, habría de arrastrarla hasta occidente. Otra suposición es la de que la verdadera trascendencia atmosférica de alcance global la provocó la nube estratosférica, formada fundamentalmente por sulfatos capaces de retener parcialmente la radiación solar. Hoy se calcula que la tremenda explosión alcanzó unos 40 kilómetros de altura, de modo que buena parte de los gases quedaron en la estratosfera. Nada menos que 200 millones de toneladas de dióxido de azufre habrían quedado alojadas en las capas superiores. Esta nube habría formado el primer año una banda que rodearía la Tierra en latitudes cercanas al ecuador (la isla Sumbawa está casi en la línea ecuatorial); y solo en 1816 se habría duplicado y extendido a latitudes propias de los climas templados, al mismo tiempo que iría descendiendo lentamente a la troposfera. El hecho es que en Europa y el este de Norteamérica se hizo notar desde mediados de 1816. El sol se oscureció, y pareció que la tierra se sumía en un continuo crepúsculo. El fenómeno que había impresionado a Franklin en 1783 se repitió el «año sin verano», pero de forma mucho más espectacular, puesto que la explosión del Tambora fue mucho más potente que la del Laki. El cielo parecía anaranjado incluso en horas del mediodía, y más aún en los momentos del crepúsculo. A diferencia de otros periodos fríos, caracterizados por prolongadas sequías, en esta ocasión las lluvias fueron en la mayor parte del Viejo Continente más copiosas que lo normal, y muy frecuentes las granizadas, siempre en medio de un ambiente oscurecido. En Hungría precipitó nieve de color oscuro, un fenómeno que las gentes no supieron explicarse. También tenemos noticias de nieve roja en Toronto, Canadá, lo mismo que en regiones de Maryland, Estados Unidos. En Groenlandia se han encontrado hielos que contienen partículas sulfurosas, que corresponden también a las mismas fechas.

El frío fue crudo en toda Europa. Se calcula que en 1816 la temperatura fue en promedio dos grados inferior a la normal, con mínimas puntuales de cinco o más grados de déficit; y en 1817 siguió siendo como un grado de media más fresca. Solo a partir de 1818 empezó a templar, aunque tardaron en llegar los años calurosos. Los dendrólogos, según trabajos de C. Oppenheimer (2005) han precisado que los anillos de los árboles apenas se desarrollaron en 1816, hasta el punto de que una incidencia similar no se registró ni en los peores años de la pequeña edad del hielo, o en el mínimo de Maunder. Tuvo que ser un año terrible. También se han encontrado depósitos de cenizas volcánicas correspondientes a esa fecha traídos al parecer más por las lluvias sucias que por la caída natural de las cenizas: lo cual demuestra cuánto tiempo perduró la nube volcánica y hasta qué regiones fue transportada por las corrientes de la atmósfera. En París la temperatura media registrada por los termómetros fue en julio de 3,5 grados inferior a la normal, y en agosto de 3 grados. En algunas regiones se habla incluso de nevadas veraniegas. El rey Luis XVIII se preocupó seriamente por lo ocurrido, y recomendó preces para pedir que pasara pronto la temible anormalidad. En Irlanda se perdió la cosecha de patata, con el hambre consiguiente en una isla en que ese tubérculo era entonces la base de su alimentación. En Gran Bretaña hubo también hambre, provocada por las pésimas cosechas, y se realizaron cuestaciones para recoger medios con que auxiliar a los indigentes. En todas partes reinaba una extraña confusión, sobre todo por la inexistencia del verano. El mal se registró también en el Mediterráneo, y se sabe que también tuvo que sufrir el frío y una etapa de dura sequía que recortó las cosechas el imperio turco. Quizá en España el clima no se mostró tan inclemente, aunque la verdad es que disponemos de muy pocos datos. De todas formas, un trabajo de Carmen Gonzalo de Andrés sobre Cantabria revela que la cosecha fue mala, se perdió en algunas comarcas, y en la mayoría de ellas hubo que recogerla en octubre. El verano fue más fresco que de costumbre, y se registraron fríos anormales y frecuentes lluvias. Se malogró el chacolí. (En otro orden de cosas, pero tal vez sea éste el momento de recordarlo, nos sorprende un tanto la enorme incidencia del frío que se registró en las montañas españolas durante el siglo XIX, y su contraste con las temperaturas que ahora se registran, a juzgar por la extensión que entonces alcanzaban los glaciares, hoy casi totalmente desaparecidos. Antonio Gómez Ortiz y J. A. Plana Castellví, de la universidad de Barcelona, han estudiado (2006) las descripciones que los viajeros hacen de los largos glaciares de Sierra Nevada, y el manto blanco que se mantenía en gran parte de la montaña durante todo el año. J. J. González Trueba

(2007) ha recogido datos sobre los glaciares de los Picos de Europa, que descendían hasta niveles que hoy hubiéramos juzgado imposibles. Y hay trabajos de varios investigadores de la universidad de Zaragoza, o los realizados por M. Martínez de Pisón (1989-2009), que nos llaman la atención sobre la longitud que hace no más de 130 años alcanzaron allí los glaciares permanentes).

La incidencia del fenómeno Tambora en el NE de los Estados Unidos fue si cabe más sorprendente aún. El frío llegó de repente cuando menos se lo esperaba. El verano de 1816 parecía llegar con ímpetu. En Williamston, Massachusetts, el 5 de junio los termómetros llegaron a 26,7 grados. El 6 de junio bajaron de repente a 7. El 7 de julio nevó en Plymouth, Connecticut, y desde entonces ya no dejó de hacer un frío anormal. Se perdió la cosecha, mejoró algo el tiempo en agosto, se resembró el terreno, pero empezó a nevar en septiembre, y se malogró la ocasión de segar lo poco que pudiera haberse recogido. Todo parece indicar que el frío llegó en varias embestidas, según los movimientos de la nube de polvo empujada por las corrientes de la alta atmósfera. La noticia más extraña es que en julio y agosto se heló un río en Pensilvania. De China sabemos muy poco, aunque hay noticias de que hizo mucho frío y se registraron muchas inundaciones. Los chinos se quejan especialmente de la muerte de sus ganados. La gran nube oscurecedora, ¿no alcanzó el hemisferio sur? Cierto que también se han encontrado muestras sulfurosas en los hielos de la Antártida, correspondientes a principios del siglo XIX, pero las referencias a la oscuridad y el frío son mucho menos numerosas.

Las consecuencias del desastre de Tambora se fueron paliando progresivamente, pero el frío propio del mínimo de Dalton se mantuvo por lo menos durante diez años más: por causa del volcán o por obra de otros factores que ya habían provocado el enfriamiento antes de 1816. El verano de 1826 fue muy caluroso, y recogió las primeras quejas por altas temperaturas que recibimos del siglo XIX. Con todo, el frío volvió, aunque, a lo que parece, ya no en un régimen continuado. En 1829 se registró un verano muy fresco, especialmente en el mes de agosto. La gente, que suele tener muy mala memoria para las inclemencias atmosféricas, decía que no se recordaba un agosto tan gélido en muchísimos años. Los registros termométricos acusan, en efecto, bajas temperaturas veraniegas, sin alcanzar nunca los niveles de doce o trece años antes. Sin embargo, nos sorprende saber que en el invierno 1829-30 se congeló el lago Constanza, que suele disfrutar de un clima benigno. Un pequeño monumento recuerda aquella extraña helada. El último invierno glacial fue el de 1837-38, en que se registró otro hecho nada corriente: Noruega y Dinamarca quedaron unidas por el hielo. Naturalmente, se hizo imposible el acceso al Báltico, o la navegación por aquel mar. Los años 40 fueron todavía fríos, aunque sin alcanzar niveles sensacionales. De todas formas, un verano muy fresco y lluvioso azotó Europa en 1845. Se perdió la patata irlandesa, y el hambre se prolongó hasta 1848, otro año difícil en la mayor parte del continente (y azotado también por una revolución que alcanzó simultáneamente a más países que nunca, de Prusia a España). Los años 50 registraron temperaturas mucho más templadas (y, si todo hay que decirlo, fueron de una notable prosperidad). Y a partir de 1860, los termómetros tendieron a un ascenso casi continuado, que, si se quiere exagerar un poco, no han dejado de subir hasta ahora mismo.

Los comienzos del calentamiento

La segunda mitad del siglo XIX no tiene una historia climática cargada de sucesos llamativos, pero supone el primer capítulo de un proceso de calentamiento que ya es de por sí un acontecimiento en la historia del clima, el primero en que se verifica un indiscutible ascenso de las temperaturas con posterioridad al periodo cálido medieval, desde hace cerca de mil años. El hecho de que las temperaturas se hayan recuperado no es, considerado en sí, nada alarmante; en todo caso, resulta deseable, por cuanto nos acerca a la temperatura ideal para el desarrollo más satisfactorio de la vida humana. Según una convención aceptada desde antiguo, la temperatura ideal es la de 16° para el cuerpo en activo ejercicio, de 19° para un hombre caminando normalmente, y de 22° para una persona en reposo. Estos datos «standard» han de ser aceptados con reservas, puesto que la gratitud térmica depende de muchas circunstancias, de la humedad ambiente, de la ropa usualmente —a veces obligatoriamente— empleada, de la edad, y hasta el habituamiento a un lugar determinado. Y la temperatura media del globo, a comienzos del siglo XXI es de 15,8 grados: es decir, que en el conjunto del mundo en que vivimos, es más fácil que, al aire libre y a la sombra, tengamos frío y no que tengamos calor. En este sentido, podemos pensar, quizá un poco ingenuamente, que un cierto proceso de calentamiento sería deseable, ya que no a todos, a la mayoría de los seres humanos. Lo que nos alarma es la causa que se atribuye al proceso de calentamiento actual, así como el peligro de que se mantenga de forma indefinida hasta extremos que pueden resultar peligrosos, y en opinión de algunos, tal vez irreversibles. En otras palabras, aquello que nos preocupa, más que el hecho es la causa, y más que el presente, el futuro.

Es de destacar que casi el único punto que en nuestros tiempos se menciona con machacona insistencia es el relativo a la elevación de las temperaturas. La realidad del clima, bien lo sabemos, está constituida por todas las manifestaciones de la meteorología, como la nubosidad, las lluvias, los vientos o temporales, los contrastes entre las estaciones, esto es: los fenómenos que condicionan nuestra vida, nuestros viajes, nuestros aprovisionamientos, nuestras cosechas, nuestros embalses y reservas de agua, e incluso nuestras vacaciones. Los suecos, los británicos, los alemanes, vienen a las playas levantinas, según declaran una y otra vez, acuciados por una auténtica necesidad; no solo buscan el temple, sino, quizá más, el sol y la luz. Nos interesa todo: la cantidad de lluvia que cae, decisiva para nuestra subsistencia y para su uso generalizado, la tasa de horas de sol; hay personas que no soportan una humedad del orden del cien por cien mantenida durante temporadas enteras, pero hay también quien se siente molesto o nota que se le arruga la piel bajo una sequedad extrema. Con cuánta frecuencia deseamos o necesitamos un cambio de tiempo, o proyectamos vivir nuestra jubilación en un rinconcito de clima agradable. Sentimos la impresión de que los preocupados por el cambio climático solo toman cuenta del fenómeno del calentamiento, como si el resto de los componentes del clima les tuviese sin cuidado. Y en todo caso, si se refieren a la frecuencia de los ciclones tropicales, al fenómeno de El Niño o a las sequías del Sahel, las atribuyen sistemática e incondicionalmente a un único fenómeno, el «calentamiento global». Podemos tener un poco de razón nosotros, pero una vez que penetramos en la problemática del asunto, no es posible negar que los alarmistas pueden tener otra buena parte de razón.

A su tiempo necesitaremos recaer en este tema de un modo general. Por lo que respecta a la evolución del clima hasta 1900, ni el ascenso de los valores térmicos tiene nada de alarmante, ni existía en aquellos tiempos un suficiente nivel de información, ni la contaminación atmosférica, muy grande ya en algunas zonas de Europa y Norteamérica, era motivo de preocupación para nadie. El siglo XIX se caracteriza, sobre todo en los países más adelantados, por la revolución industrial: una revolución en toda regla en el aspecto económico, social, en las formas de vida y convivencia, en las costumbres, y por supuesto también en el terreno de los movimientos políticos y sociales. La revolución industrial está basada por encima de todo en la economía y la tecnología del carbón y del hierro. Sin carbón y sin hierro no hubiera sido posible esa simbiosis de la utilización de ambos elementos que son los ferrocarriles, la «nueva aurora de la humanidad», que saludaba alborozado Augusto Comte El resultado de la era del ferrocarril sería «la unificación del mundo». Ni tampoco hubiera sido posible el barco de vapor y de hélice, capaz de surcar todos los mares con una rapidez y seguridad, como jamás se había logrado hasta entonces en la historia. El acero, que es al fin y al cabo una aleación de hierro y carbono, pasó de ser un metal semiprecioso a resultar no solo fácil de obtener, sino el material más útil de la nueva edad industrial y técnica.

El empleo de los combustibles fósiles para producir energía es la base de la revolución industrial y tecnológica: el caso del carbón en el siglo XIX y el del petróleo y sus derivados en el siglo XX. Quemar combustibles fósiles para hacer funcionar máquinas e ingenios ha sido durante doscientos años símbolo de progreso y de civilización; solo en tiempos relativamente recientes se ha convertido también en fuente de preocupaciones sobre nuestro porvenir. El empleo del carbón mineral se retrasó durante siglos por extraños prejuicios, más supersticiosos que otra cosa. Se daba por supuesto que los productos que crecen o se encuentran bajo tierra son perjudiciales. Por ejemplo, la patata era considerada venenosa, aunque se supiera que los nativos americanos recurrían a ella para su alimentación. En Europa la patata apenas se usaba más que como planta decorativa, que se conservaba en macetas: solo en el siglo XVII, y sobre todo en el XVIII, en años de hambre, alguien empezó a valerse de ella como alimento y descubrió que aquel tubérculo era sano, sabroso y nutritivo. Fue, se dice y con razón, una consecuencia de los años difíciles de la pequeña edad del hielo. El carbón mineral era considerado también como venenoso y hasta diabólico. Solo en algunos sitios, como en Inglaterra, deforestada por el aumento de población y la necesidad de transformar los bosques en cultivos, se comenzó a utilizar por necesidad el llamado carbón de piedra, que en la región de los Midlands aparece a muy poca profundidad; y se descubrió con sorpresa que arde muy bien, produce más calor y rinde mucho más que el carbón de leña. Fue allí y entonces cuando comenzó la revolución industrial, y con ella una nueva edad en la historia humana.

El carbón fue cada vez más utilizado por la industria, los ferrocarriles y los barcos. Los países ricos en carbón, tales el centro de Inglaterra, Bélgica, la cuenca del Ruhr en Alemania, Silesia, se convirtieron en las zonas más desarrolladas del mundo. Luego crecería Pittsburgh, entre Nueva York y Chicago, al pie de otras ricas minas de carbón, y comenzaría el proceso de industrialización de los Estados Unidos. Un célebre artículo del «Times» de Londres consideraba el carbón como «la nueva piedra filosofal de la humanidad». Los altos hornos y las fábricas vomitaban enormes cantidades de humo negro, que entonces simbolizaban el no va más del progreso. Essen y Sheffield competían entre sí por ser la ciudad del mundo con más chimeneas humeantes, o lo que era lo mismo, las más ricas y adelantadas. Un dibujante muy progresista presentaba en un órgano de prensa a dos individuos atravesando una de aquellas nubes negras. Uno de los dos personajes comentaba: «qué mal huele». Y el otro le corregía: «¡huele a pan!» Aquel dibujo fue alabado como símbolo de un deseable progreso. La industria, por apestosos que fueran sus humos, significaba empleo, adelanto y riqueza. El mismo Turner, el pintor de los crepusculares días del año sin verano. representó también en uno de sus más famosos cuadros el «Great Western», el tren arrastrado por la locomotora más poderosa del mundo, llenando el espacio con sus torrentes de humo. Nadie tenía entonces la menor idea de lo que hoy llamamos contaminación, o cuando menos no la consideraba una calamidad.

¿Qué efectos indujo la revolución industrial en el clima? Algo está claro: la combustión del carbón incrementó la tasa de CO_2 en el mundo. Muchas ciudades se contaminaron, por la liberación de grandes cantidades de humo que ennegrecieron los edificios y enturbiaron el ambiente. Aún hoy, desaparecido aquel residuo en buena parte del mundo, y limpiadas las fachadas por orden de las autoridades, quedan huellas oscuras de la gloriosa y tenebrosa edad del carbón. El dióxido de carbono liberado a la atmósfera, junto con otros gases industriales nada favorables para la salud humana, contribuyó a ensuciar los pulmones de la gente y a provocar enfermedades respiratorias. Hoy se discute el viejo tópico según el cual la tuberculosis es una enfermedad romántica. Efectivamente, muchos artistas y escritores del romanticismo murieron tísicos, entre ellos Schiller, Novalis, Keats, Chopin, Weber, Anton Chejov, Washington Irving, Gustavo Adolfo Bécquer, las hermanas Brontë. Hasta René Laennec, un médico famoso, inventor del estetoscopio, que luchó toda su vida contra la tisis, murió tuberculoso. La enfermedad existe desde hace muchos siglos, persistió después de que Robert Koch descubriera su bacilo; pero nunca tanta gente, e incluso, si atendemos a los nombres, gente importante, y no precisamente relacionada con los niveles más pobres de la sociedad, fue arrebatada de este mundo, casi siempre en años de juventud, por la tuberculosis. Nada digamos de los habitantes de los suburbios míseros y de los trabajadores de aquellas factorías. La contaminación de los ambientes por obra de la combustión del carbón en una época en que éste era la base de la riqueza de Occidente fue muy grande, muy visible y muy poco combatida.

De la combustión del carbón —de la reacción del carbono con el oxígeno, en alto grado energética— surge el CO_2. El dióxido de carbono procede de cualquier tipo de combustión, hasta de la respiración humana y de los animales, pero la utilización masiva del carbón por el hombre para obtener energía mecánica se multiplicó como nunca en la historia en el siglo XIX. Hoy seguimos contaminando y lanzando a la atmósfera gases de efecto invernadero. Es más, aunque en ciertos países escasos en carbón de calidad lo hayamos olvidado, en el siglo XX se ha quemado y aún se sigue quemando más carbón que en el XIX. Pero es en el siglo romántico cuando se rompió la barrera de la estabilidad y comenzó a aumentar la tasa de CO_2 presente en la atmósfera. El CO_2 es un gas de efecto invernadero, el más conocido de todos, por la difusión que ha alcanzado su mala leyenda, aunque se encuentre por debajo, en efectividad, del vapor de agua y del metano. ¿Puede establecerse una relación entre la liberación a la atmósfera de una tasa creciente de CO_2 y el aumento de las temperaturas en la Tierra en la segunda mitad del siglo XIX? La hipótesis de esta relación es muy probable, aunque no poseamos una certeza del cien por cien. Que los gases provocados por la revolución industrial son en alto grado contaminantes y pudieron provocar un empeoramiento siquiera promedio de la salud sobre todo en las zonas urbanas de los países más desarrollados, es una idea absolutamente admisible, como lo es también la de que esos gases indujeron un proceso de calentamiento. El hombre contaminó de una forma u otra por lo menos desde el neolítico, y eso está reconocido por una serie de autoridades en la materia; pero lo hizo más que nunca a partir de la revolución industrial. Y que esos gases producen un efecto invernadero y por tanto contribuyen a elevar las temperaturas es también un hecho que no se puede discutir. No siempre es lo mismo contaminación que calentamiento. El Collado Sur del Everest está lleno de latas de conserva, de envoltorios de plástico y de botellas usadas de oxígeno, y eso es una pena, pero no influye en el clima, como tampoco influye un río contaminado o una verde pradera afeada por restos de meriendas. Pero en el caso de la revolución industrial contaminación y calentamiento parecen ser dos fenómenos íntimamente relacionados entre sí. Lo que no sabemos es si el calentamiento también es inducido por factores muy distintos a la acción del hombre.

En el siglo XIX la temperatura se elevó en una tasa muy modesta de solo unas décimas de grado como promedio. En modo alguno podemos considerar aquel proceso como peligroso. A lo sumo su peligro está en que fue solo el principio. Por testimonios termométricos que nos constan, sabemos que las temperaturas comenzaron a elevarse en Bélgica y Holanda ya por 1820 y sobre todo desde 1830. En Gran Bretaña, el proceso es visible a partir de 1830, y en proceso acelerado hasta 1850. En Alemania no se ve el fenómeno claro hasta 1860, aunque a partir de entonces se hace francamente notable. Y, en general, el calentamiento es más fuerte y generalizado en la segunda mitad del XIX que en la primera mitad, donde, en la mayor parte del mundo, se advierten todavía, y en algunos casos espectacularmente, los últimos efectos de la pequeña edad del hielo. Por el contrario, a partir de 1850, por lo que sabemos, la tendencia a la elevación de temperaturas es casi general. La década 1850-1860 registra un alza suave, la tendencia al calentamiento se acelera en el periodo 1860-1875: diríase que de seguir esta pendiente de la curva, el hecho sería llamativo, tal vez peligroso. No lo fue. Los datos nos reflejan para 1875-80 un rellano, y para 1880-1895 un suave descenso: nunca, eso sí, se volvió al relativo frío de la primera mitad del siglo. ¿Es que hubo un frenazo en el proceso de revolución industrial? ¡Todo lo contrario! En el último cuarto del siglo XIX hubo un progreso tecnológico sin precedentes, y el fenómeno del maquinismo se extendió a muchos países del mundo que hasta entonces no lo conocían. No hay más remedio que suponer que el «calentamiento antrópico», ese pecado que las conciencias de Occidente cargan sobre nuestra propia civilización, aunque comenzara a mostrar sus efectos, no fue el único factor del proceso de elevación de las temperaturas. Algo ajeno al ser humano contribuyó a enfriarlas, e inmediatamente tocaremos uno de esos posibles factores. Es preciso tener en cuenta, por otra parte, que un proceso climático nunca se refleja en una curva de pendiente constante, sino que sufre frecuentes fluctuaciones.

Pero si pudiéramos suponer que el proceso iniciado hacia 1850 iba a quedarse en un episodio aislado, nos equivocaríamos. Los cinco últimos años del siglo XIX son de ascenso continuo y rápido, como nunca lo habían sido, de suerte que el año 1900 fue, en su conjunto, el más caluroso de la centuria. Si la tendencia era simplemente coyuntural, o iba a mantenerse por mucho más tiempo, es una pregunta que tenemos que formular al siglo XX. Y podemos contestarla, naturalmente.

Incidencias de fin de siglo

Los años ochenta y la primera mitad de los noventa fueron más fríos, sin que la media dejase de ser superior a la del periodo 1800-1850. Con todo, hubo inviernos duros, al menos en Europa. Todavía en 1894-95 se vieron témpanos de hielo en el Támesis, que dificultaron, pero no interrumpieron la navegación. El río de Londres no volvería a helarse hasta ahora mismo. También en Escandinavia y Alemania se produjeron heladas dignas de mención. En Málaga los termómetros descendieron a 0°, un valor que en aquella costa merece el carácter de acontecimiento, y en Washington llegaron a una mínima de –26, que en la capital federal norteamericana es también un hecho anormal. Pero todo quedó en un detalle anecdótico, pronto olvidado, y, a lo que parece, el frío se limitó al hemisferio norte.

En el hemisferio sur sufrieron casi al mismo tiempo una sequía de tres años (1877-1879) provocada por un fenómeno, El Niño, fuera de lo común, que llegó a derivar en una crisis económica de alcance global. En el norte de Perú (zona de Piura), en Ecuador y parte de las montañas de Bolivia se produjeron fuertes chubascos y varias inundaciones, aunque no puede hablarse de una tremenda catástrofe. También fueron abundantes las lluvias en el norte de Chile. El desastre se produjo allí donde retrocedió la «piscina caliente» del Pacífico, es decir, en Indonesia, Filipinas, la India y sur de China. Fue, afirma quizá un tanto enfáticamente Brian Fagan, «el episodio El Niño más fuerte de los trescientos últimos años». En India apenas descargó el monzón durante tres años consecutivos, ante la angustia de los naturales, que vieron fracasar tres cosechas seguidas. Murieron millones de personas, primero a causa del hambre, aunque es imposible conocer la cifra exacta; solo en la región de Madras perecieron, según determinados informes, millón y medio de seres humanos. Los ricos tampoco salieron bien librados, y muchos tuvieron que vender sus joyas —naturalmente en el extranjero— para procurarse alimentos. Las autoridades inglesas declararon que «remediar el desastre está fuera de nuestras posibilidades», y aunque no faltaron ayudas, resultaron del todo insuficientes. Familias enteras desaparecieron víctimas del hambre, y muchos otros millones quedaron debilitados y enflaquecidos. Y entonces vino la segunda parte de la tragedia: de acuerdo con una viejísima regla, al hambre y la debilidad siguió una peste, esta vez de cólera.

En China el desastre humano no fue menor. Las lluvias no llegaron, y gran parte del norte del país se vio invadida de tormentas de polvo seco y amarillo, procedente del desierto, que ahogaba los pulmones y dañaba la tierra. En la región de Shanxi murió, de acuerdo con los informes, un tercio de la población. Millones de chinos trataban de emigrar hacia el sur, de clima por lo general más húmedo. Shanghai recibió cientos de miles de inmigrantes, otros muchos quedaron por el camino. Muchas gentes se alimentaban de las cortezas de los árboles. Se generalizó el bandidaje. Las autoridades de aquel imperio en decadencia apenas pudieron hacer nada. Se habla de escenas de canibalismo, aunque no existen pruebas concretas. El invierno de 1877-78 fue crudísimo, con un frío que agravó las consecuencias del hambre generalizada. Es difícil imaginar una tragedia de estas dimensiones a fines del siglo XIX, pero hay que tener en cuenta que la civilización moderna y tecnológica no alcanzaba a todas las partes del mundo que hoy podemos considerar como avanzadas, aparte de que no existían medios para socorrer a muchos millones de personas, ni nada parecido a lo que hoy llamamos ayuda internacional. Es triste recordar aquellos episodios, pero quizá resulte necesario hacerlo si queremos comprender la trascendencia humana de los fenómenos atmosféricos. Otras partes de Asia del sudeste, incluida Filipinas, donde se perdió la cosecha de arroz, sufrieron también las consecuencias de la falta del monzón.

Pero el mal alcanzó también a otras partes del mundo, como es frecuente que suceda en los episodios de El Niño. En Indonesia la sequía no significó frío, como en China, sino que se mantuvieron las temperaturas propias de regiones ecuatoriales, con mucho sol y sin lluvias. Como consecuencia, se registraron generalizados, a veces inmensos, incendios de bosques, que impresionaron al naturalista británico Henry Forbes. Mientras caían grandes lluvias en California y en Chile (la cosecha californiana, que los fenómenos naturales siempre tienen su parte buena, fue extraordinaria), el nordeste de Brasil, esa punta que parece mirar a África, allí donde se encuentran Pernambuco o Recife, la región que los brasileños llaman Sertâo, sufrió una tremenda sequía: efectivamente, esa zona depende en gran manera de El Niño y los monzones, lo mismo que el África ecuatorial. Dicen que murieron 500.000 personas, en su mayoría cultivadores que vieron perdidas sus cosechas. Otras referencias cuentan que un tercio de la población de Fortaleza murió. Los que pudieron, emigraron. Se organizaron expediciones de ayuda, que no siempre llegaron a su destino porque los caballos morían de hambre por el camino. El periodista Herbert Smith, que viajó dificultosamente a la zona, cuenta que «pasaban aquellos fugitivos, hombres, mujeres y niños, sin llevar nada consigo, medio desnudos, cadavéricos, debilitados por el hambre»... Calamidades de este tipo ha habido siempre: hoy mismo continúan en ciertos países no desarrollados, aunque no solemos hacer demasiado caso de las noticias, entre el tráfago de lo que ocurre en el mundo. Australia fue también víctima de la sequía, que causó la muerte de millares de ovejas. No fue mejor la suerte de África central, que sufre también un régimen de lluvias estacional relacionado con el sistema monzónico, lluvias que también entonces escasearon. La zona que más padeció fue la de África del Sur, más dependiente del fenómeno El Niño que otras. No se registraron bajas humanas entre la población neerlandesa y británica de lo que hoy es la República Sudafricana, pero sí una gran mortandad entre las cabezas de ganado vacuno y lanar. Sudáfrica, beneficiada en pocos años por el afortunado hallazgo de las minas de oro de Orange y de diamantes en Kimberley, sufrió una dura crisis. Y, aunque tengamos menos noticias de los nativos zulúes —lo mismo en Sudáfrica que en lo que ahora se llaman Zambia y Zimbabwe—, sabemos que padecieron una gran hambruna, y, como las desgracias nunca vienen solas, de una fuerte epidemia provocada por la maligna mosca tse-tsé. Y no podemos pasar por alto a Egipto. No es que se registrase allí una sequía anormal, porque la sequía es endémica, y a ella están acostumbrados los egipcios desde los tiempos de los primeros faraones; sino porque se hicieron ridículas las crecidas del Nilo de 1877-78, y, entre otros males, se perdió la cosecha del famoso algodón egipcio. Total, que el mundo entero sufrió el fenómeno de El Niño, porque la escasez de materias primas, con el consiguiente desabastecimiento y encarecimiento, provocó una crisis económica mundial. Nunca hubo, tal vez, un Niño tan influyente en el mundo entero.

El Krakatoa

¿Es casualidad? Primero sobreviene una etapa de frío, y poco después estalla un volcán, que con sus nubes troposféricas o estratosféricas provoca un explicable descenso de las temperaturas. El orden, en buena lógica, debiera ser el inverso, y sin embargo ¡la aparente contradicción se registró varias veces en la historia! Sabemos que los años 1878-1880 fueron fríos en varias partes del mundo, y tanto los registros termométricos, como las noticias de heladas así lo confirman. El volcán Krakatoa estalló en 1883, y provocó un nuevo descenso térmico, que duró casi diez años. Las cosas son como sucedieron, y así tenemos que aceptarlas, aunque no admitan fácil explicación.

El Krakatoa es ya un viejo conocido. Estalló varias veces, entre ellas el año 416, coincidiendo con la entrada de los pueblos germánicos en el imperio romano, el año 535, en que provocó un enfriamiento sin precedentes de que ya hemos hablado, y también en 1661, en plena «pequeña edad del hielo». El Krakatoa se encuentra en una isla del estrecho de la Sonda, entre Java y Sumatra[7], en una de las zonas más inestables del globo. Llevaba más de 200 años inactivo, y cuan-

[7] Una película de Bernard Kowalski, «Al Este de Java», reproduce el hecho con un guión mediocre y excelentes efectos especiales. Tiene numerosos errores históricos y geográficos, incluido el título. El Krakatoa no se encuentra al este, sino al oeste de Java.

do comenzó una nueva erupción, en marzo de 1883, ni los naturales, ni los colonos holandeses, que administraban el conjunto de lo que hoy se llama Indonesia, se alarmaron. En Indonesia hay unos 150 volcanes (es un récord mundial), y es normal que alguno de ellos se encuentre en actividad. En mayo se activó la columna de humo y comenzaron los temblores que sacudían la isla. El 20 de mayo se produjo la primera explosión, que lanzó a la atmósfera gran cantidad de piedras ardientes. Fue entonces cuando se generalizó la alarma. La situación se fue agravando, hasta que en agosto llegó a su paroxismo. Muchos habitantes de la isla huyeron en todas las embarcaciones disponibles, pero quedaron unos 4.000 que no llegarían a contarlo. El 26 de agosto las explosiones alcanzaron su máximo, hasta sembrar el pánico en las islas vecinas. Y el 27, a las diez de la mañana, explotó la isla entera, que fue lanzada a los aires. El ruido rompió los tímpanos de todos los que se encontraban en un radio de 40 kilómetros de distancia, y se quedaron sordos de por vida. El sonido fue «ensordecedor» en Batavia (hoy Yakarta), a 140 km de distancia. La onda sonora llegó a Singapur, a más de 600 km, donde causó pavor, y se oyó en Madagascar, a más de 6.000 km. Incluso los barógrafos de Greenwich registraron una brusca y momentánea alteración de la presión atmosférica: es el primer registro científico que tenemos en la historia de una onda de choque. Por supuesto, los sismógrafos del mundo civilizado acusaron también el golpe, y en Estados Unidos se habló de «un terremoto ocurrido en algún lugar del mundo».

En la zona de Indonesia la alteración fue espantosa. La nube volcánica alcanzó unos 50 km de altura e invadió la estratosfera. Las islas vecinas quedaron desoladas, la nube de polvo oscureció el día, y en Batavia-Yakarta la temperatura descendió de golpe de 27 a 18 grados. Lo peor de todo fue el tsunami que se levantó después de la explosión. Un tsunami sobreviene cuando hay un reajuste en los fondos marinos como consecuencia de un terremoto. En este caso fue provocado por la desaparición de una isla y la penetración de millones de toneladas de aguas oceánicas en el hueco de una caldera volcánica de varios kilómetros cúbicos: el brutal efecto de rebote generó el maremoto, con olas de treinta, cuarenta y cuentan que hasta cincuenta metros de altura que se abatieron sobre la costa. Asolaron las islas de la Sonda y la orilla norte de Java. Todo, selvas, poblaciones, barcos, fue arrasado por el torrente. La mayoría de los buques que navegaban por la zona fueron destruidos, y lo más llamativo fue que el cañonero holandés «Berouw» fue arrastrado por las aguas hirvientes hasta quedar varado en tierra, a dos kilómetros de la orilla. Las autoridades holandesas calcularon 36.400 víctimas mortales, aunque la cifra exacta es difícil de calcular. El capitán Lindemann, que navegó semanas más tarde frente a la costa norte de Java, describe un panorama desolador: «por todas partes reinaba el mismo color gris y lúgubre; los pueblos y la vegetación habían desaparecido, y ni siquiera pudimos ver sus ruinas, porque las olas habían arrasado habitantes, casas y cultivos. Era realmente una escena propia del Juicio Final...».

La del Krakatoa fue la primera explosión volcánica conocida por el mundo entero, porque trascendió a los medios de comunicación, que siguieron contando noticias tremendas durante meses. Por eso sin duda, algunos climatólogos siguen haciéndose eco de que aquella catástrofe volcánica fue la mayor de los tiempos históricos, cuando hay motivos para suponer que no llegó a alcanzar la magnitud del Santorini y el Tambora, sin dejar de ser espantosa. En Europa el cielo adquirió un tono terroso, con los característicos anocheceres rojizos. Los alemanes vieron el sol azul, los ingleses lo vieron verde, y, por supuesto, el fenómeno de la luna azul duró dos o tres años. La temperatura global descendió 1,2 grados o 1,5, según las versiones. La atmósfera no quedó limpia hasta 1885, aunque la temperatura siguió relativamente baja hasta los años 90. La catástrofe del Krakatoa también trascendió a la literatura y al arte. Inspiró el *Telemachus* de Tennyson, y una novela de M. Avallone. En 2003 apareció un artículo que revela que el famoso cuadro de Edvard Munch *El grito*, procede también de aquella impresión, aunque fuera pintado nueve o diez años más tarde. El mismo Munch escribió que la impresión anímica se la impuso «un repentino crepúsculo de sangre» que le llenó de «angustia infinita». El personaje del cuadro aparece gritando, pero su gesto más visible es el de llevarse las manos a los oídos, como si no pudiera soportar un ruido atronador. Algo debió leer Munch de la explosión del Krakatoa, ya que de hecho no llegó a oírla.

La historia no ha terminado todavía. En 1927 se registraron en el fondo de las aguas nuevas erupciones. En 1947 emergió una isla, que los naturales conocen como Anak Krakatau, la Hija de Krakatoa, que ha ido creciendo a razón de unos diez metros por año. Actualmente ya tiene unos 400 metros y forma cónica. En 1952 comenzaron sus erupciones, que se repitieron en años sucesivos con relativa frecuencia. En noviembre 2007 Anak Krakatau entró en una fase explosiva. con fieros rugidos y lanzamiento de piedras que hicieron peligroso aproximarse a la nueva isla. La autoridades indonesias impidieron el acceso al renacido volcán, excepto a especialistas autorizados. Una nueva fase, impresionante, comenzó el 1 de noviembre de 2010, con lanzamiento de grandes masas de humos negros y piedras de hasta algunas toneladas, entre violentas explosiones. Las cámaras nos transmitieron imágenes en verdad alarmantes. Y en enero de 2011 se ordenó evacuar las islas cercanas, con prohibición absoluta de acercarse a la zona de la erupción. El vulcanólogo John Davidson, del Instituto de Ciencias de la Tierra de la universidad de Durham, ha declarado que una nueva explosión del Krakatoa, igual o mayor que la de 1883, es inevitable; pero —prudencia— «es imposible predecir cuándo va a ocurrir».

Es posible, aunque no seguro, que el relativo frío que se sintió en el mundo hasta aproximadamente 1894 estuviera provocado, o cuando menos agravado por las nubes estratosféricas del Krakatoa. Pero el siglo no podía terminar así. Como si el calentamiento tuviera ganas de desquitarse de aquella interrupción, la pendiente de la curva de ascenso térmico fue más fuerte que nunca en el último lustro, 1895-1900. Este último sería a todas luces el más cálido del siglo XIX.

Grandezas y peligros del siglo XX

Vale la pena tomar el cremallera que en veinte minutos conduce de Chamonix al fantástico mirador de Montenvers. El tren se llama «Mer de Glace», y la mayoría de la gente sube a él para ver el glaciar que, quizá más por su fama que por su magnitud, es el más conocido del mundo. El espectáculo vale la pena: el Mont Blanc a la espalda, las Aiguilles, los Drus, la Verte, toda una sinfonía de peñascos inverosímiles que parecen perforar el cielo. Al fondo, los Grandes Jorasses. El lugar no puede ser más acogedor: un magnífico restaurante panorámico, un hotel de lujo, rutas bien señalizadas, con indicación de su grado de dificultad, guías para llegar a todas partes, un museo de cristales y un teleférico que baja hasta la famosa gruta (artificial, eso sí), donde puede admirarse, entre otras muchas cosas, una casa alpina edificada bajo el hielo. ¿Y la Mer de Glace?, pregunta el visitante. Sí, allí abajo. Pero solo un tercio del cauce lleva hielo; el resto se ha derretido. Y, poco más abajo, piedras, morrenas completamente secas. En el siglo XIX, la Mer de Glace llegaba hasta el valle de Chamonix, en el XVIII desembocaba en el Arve, y hasta en ocasiones el hielo obligaba a evacuar aldeas y abandonar pastos. Ahora, en medio de tantas maravillas naturales y de tantas comodidades artificiales que lo hacen todo accesible, la Mer de Glace produce una cierta desilusión. Y hasta se presta a un rato de meditación histórica: ahora, cuando todo es fácil, lo que buscamos es ya inexistente. O está a punto de extinguirse.

Es el resultado de eso que se llama «calentamiento global». La expresión (*global warming*) aparece por primera vez en un trabajo entre profético y exagerado de Wallace S. Boecker, publicado en el número 169 de la revista *Science,* en 1975, cuando todavía se estaba hablando de la inminencia de la quinta glaciación. Realmente, no empezó a hablarse en los foros científicos y hasta en los centros oficiales de calentamiento global hasta 1988. Desde entonces, y más aún desde el abrasador verano de 1998 estamos todos preocupados por el fenómeno, tememos lo que va a ser de nuestros hijos y nietos, y con frecuencia se profieren amenazas que parecen apocalípticas. Por el momento, si la situación se mantiene, podemos vivir sin inconvenientes. Desde 1880 hasta 2010, de acuerdo con el equipo de evaluación térmica GISTEMP el Instituto de Investigación Goddard de la NASA, la temperatura se ha elevado 0,88 grados en los últimos 130 años. El hecho, tomado como tal y sin atender a sus causas, no es alarmante, y hasta conviene a más gente de la que perjudica. El temor sobreviene cuando se da por supuesto que, si es provocado por las actividades humanas —o por un factor cósmico que no podemos controlar— puede llegar a hacerse irreversible y comprometer nuestra existencia o cuando menos nuestra prosperidad y nuestra vida habitual en este amable planeta. Al conjuro de estas virtuales amenazas se ha enzarzado una polémica que solo el tiempo resolverá. Más adelante, será inevitable —con muy pocos deseos por parte del autor— plantear sus términos. En una historia de los cambios climáticos lo lógico y consecuente es que atendamos ante todo al fenómeno en sí: nos encontramos en una fase de calentamiento —¡con oscilaciones en un sentido y en otro, como siempre en la historia del clima!—, que nos ha llevado a un momento en que las temperaturas son más altas que en ningún otro por lo menos en un plazo de novecientos años. A dónde vamos a llegar no lo sabemos, porque el futuro es impredecible por naturaleza. Lo único seguro es que debemos estar preparados para el porvenir, y atentos, si la amenaza lleva camino de cumplirse, para tomar las medidas que el sentido común, la cautela y la técnica moderna nos permitan y nos aconsejen.

El año 1900 fue el más cálido del siglo XIX. Luego llegó el siglo XX con pocas ínfulas. Las temperaturas se mantuvieron o tendieron a bajar. Nada hacía suponer que el siglo que comenzaba iba a estar caracterizado por una casi constante tendencia al alza térmica, por primera vez desde casi mil años antes. Las causas de este descenso de principios de siglo nos son en parte desconocidas, aunque debió resultar operativa la famosa erupción del Mont Pelé, en la isla de Martinica, en las Pequeñas Antillas, en mayo de 1902. El volcán ya había tenido fases de actividad. Cuando Cristóbal Colón, al filo de su segundo viaje, recaló en Martinica, supo que los naturales llamaban a aquel cono rocoso que se alzaba al norte de la isla, «Montaña de Fuego», aunque por entonces no experimentó ninguna erupción. La más impresionante desde entonces había sido la de 1792, que no causó demasiados daños, aunque sí nubes de humo, que pudieron prolongar tal vez hasta cierto punto las consecuencias del Laki en aquella temporada revolucionaria en Francia y caracterizada en Europa por el frío. El hecho se repitió en 1851-52, sin provocar demasiados revuelos. Un grupo de geólogos, que tal vez no se esforzaron demasiado en estudiar el terreno, o no supieron comprender su naturaleza, dictaminaron que el Mont Pelé era un volcán apagado y que parecía muy improbable que, una vez desfogadas sus energías, volviese a entrar en actividad por mucho tiempo. Diez kilómetros al sur de aquel esbelto cono prosperó la ciudad de St. Pierre, capital de la isla, convertida en el más importante puerto de las Antillas Menores. Muchos excursionistas subían a la cima de 1500 metros de altura para contemplar el panorama entero de la isla y la inmensidad del mar.

En 1901, el Pelé dio ciertas señales de vida, y en abril de 1902 entró en erupción, suscitando más curiosidad que temor. A comienzos de mayo se produjeron varias explosiones. Sin embargo, no se atisbó el peligro y no se dictó orden de evacuar la ciudad de St. Pierre. Se dice, y puede ser cierto, que el gobernador prohibió la evacuación porque el 11 de mayo iban a celebrarse unas elecciones y era deseable una votación lucida. El propio gobernador pagaría su error con la vida, porque fue una de las víctimas. Fuera lo que fuese, el peligro no fue advertido por la gente, y la evacuación espontánea fue muy escasa. Las personas que viven en la vecindad de un volcán se acostumbran a él y piensan que sus erupciones esporádicas son una cosa normal, sobre todo si no existe recuerdo de grandes catástrofes. Es una historia que se ha repetido muchas veces. A las dos de la madrugada del 8 de mayo se produjo la tragedia: reventó el volcán, varios «lachares» o masas de barro bajaron de las laderas, asolando cuanto encontraban a su paso, y a las 8 de la mañana una espantosa nube ardiente abrasó toda la ciudad, con un saldo de 30.000 víctimas. Hoy aquella montaña se ha convertido en el prototipo de «volcán peleano», el más peligroso de todos por su naturaleza explosiva. Las fotografías que se conservan de aquella tremenda catástrofe muestran un espectáculo de ruinas. No quedaron más que los cimientos negros de la ciudad. La noticia de lo ocurrido recorrió el mundo, y el hecho, ya comenzado el siglo XX, fue conocido por millones de personas. La ciudad de St. Pierre no ha sido reconstruida, por razones de prudencia, aunque hay un puerto en la hermosa bahía, y a la playa cercana siguen acudiendo los turistas. Se organizan excursiones a aquella enorme montaña, ahora más «pelada» que nunca, y el panorama que se divisa sigue siendo tan esplendoroso como hace ciento diez años.

No parece que se haya estudiado, en cambio, la incidencia climática de aquella erupción explosiva. No hay noticias de cielos oscurecidos o de soles enfermos como en otras ocasiones. Tal vez las cenizas sulfurosas no alcanzaron la estratosfera, o lo hicieron parcamente. Solo se ha hablado, y sin demasiada insistencia, de lunas azules. Sin embargo es un hecho bien conocido, porque poseemos datos de estaciones meteorológicas repartidas por Europa y América, existentes también en otros lugares del mundo, y casi todas ellas acusan que las temperaturas experimentaron un cierto bajón en la primera década del siglo XX, con un mínimo en 1904. ¿Como consecuencia de las cenizas volcánicas o por causas muy distintas? No lo sabemos exactamente. Si lo supiéramos —ahora que poseemos más medios de investigación y análisis— tendríamos un criterio más seguro acerca de lo que está ocurriendo y de su por qué. Conocemos bien uno de los factores que influyen sobre el clima: la progresiva liberación a la atmósfera de grandes cantidades de gases carbónicos, producto de la combustión de restos de vida fósil —sólidos, líquidos, gaseosos— que nuestra civilización tecnológica desentierra para obtener energía; pero ¿qué otros factores influyen para que las curvas de temperaturas —y consecuentemente de otros factores meteorológicos— experimenten constantes fluctuaciones? Ese punto, fundamental para saber en el fondo a qué atenernos, sigue constituyendo un misterio, ¡pese a lo mucho que sabemos o que creemos saber!

Desde 1910 hasta 1949 se extiende una etapa de ascenso, digamos de calentamiento, casi continuo. Pueden existir años de detención, olas de frío, veranos si no frescos, bastante irregulares y lluviosos en Europa y otras regiones de la zona templada del globo; pero la tendencia de la curva térmica es implacable: cada vez hace más calor. Por entonces, digamos durante la primera mitad del siglo XX, la novedad no era en absoluto atemorizante, sino todo lo contrario. En los países fríos se vivía cada vez mejor y en los países cálidos el bochorno no era todavía excesivo. En realidad, la media termométrica no subió en esta primera mitad de la centuria más que 0,3 grados, una proporción que puede parecernos a primera vista ridícula, pero cuyos efectos se dejaron notar en muchas partes. En las zonas templadas predominaron los vientos del oeste, húmedos y tibios en Europa, con lluvias frecuentes, pero no excesivas. Se hizo notar un fuerte gradiente o diferencia de presión entre el anticiclón de las Azores, que parecía más fuerte y estable que nunca, y las bajas presiones reinantes en en Atlántico Norte. La corriente fría de Labrador alimentaba continuas borrascas que se formaban en las zonas donde chocaban el viento frío y el cálido: aquellos remolinos con sus frentes de lluvia regaban las costas del este de Estados Unidos, pero sobre todo atravesaban el Atlántico para dejar caer sus aguas beneficiosas sobre los campos de las Islas Británicas, Francia, el norte de España, Alemania, y prácticamente toda Europa central. Muchas de estas borrascas llegaban a Rusia para regalar agua o nieve y mitigar un tanto las bajas temperaturas. Diríase que había llegado una etapa más cercana a un deseado Paraíso.

No todo era feliz en la Tierra. Entre 1914 y 1918 una guerra estúpida, llevada a cabo con adelantos tecnológicos y por consiguiente con medios de destrucción muy superiores a los hasta entonces imaginados, asoló a los países más cultos y civilizados de Europa, de Rusia a Inglaterra y del Mar del Norte al Mediterráneo, produciendo millones de muertos y grandes pérdidas materiales. Por desgracia, un curioso efecto de mimetismo, y el deseo de todos de figurar entre los vencedores, llevó el conflicto al mundo entero, de Extremo Oriente a varios países de América. Miles de australianos murieron en los estrechos turcos. Vino al fin la paz, el deseo de edificar un orden nuevo y más respetuoso. La Sociedad de Naciones y el «espíritu de Locarno» en 1926, parecieron sellar una reconciliación definitiva. En tanto, progresaban la técnica, la cultura, el desarrollo económico, las fiestas y las diversiones. El mundo civilizado vivía los «felices años veinte» con la esperanza de que todo fuera a mejor. Sí se percibía un ligero aumento de las temperaturas y una tasa de lluvias un poco superior a la normal, sin que por eso los veranos dejaran de ser gratos y soleados en muchas partes, y se difundiera entre las gentes la afición a disfrutar de las playas y de los viajes turísticos y culturales; todo parecía ser promesa de tiempos mejores y más felices.

Cierto que el progresivo, lento, cambio climático no vino bien a todo el mundo. Nuestro ya conocido Brian Fagan se queja de que los vientos predominantes del oeste desataron las famosas tempestades de polvo en los desiertos americanos del interior de California, Arizona, Utah, que invadieron la cuenca del Misisipi y causaron no solo un ambiente desagradable, sino enfermedades respiratorias, daños y malas cosechas. Lo que en unas partes significó agua abundante, en otras vino a traer la sequía. El Sahel, esa tierra entre el Sahara y África ecuatorial, zona de sabanas y vegetación semiárida, que avanza o retrocede según las lluvias de cada año y según se suceden los cambios climáticos, sufrió duras sequías a partir de 1911, y sobre todo en 1914-1915. La ganadería, riqueza principal de las tribus de esa parte del mundo, mucho más que una agricultura que siempre proporciona resultados inciertos, sufrió una crisis muy grave, y cientos de miles de seres humanos perdieron la vida, víctimas del hambre y la sed. El lago Chad perdió en medio siglo la mitad de su extensión: he aquí un evento geográfico que, por desgracia, ha obligado a cambiar los mapas a corto plazo. El Chad sigue secándose, y al mismo tiempo volviéndose cada vez más salino y malsano conforme pasan los años. El robustecimiento del anticiclón subtropical atlántico, o anticiclón de las Azores, ha venido a perjudicar a buena parte del África septentrional, Senegal, Malí, Níger, Tchad, Burkina Fasso, incluidas zonas del norte de Nigeria. También la oscilación ha influido en la zona de convergencia intertropical, alterando el régimen de lluvias en zonas africanas que ya no dependen del clima atlántico. Por ejemplo, las crecidas del Nilo disminuyeron entre 1910 y 1940 en un 35 por 100. Por el contrario, aunque pueda parecer una contradicción, los monzones de la India se mantuvieron a un excelente nivel, excepto el mediocre de 1925.

Los países fríos resultaron en cambio beneficiados. El sur de Canadá vivió una época de prosperidad sin precedentes, y su nivel de vida se puso al par del de los Estados Unidos. Escandinavia se benefició también de un robustecimiento de la corriente del Golfo, que disolvió los hielos hasta entonces mucho más frecuentes en regiones de aquella zona geográfica. En Islandia la temperatura subió más que en Europa —se calcula que cerca de dos grados en solo medio siglo— y aquella isla ártica y medio desolada se convirtió también en un país desarrollado, próspero y lleno de incentivos. Las islas Spitzbergen, o Svalbard, a solo mil kilómetros del Polo Norte, pobladas por rusos y noruegos que luchaban entre los hielos por explotar sus minas de carbón[8] (desde 1925 su administración ha sido adjudicada a Noruega), eran muy difíciles de alcanzar. En el siglo XIX solo se podía llegar a ellas durante el verano; hoy son accesibles durante la mayor parte del año. Hace frío, por supuesto, pero las temperaturas son mucho más soportables que hace cien años, y, es más, se afirma que constituyen el rincón del mundo que más se ha visto afectado por el calentamiento. Las Svalbard cumplieron un papel fundamental en la segunda guerra mundial, por el servicio que prestaban a los aliados en los convoyes que iban de Inglaterra al puerto de Arkangelsk, en Rusia. Hasta llegaron a ser ocupadas por los alemanes en septiembre de 1944, una hazaña que no hubiera sido posible treinta años antes. La verdad es que el carbón ya no es base de la riqueza de unas islas en que no es posible la agricultura (hay más osos blancos que hombres, pero su caza está rigurosamente prohibida). Las Svalbard son conocidas hoy como El Arca de Noé de los vegetales, no por su parquísima vegetación, sino por el gigantesco depósito de semillas de todos los vegetales del mundo (hoy van coleccionados trescientos millones), que se conservan en un túnel cavado en el hielo para su conservación, a salvo de las destrucciones y de los cambios climáticos que puedan sobrevenir en el globo. Esperemos que las Svalbard no lleguen a tener nunca un clima cálido. Y esperemos también que no lleguen a

---

[8] La abundancia de carbón en Svalbard evidencia una antigua abundancia de bosques. Hoy se estima que nunca hubo en ese punto un clima cálido, sino que aquel fragmento de la corteza terrestre fue arrastrado hasta allí por la deriva de las placas tectónicas.

cumplirse las tristes y casi apocalípticas profecías de Lovelock, según el cual Canadá, Escandinavia y Siberia serán el último refugio de la humanidad si el calentamiento continúa operándose a ritmo acelerado e irreversible.

Pregunta perfectamente lógica del lector interesado: si las temperaturas del mundo a lo largo del siglo XX no han llegado a elevarse un grado centígrado, ¿cómo es que el clima o la habitabilidad de determinadas zonas ha cambiado de forma tan determinante? El hecho resulta muy difícil de comprender; y es que una pequeña diferencia puede operar en el clima resultados que a primera vista parecen sorprendentes. Lo que en una ciudad o en una comarca son datos estadísticos insignificantes, resultan desbordados en nuestra apreciación por los valores absolutos. No impresiona mucho más una semana seguida de nieves en invierno que la media del año, en que no recordamos tal vez marcas termométricas durante la primavera o el verano, que tal vez nunca resultaron agobiantes, pero que fueron superiores a la media de cuatro de los seis meses que van de equinoccio a equinoccio. O saludamos un invierno suave como una sabrosa bendición, sin darnos cuenta de que la estadística ha estado por largas temporadas por encima de lo normal. La naturaleza —lo mismo los glaciares que las cigüeñas— se da cuenta de estas cosas mucho más que nosotros. Un aumento de 0,8 grados —de promedio— en un siglo nos parece muy poca cosa; pero es que un promedio resulta mucho más difícil de mover, sobre todo en largos lapsos de tiempo. Y sin embargo, la naturaleza es mucho más sensible que nosotros a los promedios.

Un paréntesis entre dos calentamientos

Hay quien hace partir esta nueva etapa en la curva termométrica del año central del siglo; para otros, está más clara por los sesenta y comienzos de los setenta. El hecho es que el calentamiento evidente y casi sostenido entre 1910 y 1940 se interrumpe para dejar paso no ya a un rellano, sino a un descenso en las temperaturas. El episodio tremendo de la segunda guerra mundial (1939-1945) no parece haber sido un fenómeno determinante en el proceso, ni siquiera conocemos motivo alguno para suponerlo así. Aquella teoría un poco tremenda que se ha apuntado en ocasiones por algunos según la cual «a menos hombres, menos calentamiento» no resulta aceptable en este caso. Es cierto que los alcances de la contienda (la primera de la historia en que hubo más víctimas civiles que militares, más muertos en las ciudades de la retaguardia que en los frentes de combate) fueron espantosos, como que se ha cifrado en unos 55 millones la cantidad de seres humanos que perdieron la vida; pero hay que tener en cuenta que en 1940 la población del mundo era de unos 2.350 millones. Por otra parte, el número de nacimientos (incluido, por supuesto, el de los países no beligerantes), es sensiblemente similar al de las pérdidas. En 1950 la población había ascendido ya a 2.518 millones: y es esa fecha aquella en la que las evaluaciones más tempranas estiman que comenzaron a estancarse las temperaturas. La guerra nos hace pensar en ciudades que arden, en humo procedente de cañonazos y de bombas; pero una simple erupción volcánica puede liberar una cantidad de gases y cenizas oscurecedoras más abundante que una guerra. Es cierto, en España y otros países mediterráneos se atribuyeron las sequías y los calores veraniegos de 1946 y 1948 a «la bomba atómica», y si recordamos la cantidad de pruebas nucleares que se realizaron a fines de los años 40, en los 50 y en los 60 (durante la guerra no fueron lanzadas más que dos «modestas» comparadas con lo que habría de venir, sobre Hiroshima y Nagasaki), podríamos suponer una cierta incidencia de aquellas explosiones sin precedentes en las realidades climáticas. Todo es posible, pero el hecho concreto es que los inicios de la era nuclear se caracterizan por un enfriamiento y no por un calentamiento: enseguida recordaremos ciertas teorías que pretenden que, efectivamente, fue así.

Los años 60 se distinguen por inviernos duros en Europa, gran parte de Norteamérica y zonas del Oriente Medio; por el contrario, no hay registros que denuncien veranos particularmente calurosos. En Gran Bretaña el invierno 1962-63 fue el más frío del siglo, y en algunos puntos se alcanzaron valores no registrados desde el XVIII. En 1963 se heló el lago Constanza, cosa que no había hecho desde 1829. El mar Báltico se heló en 1965-66, impidiendo por unos días la navegación, y en 1968 Islandia se vio rodeada totalmente por el hielo por primera vez desde 1885. El de 1971-72 fue el invierno más frío que se recordaba en Europa oriental y en Turquía en más de un siglo, y el Tigris, en Irak, se heló como no lo había hecho en muchísimo tiempo. También en la vertiente atlántica de Estados Unidos se registraron por aquellos años temperaturas llamativamente bajas. Un número de la

fue aquél también un verano caluroso. Y tanto en Europa como en América del Norte lo mismo el invierno 1997-98 que, sobre todo, el 1999-2000, figuran entre los más tibios de todos los tiempos. La idea de un cambio climático generalizado, y la de que este cambio avanzaba aceleradamente, como una curva de pendiente cada vez más pronunciada, se generalizaba por entonces. Un famoso artículo del profesor Michael Mann (ahora en la Universidad de Pensilvania) popularizó la teoría de «la curva de palo del golf», para enfatizar de una manera más dramática esta aceleración. Desde entonces creció la aprensión de mucha gente —especialmente de determinados científicos, de los ecologistas y de muchos medios y hasta de políticos—, de suerte que todos los cambios en las manifestaciones atmosféricas, unos absolutamente expresivos de la tesis, otros eventuales y aleatorios, fueron achacados sistemáticamente al «calentamiento global».

Al mismo tiempo, se produjo el año 1997-98 un fenómeno «El Niño» casi tan fuerte como el de 1983. Las lluvias produjeron inundaciones en Ecuador y Perú y afectaron a ciudades como Trujillo, Tumbes, Piura, y meses más tarde a Ica. Las pérdidas, solamente en esos dos países andinos, fueron evaluadas en 750 millones de dólares. Muchos ríos se desbordaron, se perdieron cosechas, y tanto carreteras como vías férreas quedaron gravemente dañadas, con la consiguiente interrupción de las comunicaciones. La catástrofe fue atribuida unánimemente al «calentamiento global», por más que, (contradicción o no) la temperatura, según el Instituto de Meteorología Peruano, descendió en el norte del país 7°, una caída como por lo visto nunca se había registrado. La disputa sobre si «El Niño», en cuanto oscilación, es causa del calentamiento, o más bien efecto del calentamiento se mantuvo por entonces, aunque un estudio del climatólogo M. Collins en 2005 parece dejar bastante en claro la cuestión. «El Niño» es una inversión de la corriente de agua habitual en el Pacífico, que desplaza la famosa «Piscina Caliente» hacia el este o hacia el oeste. La situación normal —ya debemos saberlo por lo que en su momento hemos dicho— es la consecuente con los vientos alisios, que atraen aguas frías de la corriente de Humboldt a la costa pacífica de Sudamérica y arrastran las aguas calientes hacia Indonesia y el norte de Australia. Como esa es la situación «normal», los naturales, la vida, los cultivos de una y otra orilla están habituados a «La Niña». El frío en las costas, y más en las montañas de Perú, tan cercanas al ecuador, extraña al turista que llega a aquellas regiones, donde los naturales se envuelven en gruesas mantas de pieles de llama, y desean que la situación siga así, porque les conviene; mientras en Indonesia ese mismo turista rezonga del calor húmedo y atosigante que tan favorable es a la cosecha de arroz y a la vida de aquellas islas. La inversión de estas condiciones lleva la lluvia a regiones habitualmente secas y la sequía a regiones que necesitan el agua. Si un calentamiento general induce daños mayores que los habituales, esa es otra cuestión. «El Niño» siempre existió, el calentamiento, no. Es más lógico suponer que el calentamiento del aire y de las aguas agrava la irrupción de estas oscilaciones, que suponer que las provoca, y menos probable es todavía que sea el fenómeno «El Niño» el causante del calentamiento *global*, no del calentamiento anormal de unas regiones y el enfriamiento anormal de otras. Con todo, es mucho lo que nos queda por estudiar en el fenómeno de las «oscilaciones» de masas de aire y de corrientes marinas en el mundo. El hecho es que la coincidencia del pico de calor y de la irrupción anormalmente amenazadora de «El Niño» pueden estar relacionados, pero no tenemos derecho a suponer que la oscilación del Pacífico sur sea la causa de todo. Cuando se genera una situación de temor, la reacción más frecuente es la de buscar culpables, más que la de sugerir remedios. El hecho es que a fines del siglo XX comenzó a resultar alarmante la preocupación por el calentamiento climático, que se convirtió a su vez un fenómeno social de carácter «global».

Una breve excursión al siglo XXI

Pretender averiguar la realidad climática del siglo en que vivimos resulta absolutamente prematuro, tal vez pueda pensarse que imprudente. Los modelos que hoy es posible formular permiten hacer predicciones con mucha más precisión que hace cincuenta años, pero es inconveniente emplearlos en procesos de previsión a largo plazo, porque no sabemos qué factores van a influir en los cambios que se operarán dentro de muchos años, y no digamos de muchos siglos. Incluso en el supuesto más negativo, que muchos pretenden aceptar como propio de la irresponsabilidad humana (digamos la deforestación, la contaminación, la liberación a la atmósfera de gases de efecto invernadero) no podemos ser profetas del comportamiento de nuestros sucesores ante los problemas que en su tiempo existan, ni los medios científicos y tecnológicos que serán capaces de emplear para evitar o conjurar efectos indeseables. De momento, hemos de limitarnos a hacer una pequeña historia de los fenómenos ocurridos en la primera década del siglo XXI, como acabamos de hacer respecto del siglo XX. Antes de intentar un balance y establecer las primeras conclusiones, tal vez resulte conveniente recordar algunos de los hechos que más puedan llamarnos la atención en la meteorología —o climatología en su sentido más minúsculo— de lo que va del siglo XXI. Seremos breves por razón de lo insignificante del plazo, y prudentes por lo que se refiere a datos que todavía tienen mucho de provisionales. Pero el lector tiene derecho a saber algo del clima del siglo XXI, y no cabe hurtar, aun con todas las precauciones, la satisfacción de este deseo.

El Centre for Climatic Chance, que refleja la máxima temperatura global registrada en la Edad Contemporánea, ocurrida en el año 1998 (14,65 grados de media), muestra un descenso progresivo en los años siguientes: 14,35 en 1999, 14,35 en 2000, y, entrando en el siglo XXI, valores entre 14,1 y 14,4 para el periodo 2001-2009. Parece que 2004 es el más frío de la década, 2006 registra fríos y calores extremados que han dado pie a las más contrapuestas afirmaciones, y 2009 y 2010 se disputan el honor de ser los más cálidos, aunque las medias se mantienen fluctuantes y no será fácil adivinar tendencias de carácter general: el futuro lo dirá. En todo caso no parece que pueda decirse sin lugar a dudas que se haya batido la marca de 1998. Por otro lado, no valen las experiencias «individuales», de carácter local o incluso continental. Hay años en que Turquía registra temperaturas excepcionalmente altas y en Sudamérica se registran fríos heladores «como nunca se recuerdan», que es lo que suele contarnos la gente y nos cuentan también los periódicos. El promedio es lo que realmente nos interesa, aunque resulta mucho más difícil de procesar hasta llegar a conclusiones válidas. Con todo, y por el interés humano que revisten algunos casos, vale la pena que recordemos algunos de ellos, aunque los expertos en determinar promedios no hayan llegado a conclusiones definitivas... salvo el hecho de que nos hallamos en un periodo fluctuante que ofrece de momento una cierta indeterminación.

a) A fines de julio y la primera quincena de agosto de 2003 se produjo una fuerte ola de calor en Europa occidental, que alcanzó sobre todo a Francia, España, Portugal, Italia, algunas zonas de Inglaterra y Escocia, y con menos intensidad al centro-sur de Alemania y a la República Checa, Austria y Hungría. Por lo que a España respecta, más que los 45 grados de Sevilla, una temperatura a la que los sevillanos nunca se acostumbran, pero de la que presumen con frecuencia, impresionan los 38° de San Sebastián y Pontevedra. Francia tuvo que sufrir más, respecto a lo que es su verano habitual. Fueron tremendos los 39,6 grados de París, y valores no más bajos tuvieron que sufrir en regiones de la cuenca del Ródano. También producen sensación («escalocalores», que dicen algunos) los 38 grados medidos en el aeropuerto londinense de Heathrow. Incluso sorprenden los 32 de Finlandia. Lo más llamativo de aquella ola de aire caliente procedente de África no solo fueron las temperaturas máximas, sino las mínimas, con muchas noches consecutivas en que en lugares relativamente frescos no bajaron de los 20 grados. ¿Año excepcionalmente cálido? La media mundial, al menos por lo que sabemos, fue ligeramente más alta que en 2002 y que en 2004, pero no ofrece en su conjunto niveles excesivos. Los medios que transmitieron la noticia de que el calentamiento global había llegado a extremos atemorizadores, capaces de poner en peligro a la humanidad, no acertaron.

b) En 2004 se publicó otra noticia alarmante relacionada con el calentamiento, aunque con una aparente contradicción, que en realidad no tenía por qué serlo: la corriente del Golfo se estaba debilitando, como consecuencia de la fusión de la placa de hielo de Groenlandia. La afluencia desde del Norte de una corriente de agua más dulce y más fría cortaba el Gulf Stream, y Europa quedaría en no muchos años privada del regalo de las aguas templadas que garantizan su privilegiado clima. Las temperaturas estaban condenadas a descender entre dos y cinco grados centígrados en el transcurso del nuevo siglo. Algo así como lo que sucedió con los Dryas hace 12.000 o 15.000 años. Europa se convertiría en un continente con temperaturas muy por debajo de lo normal, pero no por obra de un enfriamiento global, sino todo lo contrario, por el calentamiento que estaba fundiendo los hielos. Wallace Brocker, de la universidad de Columbia publicó al tiempo un trabajo en que explicaba la «ruptura de la cadena de la actual circulación termohalina», y poco después el climatólogo Kendrick Taylor publicaba en el «American Scientist» que, «paradójicamente, el calentamiento del planeta podría enfriar de modo repentino a Europa y tal vez al este de Estados Unidos». Para los efectos, pudieron pensar los europeos, daba lo mismo: habría que prepararse para un frío helador. Los temores no se confirmaron. En 2010 publicó el *Geophysical Journal* que el Gulf Stream gozaba de excelente salud. Para muchos especialistas, 2004 fue de hecho el año más frío de la década. Técnicos de la NASA adujeron después que el más frío fue 2008. Cuestión de sistemas de medidas, en estaciones meteorológicas, en altura o en el agua superficial o poco profunda de los océanos: no tenemos derecho a discutir por diferencias de centésimas de grado.

c) El 2005 midió temperaturas muy ligeramente superiores, pero estuvo marcado por un acontecimiento que conmovió al mundo. El huracán Katrina no fue especialmente virulento, pero se abatió sobre la ciudad de Nueva Orleans: fue una casualidad geográfica, pero un desastre humano. El Katrina, el 27 de julio atravesaba el golfo de México con una temible fuerza 5; pero en los días siguientes fue debilitándose hasta la fuerza 3; sin embargo, una desviación imprevisible llevó su zona de máxima actividad hacia el delta del Misisipi y la histórica ciudad de Nueva Orleans, con casi medio millón de habitantes. Se ordenó su inmediata evacuación, pero una operación de semejante naturaleza exigía un mínimo de una semana. Solo cosa de un cuarto de millón de personas pudieron salir por autopistas y carreteras bloqueadas, en medio de dramáticas escenas. El 30 de agosto el viento huracanado y olas de más de diez metros rompieron los diques protectores de una ciudad en gran parte edificada bajo el nivel del mar. Las aguas invadieron las calles, alcanzando en algunos puntos una profundidad de siete metros. Miles de personas aterrorizadas se refugiaron en el gigantesco Superdome, un recinto deportivo y de espectáculos, circular y coronado por una cúpula. Parecía que allí se sentían todos seguros, y cuando menos a salvo del chaparrón, cuando la cúpula empezó a romperse y los muros a resquebrajarse. Una operación de unidades especiales provista de helicópteros logró salvar a la mayoría, pero los daños fueron inmensos. Nueva Orleans perdió la mitad de sus habitantes (apenas hubo muertos, pero sí desplazados que no quisieron o no pudieron volver por haberlo perdido todo). Fue la mayor catástrofe natural ocurrida en la historia de Estados Unidos.

Difícil era que —aparte de que las autoridades no tomaron las medidas a tiempo— no se atribuyese la causa de la catástrofe al calentamiento global. No faltan motivos para suponer en pura lógica que a más elevada temperatura, más evaporación y más convección sobre las aguas cálidas del golfo de México. Todo eso resulta conjeturable, por supuesto; pero preciso es destacar que el Katrina no fue un huracán excepcionalmente violento (hubo otros más fuertes aquel verano), sino desastroso por haber dañado a una gran ciudad. Y tampoco está demostrado que el calentamiento genere siempre y necesariamente más huracanes que en épocas más frías. Tanto es así, que en los años anteriores, los primeros del siglo XXI, y especialmente los más cálidos, fueron los de menos frecuencia de ciclones y tormentas tropicales en la zona: hasta el punto de que empezó a especularse sobre un cambio climático capaz de hacer desaparecer este tipo de eventos catastróficos en el área del Caribe. Ciclones y huracanes hubo siempre en aquellas costas, con tiempos cálidos y con tiempos fríos. Todo depende de la diferencia de temperaturas entre el aire y el agua, y el régimen de circulación atmosférica. Parece lógico que una elevación de las temperaturas provoque más tormentas, pero el extremo está todavía por confirmar.

d) El año 2006 también pasa, en opinión de algunos analistas, por ser el más frío hasta el momento del siglo XXI, aunque ha de compartir esta condición con 2004. Aquel invierno, los mapas obtenidos por satélite mostraban por primera vez una sábana blanca que iba desde la península de Labrador, atravesando el norte de Asia, hasta Polonia, solo interrumpida por la menguada lengua de agua del estrecho de Behring. Los escépticos afirmaron que los hechos venían a tirar por tierra la teoría del calentamiento global, pero siempre es demasiado pronto para dar por sentado un cambio climático. Ni en un sentido ni en otro.

e) El año siguiente, 2007, fue el más desconcertante de todos. Muy frío y muy caliente según la estación y el lugar geográfico. Empezó con un duro invierno en el centro y norte de Estados Unidos, con fuertes nevadas en Nebraska y Minnesota, capaces de quebrar las ramas de los árboles que no podían soportar tanta nieve. La comunicaciones quedaron cortadas en muchas carreteras y vías férreas. Y el peso de la nieve rompió también muchos cables de teléfono o de suministro eléctrico. Miles de usuarios quedaron a oscuras. Mientras tanto, en el norte de Argentina y sur de Bolivia, la combinación del calor y la humedad provocó numerosas tormentas, incluso en lugares donde no es frecuente que caigan, y la consecuencia fue que muchas personas modestas perdieron sus casas por culpa de las inundaciones.

Por el contrario, el invierno austral fue extraordinariamente frío, como desde mucho tiempo antes no se recordaba nada parecido. El 9 y 10 de julio nevó en Buenos Aires por primera vez en ochenta años, y las calles quedaron cubiertas de nieve. Lo mismo ocurrió en Tucumán, Mendoza y otras ciudades del interior. En las fotos de satélite toda la República Argentina aparecía cubierta de un manto blanco. En agosto apenas nevó en ningún sitio, como consecuencia de un régimen seco, pero las temperaturas fueron todavía más bajas en el Cono Sur, con un promedio de 3° por debajo de lo normal. El frío, que ya castigaba a Argentina, Paraguay y Bolivia, se extendió a Chile y a Perú. Incluso hizo un frío anormal en Colombia. No cabe duda de que fue un fenómeno «La Niña» francamente severo. Y como ya era de esperar, la sequía azotó especialmente a la esquina nordeste de Brasil.

¿Año frío? En absoluto. En julio, y muy especialmente en agosto hizo un calor anormal en la península de los Balcanes, que llegó, aun sin tanta exageración, a las otras penínsulas meridionales de Europa, Italia y España. En Rumania tuvieron que sufrir un calor atosigante. Y el fenómeno se hizo francamente anormal en Grecia, agravado por la típica sequía veraniega en los países mediterráneos. Atenas se vio cerca de los 40°. Calor más sequía, igual a incendios. Fueron tantos, que se dijo, con razón o sin ella, que habían sido provocados intencionadamente. Pirómanos, esa es la verdad, nunca faltan, aunque han de aprovechar ocasiones excepcionales. Ardieron cien mil hectáreas de árboles y matorral en Morea, una catástrofe de dimensiones sin precedentes. Pero más dramático fue el fuego que se propagó rápidamente por el norte de Atenas, sin que los mayores esfuerzos consiguieran detenerlo. La capital vio avanzar un frente de llamas de muchos kilómetros de ancho, que se veía claramente desde la Acrópolis, y que de un momento a otro parecía dispuesto a devorar la ciudad con sus venerables monumentos y sus casi cuatro millones de habitantes. El fuerte viento «melteni», que ya soplaba, recordemos, en los veranos clásicos, dificultó el vuelo de los hidros y los helicópteros que trataban de luchar contra las llamas; hasta por un momento quedó cerrado el aeropuerto de Atenas. La evacuación de la ciudad, cercada por un frente de fuego que iba prácticamente de mar a mar, era extraordinariamente difícil. En el último momento calmó el viento y llegó la ayuda internacional, que pudo evitar la catástrofe. El calor también se extendió a Turquía, y un fuerte monzón provocado por el agua caliente provocó inundaciones en la India y sobre todo en Pakistán. El balance térmico del año dio resultados promedio no muy diferentes al año anterior. He aquí cómo la media estadística es muy poco expresiva de anormalidades contrapuestas.

f) Una contraposición no menos dramática se operó en 2010. Desde diciembre de 2009 se registró una oscilación en el Atlántico Norte, de suerte que al anticiclón se situó en Islandia o en Escandinavia, con grandes fríos en el norte y centro de Europa, que por momentos afectaron también al este de Estados Unidos; en tanto las borrascas avanzaban al sur de las Azores, afectando a Canarias, Madeira y el sur de la Península Ibérica, que experimentaron fuertes inundaciones, en especial la provincia de Cádiz. Esta oscilación se reprodujo a fines del otoño (noviembre y diciembre de 2010), negando la repetida afirmación de que el calentamiento global es incompatible con la frecuencia de este fenómeno, más bien propio de fases de frío. Todavía es pronto para hacer especulaciones. Esta nueva tendencia se hizo visible en forma de un temprano otoño. A fines de agosto de 2010 nevó en las montañas de Escocia, un hecho absolutamente anormal. Nevó también tempranamente (comienzos de septiembre) en las grandes ciudades de Canadá, y en la provincia china de Xingiang. Al mismo tiempo, pero en el hemisferio Sur, donde era todavía invierno, se produjeron fríos intensos en la zona de Atacama (Chile), con temperaturas de hasta ocho grados bajo cero en Calama y un frío similar en Antofagasta. La gente, que, preciso es repetirlo, tiene muy mala memoria para estas cosas, aseguraba que «nunca se ha visto nada parecido». No acertaba, pero tenía algo de razón. En agosto se registró también una ola de frío en Argentina, el sur de Brasil y Paraguay, con un balance, según noticias de agencia, de doscientos muertos y la desaparición de millares de cabezas de ganado. Las fotografías revelaban vacas con las patas hundidas en la nieve, buscando un pasto que no aparecía.

Frío por tanto casi simultáneamente en ambos hemisferios. ¿Acaso nos encontramos con una nueva fase de enfriamiento? Nada de eso. Al mismo tiempo (agosto de 2010) una ola de calor, esta vez sin precedentes, se abatía sobre Rusia y regiones limítrofes de la península balcánica y del suroeste de Asia. A finales de julio las temperaturas se hacían insoportables. En Moscú subieron a 38°, y el calor se mantuvo con terquedad inaudita por espacio de dos semanas. Y más al sureste, en Samara, a orillas del Volga, llegaron a 42. El sensor MODIS del satélite que recoge las temperaturas del mundo señaló en color rojo fuerte toda Rusia, el Cáucaso, parte de las repúblicas de Asia central, y con menos intensidad el centro-sur de Siberia, especialmente Siberia oriental. No solo fue el calor. La típica coincidencia calor-sequía en pleno verano, provocó enormes incendios de bosques en el centro de Rusia. En agosto, todavía con temperaturas fuertes, pero ya en remisión, hubo más víctimas en Moscú que en julio, porque, la gente se ahogaba en el humo provocado por los incendios al sur de la ciudad. Se habla de cincuenta mil muertos en total, aunque no se conocen las cifras oficiales: especialmente vulnerables fueron los niños y los ancianos; pero cuentan también dos mil ahogados en el agua de los ríos, en los que se sumergieron muchas personas que no sabían nadar...

Atendiendo a estos criterios —también a un fenómeno «La Niña» con calores en Indonesia, sur de China y norte de Australia—, publicaron los expertos de la NASA que el año 2010 había sido el más cálido de todos los tiempos, «en línea» con la famosa «punta» de 1998 «a reserva del criterio de las Naciones Unidas»: esta reserva curiosa está tal vez en razón del rapapolvo que en la primavera de 2010 lanzaron los responsables de la ONU sobre falsos informes acerca del calentamiento. Qué difícil es formular conclusiones cuando la cuestión se ha envenenado por obra de una enzarzada polémica, que más que aclarar nuestras impresiones, las confunde. El 20 de enero de 2011 la Organización Meteorológica Mundial, con sede en Ginebra, confirmó el dato de que el año 2010 puede ser el más cálido de los últimos siglos, a tono con 1998 y 2005. Pero, eso sí, por si acaso, comunicó su memoria a la prensa, pero advirtiendo que el documento «no es oficial». Denuncia calores anormales en parte de África, y menos frío en Groenlandia y el Ártico canadiense, aunque las bajas temperaturas han predominado en Europa, y en Gran Bretaña se hayan superado todos los registros de mínimas térmicas desde el frígido 1890. De acuerdo: 2010 parece haber sido un año en su promedio más cálido que frío, aunque en él se entreveraron calores anormales con fríos anormales. Pongámonos de acuerdo cuando menos en suponer que ha sido un año extremoso.

g) A lo que parece, también 2011 abunda en extremos. Quizá lo más notable ha sido un fenómeno «La Niña» de resultados catastróficos en el nordeste de Australia, donde la irrupción del agua supercaliente de la «piscina» de Pacífico ha provocado lluvias torrenciales en el estado de Queensland, incluida la ciudad de

Brisbane, que suele disfrutar de un clima mediterráneo. Se han perdido miles de viviendas, y docenas de miles de personas han tenido que ser evacuadas. Por si fuera poco, la zona ha sido devastada poco después, en febrero, por el ciclón «Yasi», el más fuerte que se recuerda en Australia. Los daños han sido grandes por las destrucciones, la fuerza del viento y las lluvias torrenciales. Afortunadamente, las autoridades organizaron bien la evacuación de casi 50.000 personas en Queensland, y pudieron evitarse daños personales. Es un fenómeno que llama la atención. Las temperaturas en toda la costa oriental de Australia —todo lo contrario ha ocurrido en la costa occidental— han sido llamativamente cálidas. Se habla de los desastres de «El Niño», que es la situación anormal, con lluvias torrenciales donde no suele llover y sequías en donde se necesita mucha agua. Pero esta vez «La Niña» se ha pasado de rosca. Al mismo tiempo, como es lógico, en Perú y Ecuador se han registrado temperaturas muy bajas. Mientras tanto, otro obligado complemento, en la zona de Río de Janeiro han caído en enero lluvias torrenciales: más que inundaciones, han sido avalanchas de barro la causa del desastre. Miles de viviendas humildes han sido evacuadas, con centenares de muertos, más que por la violencia del temporal, por lo inadecuado de las construcciones y del lugar donde se erigieron. En relación o sin relación con estas oscilaciones, ha existido también una OAN (la del Atlántico Norte) en la primera mitad del invierno 2010-2011, con frío en Europa y Norteamérica. La oscilación ha cesado en enero-febrero, pero los Estados Unidos han sufrido tres olas polares muy intensas que han colapsado ciudades como Nueva York o Chicago, y temperaturas bajo cero en la cálida Nueva Orleáns. Y otro hecho insólito que, aunque apenas parezca superar la anécdota, merece ser recordado: en América Central el frío en el primer mes de 2011 ha sido notable: pero el récord nos lo proporciona la estación meteorológica de Colón, al este de La Habana, con un registro de 1,9 grados, el más bajo medido en Cuba desde que existen termómetros.

En suma, todo lo que se puede decir de comienzos del siglo XXI es que su primera década ha registrado fenómenos violentos y temperaturas con frecuencia anormales en uno u otro sentido. Solo algo parece claro: si hemos de atender a los datos objetivos —y a los valores promedio— las temperaturas siguen altas para lo que fueron antes de 1980, pero desde 1999 no ha habido *acele-*

ración. La teoría de Michael Mann sobre una curva de «palo de hockey» no se verifica. El informe Wegman, publicado en «Nature», en 2009, dejó en claro que esa teoría no puede defenderse, por más que en 2010 Mann insistiese en ella, sustentada en diferentes principios. La primera década del siglo XXI ha significado, a lo que parece, un rellano en la curva regularizada de las temperaturas, pero es muy pronto todavía para aventurar suposiciones a más largo plazo. Los cambios climáticos rectamente entendidos no pueden deducirse de series de solo diez o doce años.

Algunas precisiones

Si cotejamos los datos que nos van proporcionando año a año los termómetros, tal vez no advertiremos ningún signo anormal de calentamiento. Las curvas anuales (nunca son curvas, sino quebradas) señalan ascensos y descensos de temperaturas, y esa inflexiones, incluso si las representamos sobre papel milimetrado, no nos denuncian nada alarmante. Es más, a veces nos engañan. Si buscamos cifras récord, nos exponemos a las más inesperadas conclusiones. Si tomamos los datos que nos facilita el National Center of Climatic Data de los Estados Unidos, para todo el siglo XX, nos encontramos con que, de los cincuenta estados, los valores térmicos más altos del siglo, en la primera mitad de aquella centuria baten el récord 37 estados, y en la segunda mitad, solo 17. Diríamos que la primera mitad del siglo XX es mucho más calurosa que la segunda, lo que no es verdad en absoluto. De acuerdo con las correcciones de Mc Intyre, el año más caluroso en Estados Unidos fue 1934, seguido de 1998. Siguen 1931, 1938, 1953 y 1999. La temperatura más alta registrada en Washington fue de 41° el 20 de julio de 1930; o en Boston se llevaron un susto cuando llegaron a 40 el 4 de julio de 1911. Por lo que se refiere a España, el Observatorio Astronómico de Madrid, registró una temperatura de 44,3 el 31 de julio de 1978; Barcelona, 38,4 el 15 de agosto de 1987; Bilbao, 42,3 el 26 de julio de 1947; Málaga batió su récord el 13 de agosto de 1881, con 43; y Sevilla también nos sorprende ese mismo año (el 4 de agosto de 1881) con 51,2, la más alta temperatura registrada jamás en una capital española. Ciertamente, tenemos motivos para dudar, si no de la calidad de los termómetros, si de la instalación de los instrumentos a fines del siglo XIX.

(Todavía hoy los termómetros callejeros suelen proporcionarnos valores disparatados. Los de las estaciones meteorológicas, siempre a la sombra y en garitas levantadas sobre césped, son mucho más fiables).

En definitiva, los valores absolutos resultan expresivos, y no debemos despreciarlos, pero aquellos que reflejan la tendencia general son los valores promediados, por ejemplo las curvas regularizadas obtenidas de valores sucesivos obtenidos, por ejemplo, de cinco en cinco años. Con todo, y de acuerdo con el citado Centre for Climatic Change, simplemente el valor absoluto de 1900 fue de 13,7 grados, y el de 2009, último homologado, ha sido de 14,4: la diferencia no es disparatada, pero el último valor de la serie refleja una temperatura 0,7 grados más alta que el primero: aunque no vale cotejar solo la media del primer año con la del último, esa diferencia de 0,7 grados puede ser muy similar a la la tasa de ascenso: no es todavía disparatada, pero resulta apreciable. Si repasamos la serie completa, hallamos que en las curvas regularizadas se aprecia bastante bien la pendiente positiva en 1905-1918, en 1930-1941, y luego, después de un ligero descenso, en 1974-1998. El siglo XXI puede señalar un cierto rellano: aunque eso (¿esperanzador?) debemos confirmarlo en el futuro. En los últimos 110 años ha habido una tendencia al calentamiento, si bien, considerada como tal, no es asustante, y hasta para la mayor parte de la humanidad puede considerarse, por lo que a la sensación térmica se refiere, más bien beneficiosa. El inconveniente que muchos nos ofrecen —o con el que muchos nos amenazan— es que el proceso está provocado por el hombre, una circunstancia que nos infunde un complejo de culpabilidad. Y lo peor de todo, se nos dice, es que ese proceso se encuentra en fase de aceleración, de suerte que puede resultar a la postre irreversible, y acabar conduciéndonos a un calentamiento sin precedentes frente al cual ya no existirá remedio, por mucho que hagamos si llegamos tarde, a partir de un supuesto punto de no retorno. El calentamiento, si no lo cortamos ahora mismo, puede acabar con la humanidad, o conducirnos en el mejor de los casos a una era de barbarie. No todos los partidarios del calentamiento antropogénico son tan fatalistas, pero nos previenen a tomar las medidas pertinentes si no queremos abocarnos a realidades indeseables.

A la hora de evaluar estas consideraciones todos podemos adolecer de una cierta dosis de subjetividad. Como decía Miguel de Unamuno, todos somos subjetivos porque todos somos sujetos y no objetos. Lo que podemos y debemos exigirnos es buena voluntad, un honrado deseo de acertar y capacidad, llegado el momento, de reconocer nuestros errores. Debemos exigírnoslo a nosotros mismos, y, en la medida de nuestras posibilidades, exigírselo a los demás, en orden a una correcta equidad. El carácter antropogénico del calentamiento que estamos experimentando parece difícilmente discutible, puesto que «estamos» —es una primera persona de plural francamente simbólica, puesto que no todos los seres humanos contribuimos de la misma manera, o algunos no contribuyen en absoluto al calentamiento— liberando a la atmósfera gases de efecto invernadero. El hecho no es nuevo, y ya hemos indicado —o lo ha indicado W. F. Ruddiman, con asenso de casi todos— que el hombre ha venido influyendo en el clima por lo menos desde el neolítico, con la deforestación de bosques, el cultivo de la tierra y la práctica de la ganadería. Pero se ha multiplicado desaforadamente desde la revolución industrial y el empleo masivo de combustibles fósiles que liberan a la atmósfera —y eso nadie puede discutirlo— cantidades ingentes de gases de efecto invernadero. Pronto hemos de recaer algo más detenidamente sobre este punto.

Ahora bien: el proceso de calentamiento no se ha operado de forma lineal. Ha habido fases de detención o mesetas en la curva, o incluso tramos de indiscutible enfriamiento, allá por los años 60 y 70 (según algunos criterios ya desde los 50), cuando el empleo de combustibles fósiles no solo se mantenía activo, sino que se incrementaba. Hay motivos para suponer que el cambio climático que estamos viviendo tiene que ver con el empleo humano de esos combustibles, pero no solo con él, puesto se han experimentado procesos contradictorios. Parece —limitémonos cuando menos a decir «parece»— que existen otros factores del cambio climático ajenos a la intervención del hombre, factores que ya existieron, y lo hemos comprobado hasta extremos de asombro, desde muchísimo tiempo antes de la aparición del género humano. Lo importante para nuestra composición de lugar, para hacernos una idea clara de lo que está ocurriendo, lo que puede ocurrir y de qué manera debemos reaccionar ante la realidad, es determinar con la mayor exactitud posible cuál es la proporción entre los factores humanos y los factores naturales —digamos del todo ajenos, directa o indirectamente, a la acción humana—. Por desgracia, es eso lo que justamente no hemos hecho y necesitamos hacerlo tanto para conocer nuestra tasa de responsabilidad como para tomar las medidas, si es que somos capaces de tomarlas, a fin de evitar que la situación se nos vaya de las manos.

Observemos, antes de seguir adelante, y por si pueden ser útiles, algunas constataciones que nos proporcionan las medidas termométricas, tal como hoy, y cada vez con mayor exactitud las conocemos. A alguno de estos puntos ya nos hemos referido: por ejemplo, la escasa expresividad de las cifras absolutas, impresionantes cuando constituyen un récord, poco significativas en cuanto que se solapan y se compensan unas a otras. Y esto es cierto no solo cuando medimos las temperaturas extremas de un día determinado, sino cuando calculamos la media de un año determinado. Por ejemplo, la temperatura media mundial de 1950 fue exactamente la misma que en 1900, como si no hubiese existido medio siglo de calentamiento; o la de 1980 fue igual a la de 1960, como si en esos veinte años no hubiese habido un proceso acelerado de emisión de gases de efecto invernadero. Hay que recurrir, lo hemos señalado, a las llamadas «medias móviles», o más exactamente, medias regularizadas, para ver sin discusión alguna cuál es la tendencia general: no desbocada, tal vez, pero sin posible recurso en contra. (Entre paréntesis, por si es útil también: ¿sin posible recurso en contra? Se ha hecho notar que las estaciones meteorológicas, y casi siempre las mejor montadas, se ubican en grandes núcleos urbanos: y las ciudades, evidentemente, se calientan más que el campo, son, como se ha dicho, «estufas de calor». Desde el siglo XIX funciona la estación del Retiro, en Madrid, pero, aunque se encuentra en una zona verde, lo mismo que la cercana estación del Observatorio Astronómico, más antigua todavía..., tiene que sufrir inevitablemente el efecto estufa, lo mismo, aunque por otras razones, que tiene que sufrirlo la estación del aeropuerto de Barajas. Si las ciudades no hubieran crecido tanto o no fueran una concentración de gases invernadero, podríamos comparar con más sano criterio las medidas de hace un siglo con las actuales. Con todo, y a pesar de que no podemos ignorar los efectos de la concentración urbana, hoy disponemos de buenas estaciones en ámbitos rurales, en la mar y hasta medidas por satélites: y en todos los casos se acusa un aumento de temperaturas, aunque no en el mismo grado).

El calentamiento ha sido relativamente suave, y tal vez no más rápido que el máximo medieval, o los dos o tres episodios separados de la que ha dado en llamarse «pequeña edad del hielo», pero sin embargo, sus efectos en determinados marcadores han sido espectaculares. Los glaciares en los Alpes, en los Andes, en el Himalaya, se han acortado visiblemente, y más todavía en Escandinavia o en Islandia. La fusión de hielos árticos ha sido todavía más espectacular, sobre todo en Groenlandia y en la zona del casquete polar que se encuentra por encima de Europa. Este resultado es tal vez el más visible del proceso de calentamiento, y puede influir en el clima de todo un hemisferio, en la vida animal que existe en aquellas regiones, o hasta en la de las comunidades inuit que viven de la caza de aquellas especies. También se denuncia el caso de grandes bloques de hielo que se desprenden de la cornisa de la Antártida, aunque este último hecho, como veremos, puede no haberse generalizado, o lo estamos interpretando mal. Igualmente se habla del aumento del nivel de las aguas de los océanos, que es otro hecho perceptible, por más que se haya exagerado. El IPCC (Panel Intergubernamental del Cambio Climático) advierte que las aguas se han elevado unos 18 centímetros a lo largo del siglo XX. El hecho no es del todo verificable, por cuanto faltan medidas precisas desde 1900. El agua del mar, aparte de por efecto de las mareas, cuyo desnivel es muy variable, oscila por el impulso de vientos y corrientes. La oscilación El Niño-La Niña hace subir o bajar el nivel de las aguas unos cincuenta centímetros a un lado u otro del Pacífico según sea su dirección. En Escandinavia, y especialmente en Suecia parece que el mar está *descendiendo*: realmente no es así, sino que la tierra se está levantando, después de haber estado sepultada durante un millón de años por la enorme capa de hielos de las glaciaciones. Estamos en el Holoceno, ¡y todavía no ha terminado su recuperación! Lo que sí parece indudable es que también se están calentando las aguas del mar. La exploración del «Hespérides», durante todo el año 2011 por los cinco océanos, puede proporcionarnos evidencias más categóricas sobre este calentamiento.

Un hecho que no podemos ignorar: han subido más las temperaturas mínimas que las máximas. Los veranos pueden ser más o menos cálidos, pero la tendencia a inviernos tibios es más general. La afirmación de que «ahora nieva menos que antes» es frecuente en muchas personas de Europa y de América, aunque resulte un poco subjetiva. Aparte de esto, una nevada, en un país donde suelen registrarse temperaturas bajo cero, no es indicativa de mucho frío, sino de un frío moderado asociado a humedad. Las olas de frío de tipo continental, que son aquellas que hacen bajar los termómetros a cifras escalofriantes, suelen ser secas. Las jornadas terribles que hacen tiritar a los yakutos ocurren bajo un poderoso anticiclón siberiano, con cellisca que puede ocultar las estrellas, pero no con nieve. Menos aún suele nevar en la Antártida. Pero, según la zona geográfica de que se trate, puede ser cierto el tópico de que «ahora nieva menos que antes»: esta circunstancia depende menos de la temperatura que de la presencia de frentes de precipitación. No necesitamos la nieve ni la ausencia de nieve para saber que las temperaturas se han elevado en términos generales durante los últimos 150 años. El hecho curioso de que hayan subido más las mínimas que las máximas puede tal vez tener relación con el predominio del efecto invernadero, con ese toldo que impide los fuertes enfriamientos nocturnos; aunque ese extremo necesitaría de una rigurosa investigación. Admitámoslo de momento como posible.

También afirman los técnicos que el calentamiento se hace más patente en las estaciones intermedias que en las extremas. Podemos tener veranos ardientes o inviernos templados; sin embargo, en el conjunto del mundo y de la sucesión de los años, resultan más visibles las primaveras o los otoños de temperaturas superiores a las que antes eran usuales: o, más exactamente, ocurre que ahora solemos tener primaveras anticipadas u otoños prolongados. Por supuesto, no juzguemos casos concretos, sino de acuerdo con una tendencia estadística que no siempre tiene por qué operarse. Igualmente, y en este caso la estadística está más clara, el calentamiento se hace más visible en las zonas polares, esto es, aquellas en que suele hacer habitualmente más frío que en las ecuatoriales. Alaska, Groenlandia, Islandia, las Svalbard, la península Antártica, se han calentado muy visiblemente; mientras que el calentamiento es difícil de apreciar, o tal vez no existe en la India, en África central, en la punta de Brasil y la Amazonia. Este hecho, que no deja de llamarnos la atención, pero que puede estar relacionado con alguno de los anteriores, no ha sido hasta el momento suficientemente explicado.

Y ya que entramos en el terreno geográfico, es importante constatar que, a lo que sabemos, el calentamiento ha afectado hasta ahora más al hemisferio Norte que al Sur. En muchas páginas de este libro hemos hablado de fenómenos que no siempre se dan simultáneamente en ambos hemisferios, o cuando menos se discute si han afectado a los dos, o han tardado en manifestarse en uno de ellos. Esta disparidad es explicable en fenómenos como los relacionados con los ciclos de Milankovich, que dependen de la inclinación del eje de la Tierra o la relación entre la cercanía al sol y la estaciones en el norte y en el sur. Ahora mismo coincide la cercanía con el invierno en el norte, y este hecho queda compensado con la mayor continentalidad de este hemisferio respecto del austral. Otras veces, pasados muchos siglos, puede ocurrir precisamente lo contrario. Pero alternancias relativamente breves como el periodo cálido medieval o los tres episodios de la pequeña edad del hielo no parecen explicables por ciclos que se operan en tiempos que es preciso medir en miles de años. ¿Es el que ahora estamos viviendo *uno más* de los episodios que hemos contemplado en el último milenio? Al parecer, lo que estamos experimentando no obedece a los grandes ciclos astronómicos. ¿Por qué resulta entonces un fenómeno más operativo en un hemisferio que en otro? Bien, si admitimos que el calentamiento tiene un origen «antrópico», como generalmente se dice, o quizá sea mejor considerarlo «antropogénico», generado por el hombre..., pudiera tener una explicación hasta cierto punto convincente: más o menos el 88 por 100 de la humanidad vive en el hemisferio Norte. Hay muchas más tierras en el norte, y además se trata de las tierras más pobladas: Europa, Estados Unidos, China, India, Japón. El único país con más de cien millones de habitantes del hemisferio austral es Brasil. Indonesia, con cerca de doscientos cincuenta millones, está en la línea ecuatorial, y no cabe adscribir aquel conjunto de islas a ninguno de los dos hemisferios. Los del norte somos más, contaminamos más. La explicación no es absurda, aunque habría que demostrarla.

Precisemos ahora un poco más. En la inmensa mayoría de los casos, el calentamiento ha sido más fuerte en zonas cercanas al Polo Norte, y no precisamente en las más pobladas. Por el contrario, ha sido mínimo en las regiones ecuatoriales, incluso en las muy pobladas, como India. Es un hecho que llama la atención y que resulta un poco difícil de explicar. Concretamente, las regiones del globo que más parecen haberse calentado son Groenlandia y la banquisa de hielos polares que se encuentran entre esa isla-continente y el norte de Noruega. Otra zona donde las temperaturas han aumentado es el nordeste de Siberia. Allí, ciertamente, no puede hablarse de «calentamiento» —¡qué más quisieran!—, sino de un poco menos de frío. Constatarlo nos deja algo perplejos: se calientan zonas de nuestro hemisferio en que la población es mínima y donde apenas existen elementos contaminantes. Lo ha destacado en 2005 el climatólogo Igor Polyakov, que cree, sin embargo, que el calentamiento en estas zonas ha sido mayor en la primera mitad del siglo XX que en la segunda. ¡Qué polémica se ha armado con tal motivo! Habría tal vez que tener en cuenta la circulación del aire y las corrientes marinas, que llevan los caracteres climáticos de un lado para otro. Algún día se dará con una explicación, sea de carácter antropogénico o no. Lo cierto es que la zona de máxima fusión de los hielos está cerca de Groenlandia. Por supuesto, también se calientan, aunque en menor grado, Europa, Estados Unidos, sobre todo en su lado este, mucho menos en el oeste: California, Oregon y el estado de Washington han experimentado pocos cambios. También se calientan China y buena parte de Asia Central. Por el contrario, el calentamiento es mínimo, o incluso negativo en la mayor parte de África (sobre todo el África ecuatorial), Sudamérica, el golfo de Guinea, la India y regiones del sudeste asiático. Hay zonas en Brasil, en África central o en la costa del Pacífico sudamericano donde incluso se habría manifestado un enfriamiento.

Sí resulta muy probable que en los últimos años se haya enfriado la mayor parte de la Antártida. Se ha calentado, y al parecer nada menos que dos o tres grados, la Península Antártica (la que apunta hacia el cono Sur del continente americano), y la costa que se encuentra al oeste, en dirección al Pacífico. ¡Solo esa parte! Este fenómeno se atribuye a la mayor penetración en latitud de las borrascas del Pacífico Sur, que habrían roto el cordón de agua fría y aire frío que incomunican la Antártida con el resto de la dinámica planetaria. Por el contrario, se ha enfriado la mayor parte del gran continente que rodea al polo, de suerte que la enorme masa de hielo habría acrecido en vez de disminuir. El enfriamiento de la Antártida lo acusan las bases Vostok, Scott y Amundsen, y también los satélites que miden las temperaturas del globo. Kurt Davis, de la universidad de Missouri, ha estudiado este fenómeno de enfriamiento, que no deja de ser un poco sorprendente. El desprendimiento de grandes masas de hielo en la banquisa Antártida, que tantas veces nos hacen ver por televisión, puede ser un argumento de dos filos: es unos casos pueden significar lenguas glaciares que se funden parcialmente al llegar al mar, y desprenden icebergs aislados, enormes, a veces como una provincia, que al fin, en aguas más tibias, se acaban fundiendo. Pero también, pueden significar una presión más fuerte de las crecientes masas de hielo en el centro de la Antártida, que obligan a esos fragmentos de la banquisa litoral a separarse del resto... En suma, hay motivos para suponer que el calentamiento no es «global» —una palabra anglosajona que hemos dado en imitar—, pero es casi global, y tenemos el deber de conocerlo y estudiarlo, por lo que pueda suponer para nosotros y para nuestros descendientes.

Las causas y los problemas

A primera vista, no debiéramos escandalizarnos al constatar las temperaturas que se han alcanzado en el siglo XX. Desde el punto de vista exclusivamente térmico estamos mejor de lo que estábamos hace cien o hace doscientos años. ¿No se ha hablado del «periodo óptimo romano» o del «periodo óptimo medieval»? ¿No fueron aquellos unos tiempos de plenitud, y acaso no hubo en ellos una estabilidad en las condiciones climáticas, y hasta si se quiere —sin tratar de formular juicios históricos— de estabilidad en las formas de vida y el desarrollo de los hombres? ¿Por qué, en cambio, cuando las temperaturas alcanzan el mismo nivel, ahora se nos habla de este aumento térmico como de una amenazadora noticia, y se nos trasmite con ella un augurio de males sin cuento capaces de llenarnos de zozobra? Dos parecen ser las causas de esa valoración tan negativa.

— Primera: de todos los procesos de cambio climático que ha habido en este mundo, el que estamos viviendo es completamente distinto a los demás por su naturaleza. Y la razón es muy sencilla: es el primero que de modo categórico y sin dudas de ninguna clase está provocado por el hombre. Este hecho cambia todas las valoraciones, porque por primera vez no se trata de un fenómeno climático provocado por factores naturales, sino que es obra de una intrusión de los seres humanos en el orden establecido por la naturaleza. ¿Tenemos derecho a hacerlo? Y al alterar el equilibrio natural de las cosas, ¿no nos exponemos a consecuencias imprevisibles, situadas fuera de ese orden natural?

— Segunda: se da por supuesto que el calentamiento que estamos sufriendo es consecuencia del afán desaforado del hombre por progresar a toda costa, y que a este afán de progreso estamos sacrificando todo lo demás, incluso aquellos principios naturales que garantizan el equilibro de nuestro entorno. No reparamos en medios, y como continuemos atentando contra la naturaleza, y, en lo que al clima respecta, como continuemos calentando el mundo, el ascenso de temperaturas llegará a extremos prohibitivos. Y el hombre, ansioso de beneficios y de comodidades, no renunciará a hacer lo que está haciendo hasta que la situación no tenga remedio. Puede llegarse a un punto de no retorno si no renunciamos a nuestro modo de hacer las cosas. Es preciso dejar de envenenar el planeta, porque podemos quedarnos sin este mundo maravilloso en que vivimos, y que por primera vez en la historia estamos poniendo en peligro.

De aquí los esfuerzos por alertarnos (incluso cuando los alarmistas lo creen conveniente, por asustarnos) para que restrinjamos los medios que hoy poseemos para producir energía, o para que busquemos formas de energía «limpia» que eviten el peligro de estropear este mundo. Vamos a considerar en este apartado algunos de los aspectos sobre los cuales se nos alerta, para tratar de comprender del mejor modo posible lo que ocurre o lo que puede ocurrir en lo futuro, y lo que ha de hacerse para evitar los peligros en que nos vemos envueltos.

Causas del efecto invernadero

Una vez admitida la intervención del hombre en el proceso de calentamiento climático, desde hace unos años se ha extendido esta acusación a nuestros antepasados cuando menos desde el neolítico, como si nuestra especie fuera un elemento perturbador en el equilibrio del mundo. Algunas actitudes pueden producirnos un cierto tufillo de complejo de culpabilidad, como si por naturaleza fuésemos enemigos de la naturaleza misma, o unos seres peligrosos. Por supuesto, hay motivos para suponer que nuestros antepasados se sintieron en cierto modo dueños de la naturaleza para modificarla a su favor o ponerla a su servicio. Este sentido de «rey de la Creación» ha prevalecido durante mucho tiempo en nuestra conciencia, y ha servido para enaltecer la dignidad de la naturaleza humana cuando sabe estar a la altura de las circunstancias. Esta conciencia, qué duda cabe, pudo contribuir a los más nobles propósitos, y nadie tuvo la menor intención de condenarla. Bien. El ser humano ha sido capaz de todos los progresos y ha podido resistir las fuerzas de la naturaleza, y poco a poco superar sus peligros y dificultades, encontrando los medios que le han permitido avanzar y alcanzar nuevos niveles de desarrollo, de inventiva y de posibilidades —algunas nobilísimas y llenas de excelencia— en el mundo que le vio nacer.

Cabe suponer que, en medio de sus avances y de los procedimientos empleados para su subsistencia y su mejora, el ser humano ha podido influir desde tiempos muy antiguos en la composición de la atmósfera y en la misma elevación de la temperatura por obra de la deforestación, los cultivos, la domesticación de animales, especialmente los rumiantes, que liberan buenas cantidades de metano a la atmósfera, y también por su capacidad para prender fuego y quemar vegetales secos para librarse de la maleza, para calentarse o para cocinar. Sí, cabe suponer todo eso, sin que tengamos el menor motivo para censurar a nuestros antiguos predecesores. Tenían perfecto derecho a cazar, comer, cocinar, cultivar especies necesarias para su vida, reunir animales útiles en sus corrales. Todas esas actividades no solo eran perfectamente lícitas, sino que implicaron un avance, una acción inteligente y no malintencionada en la ordenación del mundo. Y aunque sea cierto que contaminaron o contribuyeron hasta cierto punto a cambiar el clima, nos sobran razones para suponer que su influjo fue mínimo. Eran muy pocos en la inmensidad del planeta, y su acción no pudo tener efectos decisivos. Suele exagerarse en este punto, y, aunque el descubrimiento de la antigüedad del efecto antrópico sea interesante, hemos de ser prudentes a la hora de conceder excesiva importancia a esa constatación.

La influencia del género humano sobre el clima debió incrementarse paulatinamente conforme el número de nuestros semejantes se multiplicaba sobre la superficie de la Tierra, y conforme sus avances pudieron modificar en un grado cada vez mayor el panorama y las condiciones de la naturaleza. No puede criticarse el afán del hombre por conocer y explorar nuevas tierras, la búsqueda de elementos convenientes para el buen desarrollo de la vida, los progresos científicos que le permitieron vivir cada vez mejor, lo mismo por lo que se refiere a su nivel material que al espiritual, el intelectual, el artístico, el científico. Ahora bien: lo que incrementó hasta grados desconocidos hasta entonces en la historia las posibilidades materiales del hombre en este mundo fue la revolución industrial en el siglo XIX y muy especialmente la aplicación de la máquina de vapor como forma de transformar el calor en trabajo útil. La máquina de vapor hacía funcionar los telares, movía otras máquinas, hacía girar las ruedas y servía para fundir metales en las calderas de los altos hornos. El carbón se empleaba cada vez en mayores cantidades para obtener hierro colado, más tarde, una vez obtenida la técnica del convertidor (Bessemer, Siemens), para transformar el hierro en acero, duro y flexible al mismo tiempo, que se convirtió, después de mediar el siglo, en fundamento de la moderna maquinaria, potente y resistente a la vez. Simbiosis del carbón y del hierro fue el ferrocarril, que cantaron los poetas de la edad del realismo como símbolo del progreso humano y llave del futuro venturoso que aguardaba al mundo entero. El ferrocarril se impuso como medio de transporte para los viajes a corta o a larga distancia, para el traslado de mercancías —incluidos el propio carbón o el propio hierro— a donde convenía llevarlos. El ferrocarril sustituyó al caballo y al carro tirado por caballos para el viaje y para el transporte. No sustituyó al barco, pero la tecnología lo transformó gracias también al carbón y al hierro, porque en la segunda mitad del siglo el invento de la hélice permitió reemplazar las velas desplegadas al viento por el buque de vapor, mucho más rápido, seguro y capaz de desplazarse sin depender de las circunstancias meteorológicas, a una velocidad fija que garantizaba su llegada en una fecha determinada.

El carbón permitió nuevas formas de energía, en ocasiones energía limpia. Tal la electricidad. La electricidad es en sí un fluido no contaminante, silencioso, de transmisión inmediata. La electricidad produce a su vez trabajo, por medio del motor eléctrico, que sirve lo mismo para hacer trabajar una máquina que arrastrar un tren, hacer hablar o cantar a un aparato tocadiscos, transmitir mensajes de todos los órdenes posibles a través de la distancia, como en el caso del teléfono, la radio o la televisión. O producir luz, iluminación. La primera central eléctrica, movida por carbón, fue montada por Thomas Alva Edison, en Nueva York. No solo sirvió para iluminar las calles durante la noche, sino para alumbrar el interior de las viviendas, transformando la noche en día, y cambiando el horario y el ritmo de vida de las gentes. El primer edificio iluminado en Europa fue el palacio de Buckingham, en Londres, seguido de la Ópera de París: en este caso no sin discusiones, porque muchos aficionados pensaron que tanta luz distraería a los espectadores de lo que ocurría en la escena. Pronto todo el mundo civilizado dispondría de luz eléctrica. Ahora bien: esta nueva y maravillosa energía tenía que ser producida mediante una fuerza no eléctrica. Edison iluminó Nueva York mediante una central de carbón, y otro tanto ocurrió en todas partes.

Solo más tarde se intuyó la posibilidad de una energía limpia producida por otra energía limpia: la hidráulica. En muchas partes del mundo se construyeron embalses que generaban energía hidroeléctrica: la caída del agua, debidamente entubada, hacía girar las turbinas, y las turbinas hacían girar las dinamos o generadores. Qué maravilla: energía limpia en sus orígenes y en sus aplicaciones. Por los años 20 comenzó a hablarse de la hulla blanca: entonces se intuía ya de alguna manera que el carbón, o sus sustituto, el petróleo, eran formas sucias de generar energía. Qué duda cabe de que una cierta conciencia, tal vez un poco vaga, existió desde tiempos muy anteriores a lo que se supone. Pero los saltos de agua agotaron sus posibilidades antes de que terminara el siglo XX. Stalin presumía de la gigantesca central de Dniepropetrovsk, la mayor del mundo por los años 50; el gigantesco embalse de Assuan, construido por el dictador egipcio Nasser, con ayuda soviética, entre 1960 y 1970, representó a una obra inmensa, con la construcción de una presa de tres kilómetros y medio de largo y 111 metros de alto, aprovechando la primera Catarata del Nilo. Así se formó el llamado lago Nasser, de 170 kilómetros de extensión, entre Egipto y Sudán; la obra obligó a trasladar templos y ruinas faraónicas, pero permitió construir la más poderosa central eléctrica del mundo y cambiar la historia de Egipto sustituyendo las famosas inundaciones por una regulación del cauce del río que permite nuevos aprovechamientos agrícolas y una nueva distribución del espacio del delta. ¿Qué duda cabe de que el nuevo lago y la desaparición de las inundaciones provocó un cambio de clima en la historia? En 1984 se terminó la construcción del embalse de Itaipú, en el río Paraná, entre Brasil y Paraguay, otra gigantesca modificación de la geografía natural por obra del hombre, que ha permitido construir una central eléctrica sin precedentes, capaz de surtir de energía a Brasil, Argentina y Paraguay. Pero en el siglo XXI Itaipú ya no es la central eléctrica más poderosa del mundo. Entre 2006 y 2011 se puso en marcha la inmensa central hidroeléctrica de las Tres Gargantas, en el curso del río Yang Tsé Kiang, en China, obra mastodóntica, que obligó a cambiar de residencia a más de dos millones de personas, y cuyas centrales no ofrecen parangón en el planeta. Todavía se encuentra en fase de ampliación. Como se ve, la construcción de enormes centrales hidroeléctricas en tiempos recientes se localiza en países emergentes. En el mundo desarrollado es muy difícil encontrar ya desniveles en ríos capaces de generar una cantidad de energía hidráulica rentable a la hora de mover turbinas y generadores. Es una pena que sea así, pero la realidad se impone. En algunos países se siguen construyendo «minicentrales» para disminuir el consumo de combustible; pero su producción no modifica significativamente el panorama. Hay que recurrir al carbón y el petróleo.

En suma, es fácil concluir que revolución industrial transformó el mundo, cambió los niveles y las formas de vida, permitió obtener artículos que hasta entonces era imposible o muy difícil producir, mejoró las posibilidades del hombre, especialmente las del hombre civilizado, y creó una conciencia según la cual el progreso estaba asegurado. El optimismo de la era positivista es el reflejo de una mentalidad que está segura de su porvenir y del porvenir de la especie. Al mismo tiempo, hizo al mundo más pequeño. Las exploraciones alcanzaron el corazón de las selvas y de los desiertos; se abrió la posibilidad de obtener productos venidos de países muy lejanos, de favorecer las comunicaciones, de abaratar los abastecimientos. Y los logros de la tecnología parecían convertir al hombre, por lo menos al hombre occidental —o al rápidamente occidentalizado, como ocurrió muy pronto en Japón—, más que nunca en el rey de la Creación. Gran parte del mundo fue conquistado o simplemente colonizado por Europa, con todas las ventajas y todos los inconvenientes o abusos que supuso aquel gigantesco proceso mundial, solo en parte —pero también— civilizador.

La revolución industrial provocó al mismo tiempo efectos negativos. Uno de los más claros, aunque no nos corresponde penetrar en él a los efectos que pretende este libro, es la proletarización de grandes masas de trabajadores, que rompió las viejas estructuras artesanales y supuso la miseria de muchas familias por efecto de un mercado de trabajo en que se imponía la competencia y por eso mismo no estimulaba la generosidad: de hecho favoreció al empresario y perjudicó al obrero industrial. Harían falta muchas luchas y muchos años antes de que la riqueza derivada de la revolución industrial mejorara el nivel y la calidad de vida de todos los ciudadanos del mundo civilizado, sin acabar, por supuesto, con la desigualdad (la igualdad nunca existió del todo, al menos desde el neolítico: esa es la verdad). Otro inconveniente que significó, y a él sí tenemos que referirnos, es, hoy lo sabemos mejor que nunca, el peligro que supone basar el progreso material en la utilización masiva y por el momento sin fácil sustitución, de combustibles fósiles para producir energía, esa energía que tan necesaria resulta para la vida moderna. Los combustibles fósiles contaminan el ambiente y contribuyen a calentar la atmósfera..., pero en este punto parece que es lícito admitir que el hombre de la revolución industrial fue tan inocente del cambio climático que empezaba a provocar como el hombre neolítico que cultivaba y domesticaba. Nadie pudo imaginar por entonces las consecuencias que el empleo de combustibles fósiles podía acarrear.

a) El carbón

Hablábamos páginas atrás del carbón, el llamado carbón de piedra, en estado fósil desde lejanas eras geológicas (no todo procede del Carbonífero, sino también del Pérmico y Triásico, etc.): restos de leñas vegetales que se pudrieron y quedaron aislados del oxígeno libre cuando estuvieron bajo el nivel del mar. El éxito del carbón de piedra fue tal, que los países más ricos en carbón fueron los que primero se industrializaron. Y recordemos de nuevo el orgullo que suscitaban aquellas enormes nubes de humo negro que salían de las altas chimeneas de los centros siderúrgicos (altas precisamente porque se quería evitar que ensuciaran el medio urbano, único inconveniente que se intuía). También lanzaban bocanadas de humo las locomotoras que tiraban de los trenes y los barcos de vapor que surcaban los mares. El carbono, combinado con el oxígeno produce monóxido de carbono, CO y dióxido de carbono, CO_2. El monóxido no provoca efecto invernadero, pero contamina y es venenoso: no huele, pero hace perder la concentración de oxígeno en sangre y puede causar la muerte. Provoca más muertes (involuntarias y hasta inconscientes) por envenenamiento en el mundo que todos los demás venenos juntos. El CO_2 no es venenoso en sí, pero tampoco sirve para la respiración, y produce un efecto invernadero solo inferior al del vapor de agua y el metano. Como quiera que su tasa aumenta en el mundo desde la revolución industrial, y muy especialmente desde la segunda mitad del siglo XIX, la opinión más extendida es que el CO_2 resulta ser el responsable más importante del calentamiento global. La producción y el consumo de carbón ha descendido en Europa y se ha estancado en Estados Unidos, pero aumenta en los países de economía emergente. En 2010 se han quemado 6.000 millones de toneladas de carbón, de ellos 2.700 (casi la mitad) en China, 1.000 en Estados Unidos, 500 en India. Sudáfrica (250) ha producido más que Rusia (244). Los países emergentes exigen el derecho a contaminar que en otro tiempo tuvieron, sin duda inconscientemente, los países ricos: y no es fácil negárselo. Con ello, la producción y el consumo de carbón siguen incrementándose en el conjunto del planeta.

b) El petróleo

El petróleo es otro combustible fósil, constituido esencialmente por hidrocarburos, y su origen es marino. Tanto el carbón como el petróleo estuvieron durante millones de años cubiertos por el mar, bajo sedimentos del fondo, a los cuales no pudo llegar el oxígeno en estado libre; pero el carbón procede de antiguos bosques de árboles o plantas leñosas, mientras, que el petróleo se formó a base de pequeños seres marinos o de algas. Sin duda por esta causa la mayor parte de las bolsas de crudo petrolífero se encuentran bajo los mares o cerca de ellos; el golfo de México, la costa baja de Venezuela, Alaska, el mar del Norte, el Caspio y zonas del Cáucaso, el golfo Pérsico, Indonesia. Hoy el 60 por 100 de los pozos petrolíferos utilizados se encuentran en tierra y el 40 bajo el mar; es más fácil perforar un terreno seco que un fondo submarino, por más que en los últimos años, sin duda por necesidad de incrementar la producción de energía, pero con el peligro añadido de provocar una grave contaminación de las aguas, las proporciones tienden a igualarse.

Por otra parte, y comoquiera que existen en el planeta más zonas en que es posible extraer carbón que extraer crudo petrolífero, la distribución de riqueza en el mundo ha cambiado su centro de gravedad. El carbón está más distribuido por el mundo; el petróleo no tanto: e hizo ricos a países que nunca lo habían sido, o por lo menos hizo riquísimos a unos pocos habitantes de esos países dueños de los yacimientos. Por lo que se refiere a sus aplicaciones, el petróleo puede sustituir con ventaja al carbón en plantas generadoras de energía, y es fundamental en los transportes: por un tiempo, los trenes sustituyeron el carbón por los derivados del petróleo en sus locomotoras. Un locomotora puede mantener un depósito de combustible sin necesidad de repostar durante viajes largos, mientras que en otros tiempos era preciso «carbonear» en determinadas estaciones. Lo mismo ocurrió en los barcos movidos por combustible. Y apenas hay energía capaz de sustituir masivamente el consumo de los derivados del petróleo en los automóviles y en los aviones. (Hoy pensamos, y hemos conseguido algunos resultados, en vehículos «limpios» movidos por electricidad; pero no debemos olvidar que los trenes eléctricos y los automóviles eléctricos, aunque limpios en sí, necesitan de una energía que ha de ser generada por centrales, en su mayoría accionadas por carbón o petróleo).

El consumo de petróleo ha superado hoy el consumo del carbón para fines industriales, de calefacción o de los transportes. A pesar del incremento de su precio (controlado por el cártel OPEP, en su mayoría en manos de los países árabes, también de Venezuela), el empleo de los derivados del crudo ha seguido aumentando. El brusco incremento de precios de 1973, como consecuencia de una suerte de desquite por el resultado de la guerra del «Yon Kippur» ese mismo año, puso contra las cuerdas a Occidente, y lo mismo pasó en 1979. Aún con precios más altos, en general durante el último cuarto de siglo, el empleo del petróleo tendió a seguir subiendo. A comienzos del siglo XXI el consumo mundial de derivados del crudo alcanzó los 80 millones de barriles anuales (el barril supone unos 159 litros). Según cifras de la AIE (Agencia Internacional de Energía), el consumo en 2004 llegó a 82,4 millones, en 2007 a 86,5, y en 2009 bajó a 84,9, como consecuencia de la crisis económica; sin embargo, en 2010 volvió a superar los 86 millones, en parte por el consumo de los países emergentes. La pregunta es: ¿podremos seguir incrementando el consumo de los derivados del petróleo? Las reservas mundiales no son inacabables. En algunos yacimientos se conserva crudo, atendido el ritmo de consumo actual, hasta 2050, en otros hasta 2060, en algunos casos hasta 2100. Aunque se encuentren nuevos yacimientos en el fondo de los mares —cuanto más profundos, más difíciles de alcanzar, también más peligrosos—, no se trata de un recurso inacabable. Cada vez habrá menos petróleo, y más caro. Llegará un momento en que el producto dejará de ser rentable. El geofísico (y empleado de la compañía Shell) Key Hubbert ha vaticinado una curiosa curva simétrica de producción y consumo del petróleo, que alcanzaba valores muy bajos en 1900 y volverá a alcanzarlos en 2100, como consecuencia del agotamiento de las reservas mundiales y de unos precios prohibitivos. Hubbert predecía un consumo máximo en el año 2010, para comenzar a descender sin remedio hasta fines de siglo. Hoy los expertos dudan de la localización exacta del «pico de Hubbert», pero la decadencia del petróleo está cantada. Otra curva interesante es la que han presentado C. Hall y P. Henshaw: la que representa el descubrimiento de nuevos yacimientos de crudo y apertura de nuevos pozos. La pendiente va ascendiendo hasta 1962, con un máximo de 56; desde entonces decrece hasta 2000 con solo 10, y parece que por 2010 se ha llegado como máximo a 7. Cada vez es más difícil encontrar petróleo, o no vale explorar yacimientos que no serían apenas productivos. Cierto que en la historia no pueden hacerse profecías. Pueden descubrirse nuevos y fabulosos yacimientos. Pueden investigarse formas de aprovechamiento hoy inimaginables. O pueden perfeccionarse formas de energía alternativas francamente rentables que arrumben el petróleo mucho antes de que se agote. Hay quien lo está deseando fervientemente.

La conciencia de los peligros

Tanto el carbón como el petróleo, aparte del efecto invernadero que producen con la liberación de CO_2 a la atmósfera, despiden hollín, suciedad, y gases derivados, como óxido de nitrógeno, NO, y dióxido de azufre, SO_2. Estos productos, en presencia del vapor de agua forman respectivamente ácido carbónico y ácido sulfúrico, altamente nocivos. Uno de sus efectos más conocidos es la «lluvia ácida» que daña especialmente la vegetación, hasta el punto de dejar secos los árboles, impedir la floración y perjudicar las cosechas. Estos gases también contaminan las aguas, causando la muerte de peces y otras especies vivas, e incluso corroen edificios y construcciones de todas clases. Hoy se han tomado medidas para evitar o combatir la lluvia ácida, pero no puede decirse que hayamos ganado la batalla, y quizá no la ganemos definitivamente hasta que hayamos eliminado el uso de los combustibles fósiles. En este punto, nos parece indispensable distinguir —cosa que mucha gente no hace— entre dos procesos en parte independientes y en parte dependientes: *el calentamiento* y *la contaminación*. Quién sabe si predispuestos hoy día a sentir casi exclusivamente el miedo al calentamiento, apenas reparamos en las diferencias. Por los años 60 y 70 se desarrolló —aunque ya había nacido antes— la ciencia de la ecología, dedicada al estudio del medio ambiente en que vivimos y nos movemos, y al de los peligros que amenazan el ecosistema. Por los años 70 y 80 aparecieron los militantes ecologistas, advirtiendo de las consecuencias temibles de la contaminación del planeta. En un principio, se nos advirtió sobre la necesidad de mantener la naturaleza limpia, no degradar los ríos y los océanos, evitar vertidos peligrosos para la salud, la higiene, la conservación del estado natural de las cosas, del que solo podríamos disfrutar, e incluso sobrevivir, si cuidábamos adecuadamente una naturaleza que es insustituible. El ecologismo pareció a algunos una llamada a un mundo más primitivo y más paradisiaco a la vez, y fue objeto de críticas por clamar contra los excesos del progreso tecnológico; pero se reconoció al mismo tiempo que no le faltaba una parte de razón. Más tarde el ecologismo denunció las pruebas nucleares, por el peligro que suponían; y hasta la energía nuclear en sí, un movimiento que cortó en parte el desarrollo en el mundo de una forma de energía que puede ser más limpia que aquellas que ahora mismo utilizamos, siempre que procedamos con todos los medios técnicos que contribuyen a conjurar sus peligros. La polémica no se ha extinguido hoy. (Por supuesto, las reservas de uranio en el mundo también son limitadas).

Por los años 80 y 90 los ecologistas pusieron el dedo en otra llaga, y la llaga resultó ser el «agujero de ozono». La destrucción de la capa de ozono existente en la alta atmósfera, en niveles entre 23 y 32 kilómetros era debida, según pudo comprobarse, a la acción del cloro. ¿Cómo es posible que el cloro alcance semejante altura? Pronto, afortunadamente, se conoció la respuesta, y con ella la solución: los culpables eran los cloroflurocarburos. ¡Paradojas de la vida! Los clorofluorocarburos fueron inventados precisamente como gases no contaminantes. No pueden combinarse con ningún elemento existente en la atmósfera. Y se utilizaban en los propelentes, incluso para los desodorantes que solemos utilizar todos los días, para los insecticidas y los plaguicidas que se emplean incluso desde aviones para salvar las cosechas. Se descubrió que los cloroflurocarburos se mantienen sin alteración en la atmósfera. Pero, si empujados por la tremenda corriente ascensional de un ciclón o tormenta tropical, rebasan la frontera de la estratosfera, la historia es distinta. Precisamente en los trópicos, esa frontera está más baja y es más fácil de alcanzar que en los polos. Bien, en la estratosfera ecuatorial los clorofluorocarburos son prácticamente inofensivos; pero las corrientes los llevan, eso sí, con mucha lentitud, hacia los polos, y allí el escenario es distinto. Y ahora viene el peligro. Sobre los polos, y especialmente sobre la Antártida se ven curiosísimas «nubes polares», iridiscentes, de una belleza extraordinaria. Es un privilegio de que pueden disfrutar los pingüinos, si es que poseen sentido estético; y los pocos seres humanos que se atreven a aventurarse por aquellas latitudes. Estas nubes están formadas por diminutos cristales de hielo que descomponen la luz del sol. El hielo es sólido, los clorofluorocarburos son gaseosos, y solo en aquellas condiciones extraordinarias pueden verificarse «reacciones heterogéneas». El cloro es muy ávido de oxígeno, y en cuanto se encuentra con una molécula de ozono (O_3), se «traga» un átomo de oxígeno, y éste queda convertido en una molécula de oxígeno normal (O_2). ¿Por qué esta pérdida es inconveniente? Porque el ozono estratosférico absorbe las radiaciones ultravioleta del sol que llegan a la Tierra. Sin esta protección, todos contraeríamos enfermedades de la piel, enfermaríamos con frecuencia de cáncer cutáneo, y moriríamos jóvenes. Necesitamos el ozono estratosférico: sin él, probablemente ni se hubiera desarrollado la vida. En cambio, una concentración fuerte de ozono aquí, en la troposfera (en el aire que respiramos) no es nada conveniente. El ozono provocado por reacciones de los gases de la combustión, especialmente los automóviles, puede alcanzar fuertes concentraciones cuando es invierno y domina el anticiclón: ¡el ozono se forma justamente cuando luce el sol! En ciudades de clima más bien frío, cuando el tráfico es grande, se observa una neblina muy tenue, de suave color azulado. Es peligrosa: provoca picor en los ojos y molestias respiratorias, que pueden conducir a graves consecuencias. Las autoridades suelen limitar en esas ocasiones la circulación automóvil. El ozono es «bueno» o «malo» según los casos, o más exactamente, según la altura a que se encuentre.

Existen otros elementos contaminantes, por supuesto. El polvo atmosférico, las basuras o detritus que pueden descomponerse con peligro para la salud de seres humanos o animales, los vertidos de residuos no deseables a los ríos o a los mares, o hasta materiales que no se degradan o no se oxidan, precisamente porque permanecen inalterables, rompiendo el proceso de la naturaleza. Una bolsa de plástico, lo sabemos de sobra, es útil porque se conserva indefinidamente, pero, arrojada al campo o al agua, puede mantenerse casi como está durante siglos. Arde mal, no se descompone en mucho tiempo. Es útil, práctica, manejable, no se rompe fácilmente, y la echamos de menos cuando la prohiben. Pero es un problema en almacenes de residuos, por lo difícil que resulta eliminar el plástico. Un envase tirado en un campo puede estar molestándonos siempre, aparte de que a su vez puede contaminar otras materias. Se estropeará cada vez más, pero tardará un tiempo indefinido en desaparecer. A este ritmo, el mundo entero podría quedar cubierto de millones de envases de plástico no reciclables.

Y a lo que íbamos: conviene no confundir factores de contaminación con factores de calentamiento. Debemos combatir ambos males si queremos conservar la pureza y la integridad de nuestro planeta, pero no toda forma de contaminación calienta, así como también hay formas de energía que calientan el ambiente, pero no podemos decir que lo corrompen o contaminan. El hollín de la combustión ensucia, pero no altera las temperaturas, ni influye sensiblemente en las nubes, las lluvias o los vientos. Las ciudades más contaminadas del mundo no son nunca las más calurosas: al contrario, suelen encontrarse en climas fríos, en que es frecuente la presencia de un anticiclón, con escaso viento y una situación de «subsidencia», o tapón atmosférico que impide la renovación del aire contaminado. Una de las que se llevan la palma es Norilsk, en el norte de Siberia, en una zona rica en níquel que se beneficia en los alrededores, y en carbón, que sirve para procesarlo. Norilsk puede engañarnos con sus grandes bloques de pisos de apariencia moderna, que hizo construir Stalin para alojar a miles de obreros, amplias avenidas —nada verdes— dos aeropuertos y hasta un teatro de ópera. No crecen árboles en cuarenta kilómetros a la redonda, el humo de centenares de fábricas invade la ciudad, es inevitable respirar una neblina sucia y de fétido olor, el río pasa

otros gases que hemos de tener en cuenta. Ya se ha precisado varias veces que el máximo factor de calentamiento es el vapor de agua, un gas absolutamente necesario y benéfico, del que no podemos prescindir. El ciclo del agua es tan providencial y maravilloso como el ciclo del carbono: se autorregula sin que tengamos que intervenir por nuestra cuenta. Lo malo del caso es que estamos interviniendo, y sin mala intención por lo que al agua se refiere. ¿Qué ocurre? Que si es cierto que el hombre está calentando la atmósfera con sus gases de efecto invernadero, y parece indudable que así es, también ocurre que está provocando un calentamiento de las aguas, es decir, está provocando una tasa creciente de evaporación por encima de su nivel natural. ¡Y ahí radica justamente el peligro! Más evaporación, más vapor de agua; más vapor de agua, más efecto invernadero; más efecto invernadero, más calentamiento. He aquí que, casi sin darnos cuenta, el hombre puede estar provocando un calentamiento más acelerado que el que sería propio simplemente de la emisión de gases industriales. Y esta aceleración sería más peligrosa de lo que en principio pudiéramos imaginar.

Después el vapor de agua, el más eficiente factor potencial del efecto invernadero es el metano. Todos conocemos el metano, el más simple y abundante de los hidrocarburos, aunque tal vez no lo mencionamos por su nombre. Es el *gas natural*, que en tantos hogares nos permite calentarnos o cocinar y que nos resulta tan familiar. Se encuentra, como el petróleo —el cual es una amalgama de hidrocarburos—, en grandes bolsas a cierta profundidad, pero que se genera espontáneamente en ciénagas y humedales, en lugares donde es fácil que se descompongan plantas que mueren en un medio acuático; también existe el metano en minas, y sobre todo, como es lógico, en minas de carbón, donde se le conoce por otro nombre: gas grisú. También lo expulsan los volcanes. Pero se origina por efecto de la actividad humana, por ejemplo en determinados cultivos en tierras húmedas, y muy particularmente en los del arroz; y sabemos igualmente que lo liberan animales que el hombre ha conseguido multiplicar para su provecho, como los rumiantes. En general, se cree que más de la mitad del metano que existe en la atmósfera (cosa de un 60 por 100) es de origen natural, y un 40 por 100 es consecuencia de la actividad humana. Hoy el metano no sobrepasa la proporción de 2 partes por millón, mientras el CO_2 supera las 300. Pero el metano es mucho más activo como factor del efecto invernadero (en líneas generales, unas 25 veces más activo), de modo que si llegara a representar solo la cuarta parte de lo que es el CO_2, resultaría más peligroso que él. Y la tasa de metano también se está multiplicando con rapidez. Son aventuradas las suposiciones de Ruddiman y otros que predicen que en la segunda mitad de este siglo el metano será el principal factor del calentamiento. Tampoco olvidemos que en determinado momento pueden liberarse las bolsas y las «chimeneas de metano» de que habla Semitelov, y que provocarían una catástrofe sin precedentes. Se habla relativamente poco del metano, pero también deberíamos estar en guardia contra su proliferación en la atmósfera.

Otros gases, como el SO_2 o el NO producen un efecto invernadero mucho menos peligroso, pero tampoco deberíamos olvidarnos de ellos. Ni podemos igualmente olvidarnos de un proceso en sentido inverso, pero que opera en la misma dirección. La deforestación del planeta marcha a pasos agigantados, a pesar de todas las advertencias que se hacen para detenerla. Y la deforestación de nuestras selvas y bosques es máxima en zonas intertropicales, justo donde abundan los árboles de grandes hojas, los más eficaces en la función clorofílica o fotosíntesis, que es la manera que tiene la naturaleza de absorber el CO_2. Según datos de las Naciones Unidas, solo en el primer lustro del siglo se han deforestado 31.000 hectáreas en Brasil, 19.000 en Indonesia, 5.000 en Birmania, 4.500 en Zambia, y entre 2.000 y 3.000 en otros cinco países, sin mencionar aquellos en que la deforestación alcanza menores proporciones, pero que en su conjunto suponen una cifra de por lo menos 80.000 hectáreas, ¡solo en cinco años! Una excursión por la zona del Paraná y no digamos de la Amazonia nos descubre praderas inmensas —teóricamente, pero no todavía, dedicadas a otros fines— de terrenos que en otro tiempo fueron selva. Nos estamos quedando sin bosques tropicales, y eso a la hora de combatir el incremento del CO_2 tenemos que pagarlo. Es curioso: hay mucha menos campaña internacional contra este proceso, que puede resultar peligroso.

El proceso de calentamiento del globo es un hecho claro, por más que no podemos tomarnos al pie de la letra todo lo que dicen los alarmistas. Puede que haya motivos para pensar que las cifras falseadas, las exageraciones, las profecías fáciles pero nunca demostrables que hacen algunos, las actitudes un tanto apocalípticas que tantas veces vemos, escuchamos o leemos en los medios o en los discursos están haciendo un flaco servicio a la causa del ecologismo, y mueven más a desconfianza que a tomar la cuestión en serio. Asegurar dogmáticamente que el proceso de calentamiento del mundo es *ya* irreversible no nos anima; al contrario, nos resigna, y es que no se puede hacer absolutamente nada contra lo que no tiene remedio. Puesto que estamos perdidos de todas formas..., de perdidos al río.

¿Aciertan las predicciones?

Un trabajo reciente del matemático Carlos M. Madrid Casado, de la Universidad Complutense, se vale de la Teoría del Caos para hacer ver que, en puridad, todos los modelos formulados para predecir el comportamiento de las temperaturas a largo plazo son matemáticamente incorrectos, y carecen de fundamento científico. No estamos enterados, ni podemos estarlo, del conjunto de condiciones que van a imperar en el porvenir. El mismo Richard B. Alley, famoso glaciólogo que ha trabajado en Groenlandia y conoce bien la fusión de los hielos, termina confesando que a día de hoy «es difícil, si no imposible, predecir cuál va a ser el futuro». Todos los escenarios son posibles, y por lo mismo todas las predicciones son inciertas.

Por de pronto algo está claro, y eso diríase que hay que tenerlo también en cuenta: si el mundo va a seguir calentándose indefinidamente hasta límites insoportables, el proceso *no puede ya depender del empleo de combustibles fósiles*, cuyas reservas disminuyen a ojos vistas, y nos faltarán un día. El «pico de Hubbert» puede situarse en 2010, en 2014, como ahora se dice, o quién sabe si más tarde, de acuerdo no solo con la cantidad de reservas, sino de los problemas internos de los países productores o de las alternativas puestas en práctica por los países consumidores; pero no puede prolongarse indefinidamente. Llegará un determinado momento en que, si no inventamos formas rentables de energía alternativa, nos veremos obligados a prescindir del carbón y del petróleo como consecuencia de su escasez o de su altísimo precio; y entonces la crisis mundial no será el calentamiento, sino un progresivo enfriamiento y un retroceso provocado por la incapacidad del hombre para producir nuevas fuentes de energía: quedaríamos condenados a descender hasta niveles cada vez más primitivos. Pero difícil parece en buena lógica que los seres humanos sean tan torpes que no consigan de ninguna manera encontrar fuentes energéticas limpias, eficaces y lo suficientemente abundantes para mantener un deseable nivel de vida, y de calidad de vida. Qué duda cabe, digámoslo con humildad pero sin prejuicios, que muchas de las exageraciones que se están cometiendo no parecen sino consecuencia de ese complejo de culpabilidad que sacude a Occidente, o a las manifestaciones de nuestra cultura occidental, sobre todo en la vieja Europa. No es fácil ver a un chino, a un árabe, a un hindú, a un africano productor de petróleo o de carbón, autoacusarse del delito del calentamiento global. Es cierto, un indio, Rajendra Pachauri, presidente del IPCC, lanza frecuentes y a veces gruesas invectivas contra los culpables del calentamiento, por supuesto occidentales; pero en la India aseguran que ellos no están calentando el planeta, y hasta un ecologista muy activo como el australiano Tim Flannery reconoce que la India es uno de los países donde el proceso de calentamiento no se produce, pese a su creciente uso de combustibles fósiles. Con indiferencia de todo eso, padezcamos o no los europeos complejo de culpabilidad, haremos muy bien en buscar energías alternativas que pronto nos van a hacer mucha falta.

Para terminar estas reflexiones, quizá valga detenernos en una afirmación repetida. ¿Hasta qué punto el calentamiento está produciendo desastrosas sequías? El Centro Hadley de Investigación sobre el Calentamiento Global asegura que el planeta ha experimentado, desde los años 90 del siglo XX el incremento de un 25 por 100 en el índice de sequías. Y el Programa de las Naciones Unidas para el Medio Ambiente pone de relieve que 450 millones de seres humanos sufren las consecuencias de la falta de agua, y se atreve a la terrible predicción de que en una fecha tan relativamente cercana como 2025, esa carencia tan espantosa alcanzará a 2.800 millones: casi la mitad de la humanidad. ¿Qué es lo que sucede? ¿Que este cambio climático es distinto a todos los anteriores y provoca sequía en lugar de un más alto índice de lluvias, o que el incremento de población en algunos lugares del mundo hace más angustiosa la necesidad de proceder a la apertura de pozos o a los trasvases de agua? Recordemos que una de las admoniciones que con más frecuencia se nos hacen nos acusa de ser responsables de las terribles sequías del Sahel. Otros calentamientos dieron lugar a la pradera del Sahara, y hasta el óptimo climático medieval favoreció, como también hemos visto, a la zona del Sahel. En lo que va de siglo XXI, y de acuerdo con los datos que citábamos no muchas páginas atrás, la más fiable de las estaciones del Sahel acusa un índice de lluvias superior, por ejemplo, al de Madrid. ¿Es que ya no existe calentamiento, es que el calentamiento favorece las lluvias como por otra parte resulta lógico, es que el problema es la mala distribución del agua a la gente o a los campos, o a los ganados, o es que hay que seguir haciéndose preguntas?

La expresión de una duda sobre la relación entre el calentamiento y la sequía es independiente de otras previsiones, acertadas o no, en que tampoco hemos podido llegar a conclusiones definitivas. Por ejemplo, la de que el proceso de calentamiento provocará *más cantidad de lluvia* pero *menos días de lluvia*, o lo que es lo mismo, lluvias más torrenciales pero menos frecuentes. Tal vez la suposición esté relacionada con el régimen de lluvias en países cálidos intertropicales, en que las lluvias son muy fuertes, pero apenas existen más que en una estación, o en una época del año. Tal es lo que ocurre en la India, África central, zonas del Caribe o de Indonesia. Es un régimen de tipo monzónico, se hable en aquel lugar de monzón, o se le dé otro nombre. En esas regiones calurosas la gente ya está preparada para la alternancia de lluvias torrenciales y sequías más o menos prolongadas. Si un régimen de este tipo va a predominar en países que hoy no lo tienen, en Europa, la mayor parte de los Estados Unidos, Japón, el Cono Sur americano y otros que hoy disfrutan de un clima templado, muchos millones de seres humanos tendrán que prepararse para la alternancia. No estamos aún en condiciones de prever si el escenario que algunos nos anuncian es seguro ni cuándo acabará por imponerse. Otra profecía que tampoco puede descartarse es la de que aumentará la frecuencia de ciclones y tormentas tropicales. El hecho no es comprobable: en los primeros años del siglo XXI hubo motivos para echar de menos estos fenómenos en el área del Caribe; luego, en 2005 el huracán Wilma fue el más fuerte registrado en Estados Unidos, con vientos que llegaron a la costa con una velocidad de 320 km/h. El Katrina, ese mismo año, fue bastante menos intenso, pero el más catastrófico que se recuerda por haber afectado a Nueva Orleans y una zona muy densamente habitada. Luego han escaseado los ciclones antillanos, y han abundado, sobre todo por 2009 y 2010, los tifones en Oriente (con independencia absoluta de los monzones, que como tales son un fenómeno distinto). Puede que sea cierta la especie, que circula en abundancia, de que en los últimos tiempos están sucediendo cosas muy raras... Es lo que se ha dicho en todas las épocas de los fenómenos atmosféricos, y los que lo siguen diciendo siempre tienen razón, porque el tiempo —y a largo plazo el clima— son por naturaleza muy caprichosos.

La polémica

Bjorn Lomborg, científico danés, nacido en 1965, ha sido entre 1994 y 2005 profesor de Estadística en la Universidad de Aarhus. (desde 2005 imparte enseñanza en la Facultad de Economía). Quizá ni él pudo imaginar la polémica que iba a provocar, y en la que se vería envuelto. Amante de la naturaleza, militó en una muy conocida organización ecologista. Hasta que los datos que le fueron facilitados movieron su desconfianza. Sometidos a un análisis estadístico, ofrecían fallos que según él, «le sorprendieron» y parecían propios de manipulaciones denunciables. A este efecto, escribió en 1999 y publicó en 2001 un libro, *Skeptical Environmetalist* (edición española, «Un ecologista escéptico», 2003) que causó escándalo entre los más acérrimos partidarios del calentamiento global. Lomborg nunca ha negado el calentamiento que ahora sufre el mundo, pero acusa de exagerados a los más radicales, cree que el proceso no es de momento grave ni mucho menos acelerado, que es preciso corregir errores, y sobre todo preocuparse de temas más importantes, como el hambre en el mundo o la expansión del SIDA. Sin embargo, su reacción suscitó la indignación de los ecologistas más radicales, un artículo publicado en «Scientifc American» le motejaba de malintencionado y anticientífico, y numerosos medios se volvieron contra él. Trató de explicar su tesis en universidades europeas y americanas, en muchas de las cuales fue abucheado, o recibido con lanzamiento de huevos o hasta una tarta que le estrellaron en su cara. No faltaron tampoco partidarios entusiastas que le aplaudieron o escribieron artículos cubriéndole de elogios. La polémica estaba servida, y en todo lo que llevamos de siglo XXI no se ha aquietado. Si el mundo (entendamos más bien Occidente) ya estaba nervioso con la teoría del calentamiento progresivo y amenazador, los partidismos, las exageraciones de unos y otros, las invectivas, las teorías inconciliables y las actitudes indignadas no han tranquilizado los ánimos, si no los han encrespado todavía más.

Lomborg, joven y luchador, contestó por un tiempo a las críticas, y creyó encontrar una explicación al éxito de los maximalistas en el apoyo de los medios por razones psicológicas: «las buenas noticias no son noticias;... *venden* mucho más las opiniones catastrofistas que vaticinan un fin del mundo inminente». Luego se ha refugiado en el terreno de otros problemas que estima más urgentes, como el hambre en el mundo, la contaminación, el SIDA, las recetas económicas para mejorar las condiciones de los países menos desarrollados, una labor que sí le ha merecido galardones internacionales. En 2010, coincidiendo con las críticas de las Naciones Unidas a su filial ecológica, el IPCC, y los proyectos de su reforma, el profesor danés ha experimentado —¿contradicción?, ¿casualidad?— un giro, no tan copernicano como se dice, pero evidente, y aboga por una política contra el calentamiento y la búsqueda de nuevas soluciones, porque estima que el protocolo de Kyoto es muy caro y poco eficaz. La lucha contra el calentamiento es importante, pero no angustiosamente urgente. «El calentamiento no es el fin del mundo». Y llegaremos, luchando, pero sin haber perecido, al siglo que viene.

La polémica es un tema ingrato en que no tenemos la menor intención de entrometernos más de lo estrictamente indispensable. Lo peor de todo es, qué duda cabe, la ideologización del problema y su consiguiente politización. La exacerbación de las pasiones ha llegado al extremo de insultos groseros entre los más radicales. Parece que cabe —con la debida prudencia y el máximo respeto— establecer un orden de gradaciones. En un extremo están los partidarios radicales, que profieren, tal vez con la mejor intención del mundo, graves amenazas, como la de que el proceso de calentamiento es ya irreversible o está a punto de serlo, o auguran de aquí a fines de siglo un aumento de las temperaturas del orden de 5 a 7 grados, que acabará con gran parte de la humanidad, provocará guerras, migraciones violentas, desaparición de la civilización avanzada, etc. A veces lo que parece desproporcionado son las palabras. Un prestigioso catedrático español aseguraba a fines de 2010 que «estamos quemando el mundo». Tim Flannery declaraba hace poco que «si los humanos siguen haciendo las cosas como hasta ahora a lo largo de la primera mitad de este siglo, creo que el ocaso de la civilización a causa del cambio climático es inevitable». Cristian Frers, un «ecopedagogo», aseguraba hace poco en Argentina que «la Tierra está sufriendo de fiebre. La culpa es de todos...

Estamos muy enfermos, pero no nos damos cuenta». Anthony Costello, en la prestigiosa revista británica «The Lancet» prenunciaba que el calentamiento «pondrá en grave riesgo, en las próximas décadas la vida de miles de millones de personas». Como no somos muchos miles de millones, puede entenderse que antes de mediados de siglo desaparecerá toda la humanidad. El tan repetido slogan *The End is Near*, difundido en pancartas, hasta en «cómics», hace pensar que estamos a las puertas del fin del mundo.

En un plano mucho más moderado se encuentran aquellos que admiten la posible gravedad del problema a largo o medio plazo *si se mantienen las condiciones existentes*, pero se colocan en un plano fundamentalmente científico, no consideran que todo está perdido, apuntan soluciones y admiten la posibilidad de un futuro más prometedor, gracias al progreso de la obtención de energías renovables, o, simplemente, por la aplicación del principio de Hubbert, o la «ecuación de Kaya» sobre el límite de rentabilidad de las fuentes de energía fósil. No podemos ignorar el problema, pero, evidentemente, tiene solución. Carlo A. Ricci, presidente del European Polar Board y directivo del programa EPICA que estudia el cambio climático a través de las muestras de hielo, declaró hace no mucho en Madrid que «es evidente que la Tierra se está calentando, pero aún no sabemos la magnitud exacta de ese calentamiento»; y tranquilizó a la gente con esta afirmación: «los polos no se van a fundir en cincuenta años; al menos tardarían unos mil, si la temperatura sigue aumentando a este ritmo». En general, los más renombrados científicos piensan que no podemos cruzarnos de brazos, pero disponemos de tiempo para tomar las medidas que sean necesarias. Y abunda la opinión de que el calentamiento, tal como se ha operado hasta ahora, no es extremadamente inquietante; eso sí, se diferencia de los demás procesos históricos en el hecho de que es el hombre quien lo está provocando, y es el hombre el que ha de tomar medidas, si es preciso sacrificadas, para evitar llegar a extremos peligrosos.

Un plano de opinión menos dado a la antropogenia, aun sin llegar a negarla, es el de aquellos que piensan que el proceso de calentamiento no se debe exclusivamente a la acción humana y que existen otros factores que también pueden ser —más o menos— importantes. Se fundan entre otros motivos en que no ha existido linealidad entre las emisiones de gases invernadero provocadas por el hombre y la evolución de las temperaturas. Es el caso de los años cincuenta y sesenta del siglo XX, en que predominó un relativo enfriamiento, mientras que la emisión de gases invernadero se disparaba. En la primera década del siglo XXI, una vez descartada la curva en «palo de golf», se produce un nuevo descalzamiento, por lo menos hasta 2008. Si las temperaturas descienden o se estancan cuando aumentan los gases de los combustibles, es que actúa otra causa independiente que provoca esas inflexiones. Muy probablemente la idea de que hay por lo menos dos factores distintos, uno humano, otro de origen natural es la más extendida —y lógica— en la comunidad científica. El meteorólogo Anthony Watts, muy conocido en Estados Unidos por sus charlas en los medios, se muestra un tanto escéptico, aun sin negar la intervención del hombre: «no se trata de negar la existencia de un calentamiento global, sino de determinar con exactitud y sin sesgos hasta qué punto es el ser humano el único responsable». ¿Lo es en un ochenta, en un cincuenta, en un treinta por ciento? Eso es justamente lo que no sabemos y lo que estamos necesitando conocer con la mayor certeza posible, no solo para aceptar nuestra responsabilidad en el proceso, sino para tomar las medidas adecuadas, y determinar cuáles pueden y deben ser esas medidas. Sobre ese punto vamos a tratar, siquiera sea con brevedad, por razones de incertidumbre, antes de terminar este libro.

En el último plano de aceptación de la teoría antopogénica hemos de situar en primer lugar a los «escépticos», que no niegan la posibilidad del calentamiento, provocado por la acción del hombre, pero dudan en alto grado de la fiabilidad de los datos, o denuncian sus contradicciones o la insuficiencia de su fundamento objetivo. Una de las objeciones es la que alude a las «islas de calor». Ocurre que el mundo se está urbanizando rápidamente. Y las estaciones meteorológicas situadas en el seno o en la cercanía de las grandes ciudades han de sufrir los efectos del calor mucho más que las zonas agrarias, los bosques o simplemente regiones poco o nada habitadas. La densa presencia humana, aunque no sea más que porque el hombre tiene una temperatura corporal de 37 grados centígrados y porque respira, exhalando a la atmósfera una cantidad de CO_2, contribuye a calentar el ambiente. Más lo calientan la industria, los aparatos que transforman el movimiento en calor, los automóviles y demás vehículos que circulan, las calefacciones en invierno, el aire acondicionado en verano, que proporciona frío en nuestros habitáculos o en nuestros lugares de trabajo, pero que en la misma medida devuelve calor al ambiente. El mismo profesor Carlos M. Madrid, después de aplicar la Teoría del Caos, se entretiene en un análisis de las curvas térmicas en el periodo 1880-2000 de la estación de Madrid Retiro y las de Navacerrada. La primera revela una tendencia al calentamiento y la segunda no, o por lo menos sus datos promediados ofrecen un balance muy dudoso. ¿Es cierto este contraste en todos los casos? Parece que no es así, y estaciones meteorológicas distribuidas por todo el mundo (eso sí, con mucha desigualdad) parecen indicar que en gran parte de los continentes y de los mares se registran temperaturas promediadas superiores a las de hace un siglo, aunque en una cuantía distinta según su situación geográfica. Hay países, como hemos recordado, en que el calentamiento no queda demostrado, e incluso algunos en que parece haberse registrado un enfriamiento. Pero la tendencia hacia arriba es la más frecuente. Quizá ha habido un cierto subjetivismo a la hora de seleccionar los datos, pero la secuencia más general parece a estas alturas ya muy difícil de discutir.

Por último, están los negacionistas radicales. Qué difícil es suponer que todo lo que se nos cuenta sea una trampa o un engaño intencionado. Tal vez no sea preciso analizar estas posturas. El que desee hacerlo puede leer, por ejemplo, a Christopher Horner, *Guía políticamente incorrecta del calentamiento global* (hay edición española). Horner, en realidad se dedica a denunciar diez «mitos». O visionar el DVD de Martin Durkin *The Great Global Warming Swindle* («El gran timo del calentamiento global», respuesta a Al Gore), presentado nada menos que al Festival de Cannes 2007.

En suma, y no pretendemos seguir adelante con un tema poco amable, la polémica ha dividido a la gente, ha endurecido las actitudes, se ha politizado, ha hecho surgir la sospecha de intereses poco confesables, y ha perjudicado a la imparcialidad de la ciencia. Quizá sirvan de conclusión estas reflexiones de un hombre veterano, ilustre y bien acreditado, como el paleoclimatólogo William F. Ruddiman, a quien hemos tenido que citar muchas veces en este libro: «El tema del calentamiento global se ha convertido en un avispero, y no tengo la menor intención de meter la mano en algo tan sucio y desagradable»... «Lo único claro de todo ello es que la polémica está llegando a un punto que perjudica la investigación».

¿Nos calientan?

La discrepancia entre el aumento de los gases de efecto invernadero y la curva generalizada de las temperaturas nos hace sospechar que algún factor ajeno al hombre, es decir, natural, anda en juego. ¿Es un fenómeno terrestre, pariente tal vez de aquellos que calentaron o enfriaron el mundo antes de que apareciera el hombre? ¿Se trata de una forma de resonancia, de eco, de armónicos, de tendencia natural a lo cíclico? Por experiencia sabemos que el tiempo tiende a ajustarse a la media estadística a base de alternancia de situaciones contrapuestas. No hay mal —ni tampoco bien— que cien años dure. A una etapa anormalmente abundante en borrascas sucede otra de anticiclón y estabilidad. A una temporada de calores anormales sucede otra de refresco gratificador. Bien lo sabemos los europeos —y especialmente los mediterráneos y españoles— que hemos tenido que soportar en varios veranos consecutivos las abrasadoras olas de aire africano, sustituidas poco tiempo después por los gratificantes fresquitos del norte. A una anormalidad en un sentido suele suceder —no necesariamente sucede— una anormalidad en sentido contrario. En todo caso, la tendencia a la igualación está casi siempre garantizada, a corto o a medio plazo. El exceso acaba teniendo, de una forma u otra, su compensación. El cálculo de probabilidades nos enseña que, lanzando al aire un dado, podemos obtener varios «cincos» consecutivos; pero un buen jugador sabe muy bien que cada vez es menos probable que vuelva a saltar un «cinco», y apuesta siempre al número que ha aparecido menos veces, que es el que más probabilidades tiene ahora de salir. El cálculo de probabilidades se apoya en una «ley estadística» que no se sabe quién ha establecido, pero que tiende a la igualación, siempre que no existan circunstancias exógenas que impidan la absoluta igualdad de posibilidades de los elementos en juego.

¿Es la alternancia de las formas de tiempo y de las formas de clima un simple juego de la naturaleza o es mucho más? Sabemos que existen factores naturales que determinan esa alternancia. Un episodio de calor provoca un aumento de la convección, digamos de ascensión de aire caliente, más ligero, hacia las alturas, y su sustitución por masas de aire más pesado, y lógicamente más frío, que vienen a refrescar el ambiente. Una zona de baja presión aleatoria tiende a ser rellenada por una irrupción del aire circundante, que viene a crear un área de alta presión, y así sucesivamente. La explicación es demasiado infantil, y requiere tener en cuenta factores muy complejos, pero todos comprendemos que el juego de contrapesos tiene que operarse de alguna manera. No podemos caer en la «manía cíclica» que denunciaba Le Roy Ladurie: los ciclos en la naturaleza no dibujan sinusoides perfectas, ni tenemos derecho a suponer que cada exceso ha de ser compensado por un defecto inmediato, simétrico, de la misma intensidad y duración; pero la tendencia a la compensación es natural a la dinámica atmosférica, y todos lo comprendemos perfectamente.

Resulta en verdad curiosa esta contradicción: el tiempo es de lo más caprichoso, los achuchones o los contrastes son de lo más inesperados. Siempre (¡no solo ahora!: tenemos testimonios de siglos anteriores) decimos que «el tiempo está loco»; y sin embargo, los excesos tienden a compensarse, y no solo por casualidad, sino por una tendencia natural, basada en las leyes físicas destinada a pendular las tendencias. Ahí están las oscilaciones del Atlántico Norte o Sur, las de California o de Patagonia, El Niño, la intensidad variable en un sentido o en otro de los monzones.

¿Es la dinámica del contrapeso o es un factor exterior, no puramente atmosférico, el que opera este no paralelismo entre los factores que conocemos de calentamiento? La pregunta es importante, y parece que tenemos obligación de formularla. A plazo breve, de un siglo o dos, no podemos invocar los ciclos de Milankovich. Tenemos, sí, otros factores cósmicos, como el también tantas veces aludido de la actividad solar, que pudo tener una influencia muy grande en la época del Mínimo de Maunder, y probablemente en otras muchas. (Un equipo dirigido por científicos de la universidad de Maine ha estudiado recientemente los elementos contenidos en muestras de hielo, y cree poder demostrar el influjo de la actividad solar en la «pequeña edad del hielo», y asegura haber descubierto una nueva pista para investigar el influjo del sol en el clima). S. Solanski, del Instituto Max Planck de Göttingen, ha declarado que «el sol más energético y los llamados gases de efecto invernadero han contribuido al cambio de temperatura en la Tierra; pero es imposible precisar cuál tiene una incidencia mayor». Probablemente tiene razón, y hasta plantea el problema fundamental a que aludíamos antes: en el actual proceso de calentamiento, ¿qué factores influyen más, y en qué proporción, la acumulación de gases originados por el hombre o los factores externos? ¡Ojalá lo supiéramos!

Si se registran ciclos de tiempo en la atmósfera de la Tierra, más claro está que se registran ciclos en la actividad de esa inmensa esfera gaseosa e hirviente que es el sol. El más conocido, al que hemos aludido repetidamente, es el ciclo de 11 de años, descubierto en 1843 por Schwabe, pero que con seguridad se registra desde hace muchísimo tiempo. Un ciclo más largo es el de Gleissberg, de 80 o 90 años; y se ha aventurado la existencia de un tercer ciclo de unos 166 años, provocado por el movimiento del sol con respecto del centro de gravedad del sistema planetario, al cual ha querido atribuirse la incidencia —o las incidencias— de la «pequeña edad del hielo». El ciclo existe; que haya influido de hecho en el clima es solo una posibilidad que de momento no cabe afirmar de forma absolutamente categórica. Ya es sabido también que el Dr. Theodor Landscheidt, del Schroeter Institut for Research of Solar Activity ha hecho una serie de «profecías científicas», que nos anuncian un periodo relativamente frío por el año 2030, un calentamiento hacia 2069, un nuevo mínimo en torno a 2122, otro máximo por 2159, etc. Deseamos larga vida al lector, pero suponemos que no tendrá demasiado interés en conocer fechas más lejanas. Landscheidt asegura que con su método ha logrado predecir varios episodios de El Niño, y no negamos que haya podido ser así. Es prudente cuando habla de máximos y mínimos «relativos», es decir, con referencia a las temperaturas medias de cada época, porque pueden obrar otros factores, aunque es cierto que el profesor alemán no parece conceder una importancia primordial al calentamiento antrópico. H. Abdussamatov, del observatorio Pulkovo, cerca de San Petersburgo, otro entusiasta de la teoría del calentamiento natural frente a la de origen antrópico, anuncia fechas muy parecidas, en las que no tenemos ahora por qué detenernos.

Pero hay más, y esto puede ser importante. En los últimos tiempos, como hemos adelantado en alguna página anterior, se desconfía un tanto de la medida de la actividad solar que cuenta por el «número de Wolf», obtenido de las manchas y de los grupos de manchas que aparecen en la radiante, pero no del todo limpia, faz del astro del día. Investigadores del Imperial College de Londres y de la Universidad de Colorado, USA, en un trabajo publicado en «Nature», octubre de 2010, creen haber descubierto que el prolongado mínimo solar de los años 2003-2008, que batió todas las marcas de falta de manchas solares —hasta el punto de que hizo sospechar un nuevo Mínimo de Maunder— no fue tal mínimo, sino que la energía emitida por el sol fue mayor que la normal. Es sorprendente, pero la noticia coincide con observaciones de la NASA, publicadas casi simultáneamente en la revista «Science», en que se advierte que a partir de 1980, el sol está emitiendo más fulguraciones (puntos brillantísimos de partículas de alta energía) que nunca. También se destaca la abundancia de «agujeros coronales», por los cuales la alta atmósfera del sol deja pasar las radiaciones sin filtrarlas. En junio de 2010, la sonda «Sunrise» elevada sobre un globo especial, y dotada de un magnetógrafo construido en el Instituto de Astrofísica de Canarias, pudo ser lanzada desde Suecia hasta alturas estratosféricas, a 40 kilómetros sobre la superficie de la Tierra. Después de una aventura épica (que vivieron los instrumentos, no los hombres, que sin embargo la siguieron llenos de emoción), pudo ser recogida en Canadá, portadora de importantes registros. Por lo que se ha visto, se han detectado fuertes perturbaciones magnéticas en puntos del sol que se consideraban carentes de actividad. Está visto que tenemos que modificar seriamente nuestros métodos de medida de la actividad solar. Y a juzgar por lo visto, ¿estamos viviendo sin haberlo sospechado hasta ahora, un máximo de energía procedente del sol? ¿Y hasta qué punto, en qué proporción, esta energía es responsable del calentamiento que estamos sufriendo? Ahora mismo la sonda Secchi de la misión STEREO está logrando descubrimientos que pueden ser sensacionales. Esta misión ha lanzado dos sensores distintos, que el 6 de febrero de 2011 han logrado colocarse en dos posiciones opuestas, a un lado y otro del sol, y han empezado a enviarnos imágenes en todas las frecuencias posibles de la emisión energética de nuestra estrella. ¡Parece que nuestras suposiciones se están confirmando! En su día podremos obtener partido de un nuevo sistema de medidas.

Otro hecho quizá todavía más sorprendente: el calentamiento global puede ser *calentamiento planetario*. Todos o casi todos los planetas de nuestro sistema parece que se están calentando, o así lo permiten entender un buen número de datos que ahora mismo se barajan. La NASA advierte que los casquetes polares de Marte se están derritiendo desde hace treinta años. El polo Sur nos muestra montañas y grandes barrancos que hasta ahora no habíamos podido ver a causa de los hielos y que han quedado descubiertos. También aumenta el albedo, o radiación energética emitida o más bien devuelta por la superficie de Marte recalentada. Se atribuye al incremento de las temperaturas la abundancia actual de grandes tempestades de arena y de furiosos tornados en el planeta vecino. ¡Y no podemos acusar a los marcianos de su peculiar calentamiento global! Las mismas señales de calentamiento advertimos en Júpiter. Uno de los rasgos más sorprendentes de aquel planeta gigante es la famosa Mancha Roja, descubierta ya por los astrónomos provistos de aceptables telescopios a fines del siglo XVII: se interpretó durante mucho tiempo que la Mancha Roja era el reflejo en las nubes jovianas de un gigantesco volcán en la superficie del planeta. Desde el siglo XX se sabe que es una especie de gran tormenta permanente en aquellas nubes. Pero en 2006 se ha descubierto una nueva, más pequeña mancha roja. Y en 2010 una tercera. Por si fuera poco, en 2009 y en 2010-2011 se ha dislocado la banda de nubes ecuatorial sur. ¡La atmósfera de Júpiter da muestras de estar sometida a fuertes perturbaciones térmicas! O ha surgido una nueva fuente de calor en el interior del planeta, de origen desconocido, o sus nubes visibles desde fuera están sufriendo una radiación superior a la recibida hasta ahora.

No menos sorprendentes son las transformaciones que están experimentando otros planetas gaseosos. Desde los años 90, se han desatado en Saturno fuertes tormentas. Su capa nubosa, más apacible a la vista que la de Júpiter —pese a unos vientos más rápidos, pero tendidos y regulares— se ha visto alterada por espectaculares perturbaciones, muchas de ellas en forma de borrascas. A fines de 2010 se ha desatado una gran tormenta en el hemisferio norte, que en los primeros meses de 2011 ha desprendido una espectacular cola de más de 60.000 km de longitud, que puede acabar dando una vuelta completa al planeta anillado. «Nunca he visto nada como esto —afirma el astrofotógrafo planetario Anthony Wesley—. Es algo que no tiene precedentes al menos desde hace mucho tiempo». Los sensores de la sonda Cassini, que gira alrededor de Saturno, están percibiendo descargas eléctricas derivadas de la tormenta, como tampoco hasta ahora se habían registrado. Por su parte, Neptuno se ha calentado mucho a partir de 1980 y por lo menos hasta 2004, según revela un estudio de H. B. Hammel y G. W. Lockwood, astrofísicos del observatorio Flagstaff, Arizona, publicado en «Geophysics Research» en 2007; y lo mismo ocurre en su satélite Tritón, cuya superficie helada se ha vaporizado para aumentar el volumen de su atmósfera. ¿Y qué decir de Plutón? Sus hielos carbónicos tienden a sublimarse desde hace catorce años, hasta el punto de haber triplicado su masa gaseosa. Increíble, sobre todo si tenemos en cuenta que desde 1989 el desvalorizado planeta enano se está alejando del sol y debiera enfriarse. Si está calentándose todo el sistema planetario —y hacen falta multitud de estudios más seguros antes de que podamos llegar a una conclusión definitiva— muchas de nuestras teorías sobre el calentamiento de la Tierra, sin negar otros factores endógenos, habrán de ser revisadas drásticamente. Hemos de esperar todavía un tiempo prudencial para ello.

Y algo todavía más inquietante. Aún admitiendo que buena parte de las radiaciones de partículas de alta energía, que ahora recibimos en proporciones tal vez mayores que antes, proceden del sol, también pueden proceder del espacio interestelar. El hecho —que aún está por demostrar, pero que ofrece determinados motivos de sospecha— de que los planetas más apartados del sol se calientan más que los cercanos permite inferir la teoría perturbadora de que la influencia viene *de fuera*. Semejante idea nos parece demasiado extraña, casi propia de la ciencia-ficción, a la vez que nos inquieta. Científicos del Centro Nacional del Estudios del Espacio de Dinamarca, dirigidos por Henrik Svensmark, estiman que los rayos cósmicos venidos de las lejanías del espacio pueden modificar drásticamente el clima, lo mismo para calentar la atmósfera que para enfriarla. En efecto, al mismo tiempo que suponen una adición de energía, favorecen la formación de aerosoles en la atmósfera, capaces de constituir núcleos de condensación, en torno a los cuales las moléculas de vapor de agua se agrupan para formar pequeñas gotitas, es decir, para originar nubes. Svensmark, en un artículo bajo el título *Cosmoclimatology, a New Theory emerges* publicado en la revista «Astronomy and Geophysics» ha causado estupor al mismo tiempo que gran escándalo, porque contraviene todas las teorías aceptada hasta ahora, incluida, por supuesto, la del origen antropogénico del calentamiento del mundo. El científico danés pretende que los grandes cambios climáticos que ha experimentado la Tierra en cientos o miles de millones de años —incluida la «tierra blanca»— dependen en gran manera de la acción de los rayos cósmicos. Es ciertamente demasiado suponer, aunque ninguna hipótesis puede considerarse en principio absolutamente descartable, en tanto no surgen argumentos suficientes para negarla. La polémica continúa, y la teoría no ha sido compartida por casi nadie.

Por su parte, Andrei Dmitriev, de la Academia Rusa de Ciencias, en un trabajo de equipo, propone que nuestro sistema solar está atravesando una nube de partículas cargadas, altamente energéticas, procedente tal vez de una supernova que estalló hace por lo menos diez millones de años, y no solo nosotros, sino incluso el sol está siendo activado por estas radiaciones, que pueden interaccionar con él. La teoría puede ser tan atrevida como la anterior, pero puede reforzarla lo poco que sabemos de lo que están experimentando las sondas Voyager 1 y Voyager 2, lanzadas al espacio en agosto y septiembre de 1977, y que, después de haber recorrido los confines del sistema solar, se encuentran actualmente a la impresionante distancia ce 15.000 millones de kilómetros, y todavía siguen emitiendo señales desde aquellas tenebrosas lejanías. Los astrofísicos están pendientes de lo que puede ocurrir ahora. Se sabe que hay una zona en que las radiaciones estelares detienen el viento solar; es decir, el sol ya no es el dueño y señor del espacio, y predominan energías procedentes de las estrellas. Ese punto crítico se llama «heliopausa». Pues bien, los expertos de la NASA están extrañados porque los Voyager (sobre todo el Voyager 2, porque el 1 apenas puede emitir ya datos procesables) dan muestras de que han atravesado la heliopausa antes de lo que se suponía. Las radiaciones exteriores «pueden» con la del sol, y han empujado esa frontera de la heliopausa, hasta «comprimirla» de alguna manera. Las partículas emitidas por el sol quedan retenidas, y al mismo tiempo las radiaciones externas son más fuertes de lo que se había calculado: ambos efectos pueden contribuir a calentar el sistema solar.

Un artículo del investigador Merav Osher (revista «Nature», diciembre 2009) denuncia que el sistema solar está atravesando una zona muy rica en radiaciones de alta energía, procedentes de la explosión de una supernova hace diez millones de años. Actualmente el CERN, el Instituto Europeo de Energía Nuclear, cuyos experimentos en el circuito de aceleración de partículas pesadas cerca de Ginebra tanta sensación —y tal vez sin fundamento— tantos temores están provocando en el mundo, ha iniciado un nuevo programa, CLOUD, para estudiar la recepción en la Tierra de partículas aceleradas y cargadas procedentes de rayos cósmicos. Y un científico muy original, Nasif Nahle, de origen árabe-judío, que fue profesor en la universidad de Harvard y ahora trabaja en México, ha estudiado la correlación entre el flujo de rayos cósmicos interestelares y la temperatura en las capas de la atmósfera, y afirma que esta correspondencia es mucho más expresiva que la que se obtiene de comparar las emisiones de CO_2 con las temperaturas. Nasif Nahle niega la importancia de los gases invernadero en el proceso de calentamiento, o cuando menos pretende dejar este punto en un lugar mucho más modesto. No es de extrañar que se haya acentuado la polémica; y probablemente sería en alto grado inconveniente que tratáramos de meternos ahora en ese berenjenal. Ahora bien, una reflexión se nos ofrece bien clara: si el calentamiento de que es objeto nuestro mundo no depende de la acción del hombre (y en concreto de la emisión de gases de efecto invernadero), sino de las radiaciones del sol o de los rayos cósmicos, quedamos absueltos de toda culpabilidad, y nuestra conciencia, a ese respecto, puede sentirse tranquila, pero quién sabe si tenemos que prepararla en otro sentido. Y es que si el calentamiento procede de fuerzas naturales, exteriores a nuestro mundo, fuerzas que no podemos controlar, en caso de que el proceso de calentamiento se mantenga hasta límites insoportables, no tenemos medios humanos para combatirlo. Qué pequeño consuelo sería eso.

El futuro

¿Qué nos espera? Cualquier vaticinio sería poco más que una vana especulación. En el campo de la meteorología y la climatología, hacer de profeta es tan aventurado por lo menos como en el de la historia. Pueden ocurrir cosas desagradables y hasta fatales, como el proceso acelerado que puede suponer en el futuro la «retroalimentación» calentamiento más evaporación igual a más calentamiento. Quizá más peligroso sea ese fenómeno que han teorizado Gerry Dickens y James Kennet: el agua de los mares, cada vez más caliente, puede disipar los clatratos, esas moléculas que inhiben la salida del metano que yace bajo las aguas del Ártico. El efecto invernadero del metano es 23 veces superior al de CO_2, y la catástrofe podría ser superior a nuestra capacidad de resistencia. A estas amenazas se unen las que ahora se teorizan sobre la incidencia de factores extraplanetarios. Con todo, ofrecer expectativas estremecedoras puede ser una mala política, y hay motivos suficientes para suponer que las catástrofes son en alto grado improbables, y que lograremos superar los males que nos amenazan, si es que son algo más que una mera y sensacionalista conjetura. En los últimos ciento sesenta años, es decir desde mediados del siglo XIX, la temperatura del aire que nos rodea ha subido por término medio cosa de un grado. No es demasiado, comparado con lo que ha ocurrido en la historia de nuestro planeta, ni siquiera con lo que en otros tiempos, por ejemplo a comienzos del holoceno, han tenido que sufrir los hombres. Cierto que hoy, precisamente por la complejidad de las condiciones en que se desenvuelve nuestra civilización y por nuestro habituamiento a una alta y amable calidad de vida, somos mucho más vulnerables a cualquier cambio climático que en los tiempos de los cazadores de renos o de los navegantes vikingos; pero también es cierto que hoy disponemos de medios científicos y tecnológicos para paliar los peligros y buscar nuevas soluciones.

De momento, el calentamiento no nos afecta de modo decisivo. Una media mundial de 15° centígrados —o una media de 16 dentro de equis años— puede ser más beneficiosa que perjudicial para la mayor parte de los seres humanos, a no ser que el proceso desencadene otras consecuencias imprevistas. Naturalmente, habría beneficiados y perjudicados según las temperaturas que cada cual, en uno u otro rincón del planeta, haya de soportar, pero ese calentamiento no obligaría a nadie a emigrar ni a modificar su régimen de vida, y serían más los que podrían ahorrar calefacción que los que tendrían que instalar aire acondicionado. Hasta podemos esperar, que no desear, efectos paradójicos. Si el calentamiento produce una descongelación masiva de las masas de hielo ártico, la corriente fría de Groenlandia obstaculizaría la fluencia de la corriente cálida del Golfo que atraviesa el Atlántico y baña las costas de Europa; las aguas saladas procedentes del trópico quedarían sepultadas por las frías y dulces que vienen del norte, y las temperaturas bajarían en la mayor parte de Europa: se calcula que en la parte septentrional de Noruega y las islas Svalbard los termómetros descenderían unos cinco grados, y el enfriamiento sería muy apreciable también en toda Escandinavia, las Islas Británicas, en el Benelux, Alemania, Francia, y en menor proporción en el resto del Viejo Continente. En una de las regiones más pobladas del globo haría más frío, aunque en el conjunto del planeta haría más calor. Algo por el estilo cabría decir de otras zonas más afectadas por la fusión de los hielos y la entrada de corrientes de agua fría.

Otra consecuencia paradójica podría ser la llegada del monzón a regiones de África que hoy son secas. No hace falta que regresemos a los tiempos de la pradera del Sahara para que esta posible penetración de las masas de aire caliente y húmedo venga a aliviar a las poblaciones vecinas del Chad, de Angola o de Irak y las mesetas de Asia sudoccidental. No pensemos que el calentamiento sea una bendición en grandes partes de los continentes, pero puede ser un evento positivo, por extraño que parezca, en diversas regiones del mundo menos desarrollado. También, eso se predice, puede hacer más secas y carentes de lluvia otras comarcas. Desgraciadamente, por mucho que se nos aconseja que ahorremos agua, esta actitud ecológica y generosa por parte de muchos, no va a ayudar a los naturales de países desérticos que padecen de sed o de disentería provocada por la bebida de aguas estancadas o en malas condiciones: aún no hemos inventado un sistema de vasos comunicantes, digamos de trasvases masivos, que permitan llevar el líquido precioso de aquellos países donde sobra —y en que lo que ahorremos se irá irremisiblemente al mar— a aquellos otros en que se mueren de sed. Tal vez un día lo lograremos, siquiera de una forma parcial; pero ese día está aún lejano.

Por supuesto: lo importante es saber de una forma segura, comprobada hasta la saciedad y sin posible recurso en contra, si el proceso de calentamiento se debe exclusiva o casi exclusivamente a la liberación a la atmósfera de gases de efecto invernadero, o existen otros factores de origen cósmico que muy difícilmente podremos controlar. Que los gases derivados de combustibles fósiles, y otros que el desarrollo humano está lanzando al ambiente exterior tienen que calentarlo *necesariamente* es un hecho que nadie puede discutir. Conocemos esos gases, sabemos que inhiben parte de la irradiación de calor de la Tierra al exterior, y este hecho es irrebatible. Comentábamos en los párrafos anteriores que el origen antropogénico del aumento térmico es en el fondo mil veces preferible al de origen cósmico, por la sencilla razón de que podemos buscar y encontrar solución al primer problema, mientras que la del segundo está radicalmente fuera de nuestras posibilidades. Algún día saldremos de dudas y podremos saber —por lo menos saber— a qué atenernos; pero de momento podemos luchar contra aquellos factores que conocemos bien. Aún en el caso —prácticamente imposible— de que los gases invernadero operasen una acción casi nula en el proceso de calentamiento, haríamos muy bien en combatir la contaminación. Primero porque la contaminación es sucia —el carbón tizna, el petróleo embadurna— y perjudica nuestra salud. Y segundo, porque suprimiendo en la medida en que sea posible el efecto invernadero, y aumentando más que nunca la radiación de la Tierra al exterior, podemos compensar en parte —quién sabe si en una parte decisiva— el calentamiento que puedan inducir otros factores que no dependen de nosotros.

Y no solo se trata de reducir, sino de sustituir. Quizá se nos insiste demasiado en privarnos con esfuerzo y sacrificio de combustibles que en principio son necesarios, y un poco menos en favorecer con ese mismo esfuerzo y sacrificio la creación de otras fuentes de energía alternativas que sean limpias y no se nos agoten fácilmente. Las dos cosas son igualmente necesarias. Conviene, para reducir efectos indeseables, consumir menos y favorecer la fotosíntesis, impidiendo la deforestación de zonas vitales o repoblando, de árboles jóvenes y de hojas grandes, regiones donde pueden ejercer una activa función para renovar el oxígeno de la atmósfera. Las algas realizan una función clorofílica de tres a cinco veces más enérgica que los vegetales terrestres (especialmente las «algas azules» son muy ávidas de CO_2). Se habla de crear grandes balsas de algas en zonas marítimas que no entorpezcan la navegación, y Lovelock propone la construcción de grandes tubos que permitan subir a las aguas profundas, ricas en nutrientes, a la superficie, para atraer la proliferación de algas. Tal vez estos expedientes no sean posibles y habrá que ingeniarse otros; pero lo que no podemos hacer es quedarnos parados, o limitarnos exclusivamente a producir menos y ser más pobres.

Tenemos la alternativa de las energías limpias. Suele hablarse ahora de «energías renovables», en el sentido de que se puede disponer de ellas sin que se agoten: ese es el ideal, por supuesto. Se discute si es posible, mientras no conseguimos perfeccionar otras, utilizar energías que están a nuestra disposición, aunque puedan acabarse también con el tiempo. La hidroeléctrica es la más limpia de todas, y no difícil de obtener: pero ya está explotada en sus mayores posibilidades, y difícilmente podremos obtener centrales de gran producción. Pena que los ríos más caudalosos de la Tierra, el Amazonas, el Orinoco, el Ganges, el Misisipí, el Obi, el Volga, discurran en su mayor parte por grandes llanuras. Aun así, algo se aprovechan. La energía nuclear no libera humos contaminantes, y la fisión está hoy controlada, de suerte que un accidente, en la inmensa mayoría de las centrales que hoy existen, es sumamente improbable. Francia tiene sesenta centrales nucleares que

mantendrá al fin y al cabo, como se mantiene el equilibrio de nuestra atmósfera si no interviene un factor exógeno. No hay motivos para temer en este sentido. Y si nuestro sistema ha penetrado en una zona abundante en radiaciones cósmicas de alta energía, tampoco hay que suponer que sus efectos vayan a operarse en un orden creciente. Los remanentes de supernova ofrecen grandes irregularidades en su estructura, y nada nos dice que su acción tenga que ser en el futuro mayor que la que hoy podemos recibir. Podría suceder, aunque eso no lo sabremos hasta dentro de bastantes años, que las fronteras de la heliopausa han alcanzado una fase de equilibrio, puedan un día recuperarse, o todo sea, como puede ser, que nuestros cálculos hayan estado equivocados desde un principio y las radiaciones detectadas por los «Voyager» sean las que han sido normales desde hace miles o millones de años.

Algo esperamos haber aprendido de este libro —incluido, por supuesto, su autor—: el clima de la Tierra ha estado oscilando siempre, sin cesar, en un sentido o en otro, y en ocasiones de forma más violenta que la que presenciamos en estos momentos. La oscilación que ahora se registra no tiene por qué ser mayor que otras que el género humano, desde las glaciaciones y desde los Dryas, ha logrado superar. Y si, prolongándose por largo tiempo, o acelerando su proceso, llega a extremos difíciles de soportar, debemos confiar en la capacidad del ser humano para conocer el mecanismo y buscar su solución. Sí, es cierto que somos más vulnerables que nunca, pero también lo es que disponemos de más medios que nunca. Y no tenemos derecho a abandonarnos a nuestra suerte ni dejar de tener una sana y limpia esperanza en el futuro que nos aguarda, si somos capaces de merecerlo desde ahora, y legarlo en las mejores condiciones posibles a nuestros hijos y a los hijos de nuestros hijos.

Geología histórica

Eras	*Periodos*	*Duración millones de años*	
Cuaternario o Neozoico	Holoceno	Hoy	Clima variable Calor primer Holoceno Episodios Dryas Glaciaciones
	Pleistoceno	2	
Terciario o Cenozoico	Plioceno		Se abre el Mediterráneo Calor Mioceno Grandes mamíferos Época del hielo Grandes plegamientos Máximo térmico Paleoceno Extinción dinosaurios
	Mioceno		
	Oligoceno		
	Eoceno		
	Paleoceno	65	
Secundario o Mesozoico	Cretácico		Calor secundario
	Jurásico		
	Triásico	245	
Primario o Paleozoico	Pérmico		Extinción. Frío
	Carbonífero		
	Devónico		Calor Devónico
	Silúrico		
	Ordovídico		
	Cámbrico	600	
Arcaico	Arqueozoico		Tierra Blanca II
	Proterozoico		Tierra Blanca I
	Azoico	4300	Tierra Caliente

BIBLIOGRAFÍA SUMARIA

La bibliografía sobre el tema de los cambios climáticos es interminable, no tanto la de su historia de principio a fin. La mayoría de los títulos corresponden a revistas especializadas y casi siempre se refieren a aspectos técnicos. A continuación incluimos una referencia de unos cuantos libros fáciles de adquirir, que pueden resultar útiles para el lector no versado en las especialidades por las que se interesan los expertos.

ACOT, Pascal, *Historia del clima. Desde el Big Bang a las catástrofes climáticas*. Edit. El Ateneo (Argentina), 2005.
El subtítulo de la versión española es disparatado cuando alude al Big Bang, miles de millones de años anterior a la aparición de la Tierra. El libro de Acot, climatólogo francés, mezcla análisis muy notables de los factores del clima y sus alternativas con hechos muy concretos. Es casi siempre interesante y de fácil lectura.

ALCALDE, Jorge, *Las mentiras del cambio climático*. «Un libro ecológicamente incorrecto». Edit. Libros Libres, 2007. El autor, periodista científico y colaborador de varias revistas, arremete contra los más acérrimos partidarios del calentamiento antropogénico. Su combatividad quizá hace perder a este libro una parte de su razón. Puede leerse por curiosidad, o como alternativa a muchos tópicos.

ALLEY, Richard, *El Cambio Climático: pasado y futuro*, Ed. Siglo XXI, 2007. El autor, famoso glaciólogo, uno de los ejecutores del programa GISP en Groenlandia, expone con singular magisterio los métodos empleados para el análisis de los testigos de hielo.

BRADLEY, Raymond S., Jones, Philip D., *Climate since A.-D. 1500*. Routledge, 1995. Es el primer análisis detallado, y muy bueno para su tiempo de la «pequeña edad del hielo», y de su extensión geográfica. Es un libro extenso (700 páginas).

BRYSON, Reid y MURRAY, Thomas J., *El clima en la historia*. EDAMEX, (México), 1985. Es interesante el estudio sobre la manera como influyen los cambios del clima en la vida de la humanidad. No muy extenso, fácil.

FAGAN, Brian M., *La corriente de El Niño y el destino de las civilizaciones*. GEDISA, 2010. Edic. inglesa, 1999,

—, *La Pequeña Edad del Hielo. Cómo el clima afectó a la historia de Europa. 1300-1850*. GEDISA INTERNACIONAL, 2008. Edic. inglesa, 2000.

—, *El Largo Verano. De la era glacial a nuestros días*. GEDISA, 2007. Edic. inglesa, 2003.

—, *El Gran Calentamiento. Cómo influyó el cambio climático en el apogeo y caída de las civilizaciones*. GEDISA, 2009. Edic. inglesa, 2008. Brian Fagan es arqueólogo y antropólogo, además de explorador y navegante. Escribe con gran atractivo sobre de una serie de temas que se relacionan con el cambio climático. Ha batido todas las marcas: cuatro libros sobre asuntos parecidos en cinco años. Recomendaría leer alguno de ellos.

FLANNERY, Tim F., *La amenaza del cambio climático. Historia y futuro*. Taurus, 2007.

—, *El clima está en nuestras manos. La amenaza del calentamiento global*. Santillana, 2008. Flannery tiene algunos puntos comunes con Fagan. Es zoólogo, naturalista, geógrafo, explorador y ecologista. Quizá por esta última condición tiende a visiones alarmantes sobre el futuro de la humanidad. Un libro es refundición del otro.

FONT TULLOT, Inocencio, *Historia del clima en España*. Instituto Nacional de Meteorología, 1988. Obra de un conocido meteorólogo, es un libro muy bueno en su tiempo y útil hoy. Proporciona datos y detalles muy útiles. Lógicamente, por razón de la fecha, no puede conocer bien las causas de los cambios.

GARCÍA CODRÓN, Juan Carlos, *Un clima para la historia. Una historia para el Clima*. Universidad de Cantabria, 1996. Un libro breve. Se fija en los síntomas de los cambios y se preocupa especialmente de la subida del nivel del mar.

HUNTINGTON, Ellsworth, *Civilización y clima*. Edit. Revista de Occidente, 1942. Un libro clásico, hoy combatido por determinista. Realmente la primera edición inglesa data de 1908. Pretende que el clima ha favorecido a unas civilizaciones y perjudicado a otras. Interesante, aunque superado.
(Hay edición moderna, University Chicago Press, 2008).

IMBRIE, John, PALMER, Katherine, *Ice Ages: solving the Mystery*. Enslow Publishers, 1986. Uno de los primeros trabajos útiles sobre el empleo de muestras del hielo para la historia climática. Buscan coincidencias con los ciclos de Milankovich. Un simpático matrimonio de glaciólogos.

LAMB, H. H., Climate: Present, Past and Future, Methuen, Londres, Nueva York, 1979. Un clásico sobre la influencia del clima en la vida humana. Es un libro extenso. (Resumen algo actualizado, Routledge, 2005).

LEROUX, Marcel, *Global Warming, Myth or Reality*, Université Jean Moulin, Lyon, 2005. Interesante para modelos y teorías. Explica los posibles mecanismos de los fenómenos actuales. Destaca lo mucho que queda por saber.

LE ROY LADURIE, Emmanuel, *Histoire du climat dépuis l'an mil*, Flammarion, 1967 y 1983. Otro clásico. Recoge datos exclusivamente de fuentes históricas, como fecha de la recogida de las cosechas, especialmente vendimias, descripción de glaciares, rogativas, etc. Obra muy buena para su tiempo. Recientemente ha publicado *Histoire humaine et composée du climat*, Fayard, 2009, en que se centra en el calentamiento actual, 1860-2000, y se muestra preocupado por el proceso.

LOMBORG, Bjorn, *The Skeptical Environmentalist*, Cambridge U.P., 2001; versión española *Un ecologista escéptico*, Espasa, 2003. Expresa sus dudas y críticas ante los valores que se han dado sobre el calentamiento actual, aunque no niega el hecho. El libro ha levantado una fuerte polémica.

OLCINA CANTOS, Jorge y MARTÍN VIDE, Javier, *La influencia del clima en la Historia.* Libros Libres, 1999. Interesante, breve trabajo (96 págs) de dos importantes geógrafos dedicados a la climatología. Moderado y lógico determinismo geográfico.

RUDDIMAN, William F., L*os tres jinetes del cambio climático*. Edic. española, Turner, 2008. Ruddiman es paleoclimatólogo en la universidad de Virginia. Los «tres jinetes» son el hambre, la peste y la guerra. Es un buen estudio sobre el influjo de los factores externos en la vida humana.

SADOURNY, Robert, *¿Se ha vuelto loco el clima?* Akal, 2005. Libro breve (64 pags), dedicado en su mayor parte al cambio climático actual. En el último capítulo aborda la sugestiva pregunta del título.

STOCKER, Thomas. *Introduction to Climate Modelling*. Springer Verlag, 2011. Se refiere a modelos climáticos y previsiones. Es alarmista moderado y lógico. Colabora en el IPCC.

TOHARIA, Manuel, *El clima: calentamiento global y el futuro del planeta.* Colec. Debolsillo, 2008. Un libro redactado por un popular «hombre del tiempo», físico del Cosmos y actualmente director del Museo de la Ciencia en Valencia. Es ameno y moderado en su juicio: advierte de los riesgos, pero critica el excesivo alarmismo. No hay motivos de alarma, sí de «alerta».

URIARTE, Antón, Historia del clima de la Tierra. Publicac. del Gobierno Vasco, 2ª ed., 2009. Un libro amplio y completo, bien informado y bien orientado. Para algunos lectores quizá hay un poco de erudición técnica, pero se lee con gusto.

VIÑAS, José Miguel, *¿Estamos calentando el clima?* Equipo Sirius, 2ª edic, 2007. Obra de un físico dedicado a la meteorología. Atiende preferentemente a lo actual, y lo considera muy importante. Grata lectura.

WEARTH, Spencer, *El calentamiento global. Historia de un descubrimiento científico*. Versión castellana, Laetoli, Pamplona, 2006. Relata cómo se ha ido constatando el calentamiento. Considera fundamental el origen antropogénico, aunque no niega otros factores.

COLECCIÓN **HISTORIA**

1. *Cristianos y musulmanes en la España medieval* | Ron Barkai
2. *Los vascos en la Historia de España* | José Antonio Vaca de Osma
3. *Carlos III* | José Antonio Vaca de Osma
4. *Del Imperio a la Unión Europea* | Ramón Pérez-Maura García
5. *Carlos I y Felipe II frente a frente* | José Antonio Vaca de Osma
6. *Los conquistadores españoles* | Frederick Alex Kirkpatrick
7. *Historia de España para jóvenes del siglo xxi* | José Antonio Vaca de Osma
8. *La desamortización española* | Francisco Martí Gilabert
9. *Historia del reino visigodo español* | José Orlandis Rovira
10. *El imperio y la Leyenda negra* | José Antonio Vaca de Osma
11. *Europa y sus raíces cristianas* | José Orlandis Rovira
12. *Julio César* | Jerôme Carcopino
13. *Los orígenes de Europa* | Christopher Dawson
14. *Historia de Francia* | G. Bertier de Sauvigny
15. *Páginas de la Historia* | José Luis Comellas
16. *La guerra civil europea [1914 - 1945]* | José Luis Comellas
17. *La guerra civil española* | Stanley Payne
18. *Historia de España moderna y contemporánea* | José Luis Comellas
19. *Retratos de la Antigüedad Griega* | Gerardo Vidal Guzmán
20. *Retratos de la Antigüedad Romana* | Gerardo Vidal Guzmán
21. *Retratos del Medievo* | Gerardo Vidal Guzmán
22. *Retratos. El tiempo de las reformas* | Gerardo Vidal Guzmán
23. *Historia sencilla de la Ciencia* | José Luis Comellas
24. *La Tierra. Un planeta diferente* | José Luis Comellas
25. *Historia sencilla de la música* | José Luis Comellas
26. *Historia sencilla del Arte* | Luis Borobio Navarro
27. *La América ingenua* | Mariano Fazio
28. *De Benedicto XV a Benedicto XVI* | Mariano Fazio
29. *Rafael Calvo Serer* | Fernando De Meer Lecha-Marzo
30. *G. K. Chesterton* | W. R. Titterton
31. *Julián Marías. Retrato de un filósofo enamorado* | Rafael Hidalgo Navarro
32. *Historia de los cambios climáticos* | José Luis Comellas
33. *Las cuatro esposas de Felipe II* | Antonio Villacorta Baños-García
34. *La primera vuelta al mundo* | José Luis Comellas

35. *Así se gobernó Roma* | Javier Navarro
36. *Historia de España en el siglo xix* | José Luis Comellas
37. *Historia de las ideas contemporáneas* | Mariano Fazio
38. *Lutero. 500 años después* | Joaquín Ferrer, Pablo Blanco
39. *Historia de España para los jóvenes del siglo xxi* | José Luis Comellas
40. *Cristóbal Colón y el descubrimiento de América* | Verlinden, P.-Embid
41. *Pericles* | Thomas R. Martin
42. *Sir Tomás Moro* | Andrés Vázquez de Prada
43. *Los judíos de la España antigua* | Luis A. García Moreno
44. *María Tudor* | María Jesús Pérez Martín
45. *Breve historia de la medicina* | Luca Borghi
46. *100 obras musicales imprescindibles* | José Luis Comellas
47. *El conflicto palestino-israelí* | Jean-Claude Lescure
48. *J. H. Newman (1801-1890)* | José Morales
49. *Historia sencilla de la filosofía* | Rafael Gambra
50. *Los vikingos* | Martin y Hannah Whittock
51. *La era de Stalin* | David L. Hoffmann
52. *La invención de Vulcano* | Fernando del Castillo Durán
53. *Vida de Jesucristo* | Louis Claude Fillion
54. *Historia de la estrategia militar* | Jeremy Black
55. *La monarquía de los Habsburgo* | Charles W. Ingrao
56. *Historia de África desde 1940* | Frederick Cooper
57. *Historia breve del mundo contemporáneo* | José Luis Comellas
58. *Voces del Siglo de Oro español* | José Ignacio Peláez Albendea
59. *Aliénor. Leonor de Aquitania* | Martin Aurell
60. *Los templarios* | Régine Pernoud
61. *Elogio de la Edad Media* | Jaume Aurell
62. *Alfonso XIII y la crisis de la Restauración* | Carlos Seco Serrano
63. *Calígula* | Nicolas Tran
64. *Historia breve del cristianismo* | José Orlandis Rovira
65. *Cartago* | J. Vilmont
66. *Episodios republicanos* | Antonio Fontán

Este libro, publicado por
Ediciones Rialp, S. A., Manuel
Uribe, 13-15, 28033 Madrid, se
terminó de imprimir en
Service Point, S. A. (Madrid),
el día 14 de noviembre de 2021.